WEB

Web 开发人才培养系列丛书　　全栈开发工程师团队精心打磨新品力作

Vue.js+
Bootstrap
Web开发案例教程

在线实训版

前沿科技 温谦 ◉ 编著

人民邮电出版社
北京

图书在版编目（CIP）数据

Vue.js+Bootstrap Web开发案例教程：在线实训版 /
温谦编著. -- 北京：人民邮电出版社，2022.5（2022.11重印）
（Web开发人才培养系列丛书）
ISBN 978-7-115-57752-8

Ⅰ. ①V… Ⅱ. ①温… Ⅲ. ①网页制作工具—程序设
计—教材 Ⅳ. ①TP392.092.2

中国版本图书馆CIP数据核字(2021)第219799号

内 容 提 要

随着互联网技术的不断发展，HTML5、CSS3、JavaScript 语言及其相关技术越来越受人们的关注，各种前端框架层出不穷。Vue.js 和 Bootstrap 作为前端框架中的优秀代表，为广大开发者提供了诸多便利，在 Web 开发技术中占据着重要地位。

本书内容翔实、结构清晰，通过丰富的案例详细讲解了 Vue.js 和 Bootstrap 框架的相关技术。在 Vue.js 部分，讲解了计算属性、侦听器、样式控制、事件处理、表单绑定、结构渲染、组件等核心基础知识；在此基础上，讲解组件化开发的完整逻辑；最后拓展讲解了 AJAX、路由、状态管理等高级内容。在 Bootstrap 部分，主要讲解了工具类、栅格布局、表单样式和常用组件等内容。本书使用了大量案例帮助读者理解这两个框架的使用方法，同时演示了综合使用这两个框架进行 Web 开发的方法。

本书既可作为高等院校相关专业的网页设计与制作、前端开发等课程的教材，也可作为 Vue.js 和 Bootstrap 初学者的入门用书。

◆ 编　著　前沿科技　温　谦
　　责任编辑　王　宣
　　责任印制　王　郁　陈　犇
◆ 人民邮电出版社出版发行　　北京市丰台区成寿寺路 11 号
　　邮编　100164　　电子邮件　315@ptpress.com.cn
　　网址　https://www.ptpress.com.cn
　　三河市中晟雅豪印务有限公司印刷
◆ 开本：787×1092　1/16　　　　　插页：1
　　印张：19.75　　　　　　　　　2022 年 5 月第 1 版
　　字数：575 千字　　　　　　　2022 年 11 月河北第 2 次印刷

定价：69.80 元

读者服务热线：(010)81055256　印装质量热线：(010)81055316
反盗版热线：(010)81055315
广告经营许可证：京东市监广登字 20170147 号

丛书序

技术背景

随着互联网技术的快速发展，Web 前端开发作为一种新兴的职业，仍在高速发展之中。与此同时，Web 前端开发逐渐成为各种软件开发的基础，除了原来的网站开发，后来的移动应用开发、混合开发以及小程序开发等，都可以通过 Web 前端开发再配合相关技术加以实现。因此可以说，社会上相关企业的进一步发展，离不开大量 Web 前端开发技术人才的加盟。那么，究竟应该如何培养 Web 前端开发技术人才呢？

Web 前端开发
技术人才需求
分析

丛书设计

为了培养满足社会企业需求的 Web 前端开发技术人才，本丛书的编者以实际案例和实战项目为依托，从 3 种语言（HTML5、CSS3、JavaScript）和 3 个框架（jQuery、Vue.js、Bootstrap）入手进行整体布局，编写完成本丛书。在知识体系层面，本丛书可使读者同时掌握 Web 前端开发相关语言和框架的理论知识；在能力培养层面，本丛书可使读者在掌握相关理论的前提下，通过实践训练获得 Web 前端开发实战技能。本丛书的信息如下。

丛书信息表

序号	书名	书号
1	HTML5+CSS3 Web 开发案例教程（在线实训版）	978-7-115-57784-9
2	HTML5+CSS3+JavaScript Web 开发案例教程（在线实训版）	978-7-115-57754-2
3	JavaScript+jQuery Web 开发案例教程（在线实训版）	978-7-115-57753-5
4	jQuery Web 开发案例教程（在线实训版）	978-7-115-57785-6
5	jQuery+Bootstrap Web 开发案例教程（在线实训版）	978-7-115-57786-3
6	JavaScript+Vue.js Web 开发案例教程（在线实训版）	978-7-115-57817-4
7	Vue.js Web 开发案例教程（在线实训版）	978-7-115-57755-9
8	Vue.js+Bootstrap Web 开发案例教程（在线实训版）	978-7-115-57752-8

从技术角度来说，HTML5、CSS3 和 JavaScript 这 3 种语言分别用于编写 Web 页面的"结构""样式"和"行为"。这 3 种语言"三位一体"，是所有 Web 前端开发者必备的核心基础知识。jQuery 和 Vue.js 作为两个主流框架，用于对 Web 前端开发逻辑的实现提供支撑。在实际开发中，开发者通常会在 jQuery 和 Vue.js 中选一个，而不会同时使用它们。Bootstrap 则是一个用于实现 Web 前端高效开发的展示层框架。

本丛书涉及的都是当前业界主流的语言和框架，它们在实践中已被广泛使用。读者掌握了这些技术后，在工作中将会拥有较宽的选择面和较强的适应性。此外，为了满足不同基础和兴趣的读者的学习需求，我们给出以下两条学习路线。

第一条学习路线：首先学习"HTML5+CSS3"，掌握静态网页的制作技术；然后学习交互式网页的制作技术及相关框架，即学习涉及 jQuery 或 Vue.js 框架的 JavaScript 图书。

第二条学习路线：首先学习"HTML5+CSS3+JavaScript"，然后选择 jQuery 或 Vue.js 图书进行学习；如果读者对 Bootstrap 感兴趣，也可以选择包含 Bootstrap 的 jQuery 或 Vue.js 图书。

本丛书涵盖的各种技术所涉及的核心知识点，详见本书彩插中所示的 6 个知识导图。

丛书特点

1．知识体系完整，内容架构合理，语言通俗易懂

本丛书基本覆盖了 Web 前端开发所涉及的核心技术，同时，各本书又独立形成了各自的内容架构，并从基础内容到核心原理，再到工程实践，深入浅出地讲解了相关语言和框架的概念、原理以及案例；此外，在各本书中还对相关领域近年发展起来的新技术、新内容进行了拓展讲解，以满足读者能力进阶的需求。丛书内容架构合理，语言通俗易懂，可以帮助读者快速进入 Web 前端开发领域。

2．以案例讲解贯穿全文，凭项目实战提升技能

本丛书所包含的各本书中（配合相关技术原理讲解）均在一定程度上循序渐进地融入了足量案例，以帮助读者更好地理解相关技术原理，掌握相关理论知识；此外，在适当的章节中，编者精心编排了综合实战项目，以帮助读者从宏观分析的角度入手，面向比较综合的实际任务，提升 Web 前端开发实战技能。

3．提供在线实训平台，支持开展实战演练

为了使本丛书所含各本书中的案例的作用最大化，以最大程度地提高读者的实战技能，我们开发了针对本丛书的"在线实训平台"。读者可以登录该平台，选择您当下所学的某本书并进入对应的案例实操页面，然后在该页面中（通过下拉列表）选择并查看各章案例的源代码及其运行效果；同时，您也可以对源代码进行复制、修改、还原等操作，并且可以实时查看源代码被修改后的运行效果，以实现实战演练，进而帮助自己快速提升实战技能。

4．配套立体化教学资源，支持混合式教学模式

为了使读者能够基于本丛书更高效地学习 Web 前端开发相关技术，我们打造了与本丛书相配套的立体化教学资源，包括文本类、视频类、案例类和平台类等，读者可以通过人邮教育社区（www.ryjiaoyu.com）进行下载。此外，利用书中的微课视频，通过丛书配套的"在线实训平台"，院校教师（基于网课软件）可以开展线上线下混合式教学。

- 文本类：PPT、教案、教学大纲、课后习题及答案等。
- 视频类：拓展视频、微课视频等。
- 案例类：案例库、源代码、实战项目、相关软件安装包等。
- 平台类：在线实训平台、前沿技术社区、教师服务与交流群等。

读者服务

本丛书的编者连同出版社为读者提供了以下服务方式/平台，以更好地帮助读者进行理论学习、技能训练以及问题交流。

1．人邮教育社区（http://www.ryjiaoyu.com）

通过该社区搜索具体图书，读者可以获取本书相关的最新出版信息，下载本书配套的立体化教学资源，包括一些专门为任课教师准备的拓展教辅资源。

2．在线实训平台（http://code.artech.cn）

通过该平台，读者可以在不安装任何开发软件的情况下，查看书中所有案例的源代码及其运行效果，同时也可以对源代码进行复制、修改、还原等操作，并实时查看源代码被修改后的运行效果。

在线实训平台
使用说明

3．前沿技术社区（http://www.artech.cn）

该社区是由本丛书编者主持的、面向所有读者且聚焦 Web 开发相关技术的社区。编者会通过该社区与所有读者进行交流，回答读者的提问。读者也可以通过该社区分享学习心得、共同提升技能。

4．教师服务与交流群（**QQ 群号：368845661**）

该群是人民邮电出版社和本丛书编者一起建立的、专门为一线教师提供教学服务的群（仅限教师加入），同时，该群也可供相关领域的一线教师互相交流、探讨教学问题，扎实提高教学水平。

扫码加入教师
服务与交流群

丛书评审

为了使本丛书能够满足院校的实际教学需求，帮助院校培养 Web 前端开发技术人才，我们邀请了多位院校一线教师，如刘伯成、石雷、刘德山、范玉玲、石彬、龙军、胡洪波、生力军、袁伟、袁乖宁、解欢庆等，对本丛书所含各本书的整体技术框架和具体知识内容进行了全方位的评审把关，以期通过"校企社"三方合力打造精品力作的模式，为高校提供内容优质的精品教材。在此，衷心感谢院校的各位评审专家为本丛书所提出的宝贵修改意见与建议。

致　谢

本丛书由前沿科技的温谦编著，编写工作的核心参与者还包括姚威和谷云婷这两位年轻的开发者，他们都为本丛书的编写贡献了重要力量，付出了巨大努力，在此向他们表示衷心感谢。同时，我要再次由衷地感谢各位评审专家为本丛书所提出的宝贵修改意见与建议，没有你们的专业评审，就没有本丛书的高质量出版。最后，我要向人民邮电出版社的各位编辑表示衷心的感谢。作为一名热爱技术的写作者，我与人民邮电出版社的合作已经持续了二十多年，先后与多位编辑进行过合作，并与他们建立了深厚的友谊。他们始终保持着专业高效的工作水准和真诚敬业的工作态度，没有他们的付出，就不会有本丛书的出版！

联系我们

作为本丛书的编者，我特别希望了解一线教师对本丛书的内容是否满意。如果您在教学或学习的过程中遇到了问题或者困难，请您通过"前沿技术社区"或"教师服务与交流群"联系我们，我们会尽快给您答复。另外，如果您有什么奇思妙想，也不妨分享给大家，让大家共同探讨、一起进步。

最后，祝愿选用本丛书的一线教师能够顺利开展相关课程的教学工作，为祖国培养更多人才；同时，也祝愿读者朋友通过学习本丛书，能够早日成为 Web 前端开发领域的技术型人才。

温　谦
资深全栈开发工程师
前沿科技 **CTO**

前 言

　　Vue.js 是当今全球非常流行的三大前端框架之一，在短短几年的时间内，其在 GitHub 上便获得了 20 万颗星的好评；尤其是在近一两年内，其在中国成为非常流行的前端框架之一。Vue.js 之所以能够受到如此广泛的欢迎，是因为在移动互联网的大背景下，它顺应了前后端分离开发模式的演进趋势，为开发者提供了高效且友好的开发环境，这极大地解放了程序员的生产力。与之配合使用的另一个 UI 层框架 Bootstrap，近年来也在不断演进，特别是在其最新的 5.0 版中大量引入"工具类"的概念，其与"组件化"的传统理念相配合，大大简化了在前端开发中经常会遇到的烦琐操作，进而极大程度地提高了工作效率。

　　本书通过大量案例深入讲解了使用 Vue.js 和 Bootstrap 进行前端开发的相关概念、原理和方法。

编写思路

　　本书在第一篇中，首先从 Vue.js 的基础知识讲起，在不引入脚手架等工具的情况下，介绍 MVVM 的核心原理，并对 Vue.js 的插值、指令、侦听器等内容进行讲解；然后引入组件的概念，介绍组件化开发的思想；最后对 AJAX、路由、状态管理等内容进行拓展讲解。在第二篇中，讲解了如何使用 Bootstrap 开发移动优先、响应式布局的 Web 应用。在第三篇中，通过两个完整的综合案例，帮助读者对前面讲解的内容进行实践与复习。本书十分重视"知识体系"和"案例体系"的构建，并且通过不同案例对相关知识点进行说明，以期培养读者在 Web 前端开发领域的实战技能。读者可以扫码预览本书各章案例。

各章案例预览

特别说明

　　（1）学习本书所需的前置知识是 HTML5、CSS3 和 JavaScript 这 3 种基础语言。读者可以参考本书配套的知识导图，检验自己对相关知识的掌握程度。

　　（2）学习本书时，读者需要特别重视前 3 章（尤其是第 3 章）的内容，其对 Vue.js 中最具特色的"响应式"原理进行了深入讲解。"响应式"原理是 Vue.js 框架的核心基础原理，如果读者能够从原理层面理解"响应式"的操作，那后面章节的学习就会比较轻松。

　　（3）在版本方面，虽然已发布 Vue.js 3，但考虑到目前在业界大多数企业使用的仍是 Vue.js 2，另外 Vue.js 2 的技术资料比较多，对于教学更加有益，因此，本书基于 Vue.js 2 进行相关内容的讲解，对应的 Vue.js 3 版本的源代码参见本书配套资源。

　　（4）在 Bootstrap 部分需要理解"原子化"的理念，以及"工具类"的使用方法。如果先把"原子化"的理念理解透彻，后面使用各种工具类时就会得心应手。

　　最后，祝愿读者学习愉快，早日成为一名优秀的 Web 前端开发者。

温　谦

2021 年冬于北京

目 录

第一篇 Vue.js程序开发

第 5 章
表单绑定

第 6 章
结构渲染

第 7 章
组件基础

第 8 章
单文件组件

第 9 章
AJAX 与 axios

第 10 章
过渡和动画

第 11 章
Vue.js 插件

第二篇　Bootstrap程序开发

第 12 章
Bootstrap 基础

第三篇 综合实战

第 17 章
综合案例：产品着陆页

第 18 章
综合案例："豪华版"待办事项

Vue.js
程序开发

Vue.js 开发基础

在正式学习 Vue.js 之前,先来对 Web 开发做一个简单的介绍,使读者能够拥有宏观的认知。本章的思维导图如下所示。

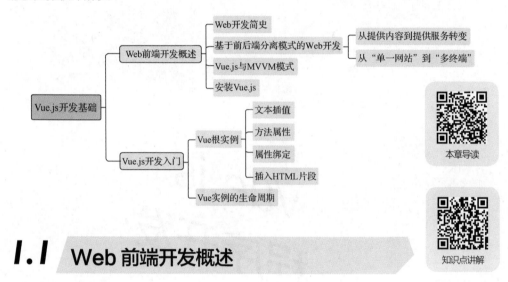

1.1 Web 前端开发概述

本章导读

知识点讲解

随着互联网的快速发展,Web 开发及其相关的技术变得日益重要。具体来说,Web 开发大体可以分为前端开发、后端开发和算法 3 类。本书主要聚焦于前端开发,因此在本书的第 1 章中,将对 Web 前端开发的整体背景做一个简介。

1.1.1 Web 开发简史

从历史发展来看,Web 开发技术大致经过了 4 个阶段。

(1)早期阶段。

1995 年以前,可以称为互联网的早期阶段。早期阶段的 Web 开发,可以认为仅仅是"内容开发"。此时,HTML 已经产生,但页面内容需手动编写。后来逐渐发展出动态生成内容的机制,称为 CGI(common gateway interface,通用网关接口),能够在服务器上配合数据库等机制,动态生成 HTML 页面,然后返回客户端。这个阶段的特点是,开发复杂,功能简单,没有前端与后端的划分。

(2)服务器端模板阶段。

1995—2005 年的服务器端模板阶段,以 JSP 等技术为代表,其特征正如 JSP 的第 3 个字母"P"所代表的含义——Page。Web 开发的主要特征是针对每个页面进行开发。前端开发非常简单,将业务逻辑代码直接嵌入 HTML 中即可,没有明确的前后端的区分,所有工作都由程序开发人员完成,数据、逻辑和用户界面紧密耦合在一起。

在这个阶段，产生了一些相对简单的前端工作，例如设计师把页面设计图交给开发工程师后，需要做一些简单的切图和图像处理工作，但还谈不上"开发"。

（3）服务器端 MVC 阶段。

2006—2015 年前后的服务器端 MVC 阶段，具有代表性的技术包括 Java SSH、ASP.net MVC、Ruby on Rails 等各种框架。

在服务器端 MVC 阶段，出现了各种基于 MVC（model-view-controller，模型-视图-控制器）模式的后端框架，每种语言都有一种或多种 MVC 框架。这时正式产生了"前端开发"这个概念，前端开发的主流技术特征是以 CSS+DIV 进行页面布局，以及一定的交互性功能的开发。后端开发的技术特征是逻辑、模型、视图分离。在这个阶段，前后端都产生了巨大的变化。例如，前端的 CSS、jQuery，后端的 Java SSH，以及连接前后端的 AJAX 等技术都得到了爆发式发展。

此阶段的特点是，业务逻辑分层，开始从服务器端向浏览器端转移，前端层越来越"厚"。

（4）前后端分离阶段。

2012 年，开始出现前后端分离，2014—2015 年是 JavaScript（也称 JS）技术"大爆发"的两年，此后全面进入前后端分离阶段。Vue.js 最初诞生于 2014 年。与前端开发相关的技术发展时间线大致如图 1.1 所示。

图 1.1　前端开发相关的技术发展时间线

2016 年前后，前后端分离的开发模式逐渐成为主流。从服务器端 MVC 阶段到前后端分离阶段是一个巨大的变革。具体来说，在实际的开发项目中，前端开发的工作占比越来越大。前端的变革，主要表现为 jQuery 被 Vue.js、React 等新的前端框架代替。而后端的变革，则以"API 化"为特征，后端聚焦于业务逻辑本身，不再或较少关心 UI（user interface，用户界面）表现，关心的内容变为如何通过 API（application program interface，应用程序接口）提供数据服务、提高性能、进行自动化的测试、持续部署、开发自运维（DevOp）等。

1.1.2　基于前后端分离模式的 Web 开发

传统互联网时代之后，"移动互联网"时代对 Web 开发的技术提出了新的要求，这些要求具体有以下一些特征。

1. 从提供内容到提供服务转变

移动互联网时代的最本质特征是从内容到服务的转变。具体来说，传统互联网有以下 3 个特点。

- 使用场景固定且有局限。
- "内容"为主。
- "服务"局限于特定领域。

回顾传统互联网，我们能想到的服务仅有新闻播报、论坛交流、软件下载、即时通信等。而与之相对应的，移动互联网有以下 3 个特点。

< 3 >

- 使用场景触及社会的每个角落。
- 很多事物被连接到云端。
- 海量"服务"。

在移动互联网时代，用户能够使用的服务大大增加了，出现大量新的服务，如短视频、慕课教育、移动支付、流媒体、直播、社交网络、播客、共享单车等。因此，在技术上有如下 3 点新的要求。

- 客户端需求复杂化，大量应用流行，对用户体验的期望提高。
- 客户端渲染成为"刚需"。
- 客户端程序不得不具备完整的生命周期、分层架构和技术栈。

2．从"单一网站"到"多终端"

由于移动设备的普及，原来简单的"单一网站"架构逐渐演变为"多终端"形态，包括 PC、手机、平板电脑等，从而产生以下几个特点。

- 服务器端通过 API 输出数据，剥离"视图"。
- Web 客户端支持独立开发和部署程序，不再是服务器端 Web 程序中的"前端"层。
- 每个客户端都倾向于拥有专门为自己量身打造、可被自己掌控的 API 网站。

因此，在移动互联网时代，终端形态多样化，一个应用往往需要适配以下几种不同的终端形态。

- 桌面应用：传统的 Windows 应用、macOS 应用。
- 移动应用：iOS 应用、安卓应用。
- Web：通过浏览器访问的应用。
- 超级 App：以微信小程序为代表的超级 App，成为新的应用程序平台。

1.1.3　Vue.js 与 MVVM 模式

前面介绍了 Web 前端开发的基本背景和发展历程，下面介绍 Vue.js 的基本背景。

Vue.js 诞生于 2014 年，是一套针对前后端分离开发模式的、用于构建用户界面的渐进式框架。它关注视图层逻辑，采用自底向上、增量开发的设计。Vue.js 的目标是通过尽可能简单的操作实现响应的数据绑定和组合的视图组件。它不仅容易上手，还非常容易与其他库或已有项目进行整合。

作为目前世界上最流行的 3 个框架之一的 Vue.js，具有以下特点。

- 轻量级。相比 AngularJS 和 ReactJS 而言，Vue.js 更轻量，不但文件体积非常小，而且没有其他的依赖。
- 数据绑定。Vue.js 最主要的特点就是双向的数据绑定。在传统的 Web 开发项目中，将数据在视图中展示出来后，如果需要再次修改视图，需要通过获取 DOM 的值的方法实现，这样才能维持数据和视图一致。而 Vue.js 是一个响应式的数据绑定系统，在建立绑定后，DOM 将和 Vue 实例中的数据保持同步，这样就无须手动获取 DOM 的值再同步到 JS 中。
- 使用指令。在视图模板中，可以使用"指令"方便地控制响应式数据与模板 MOM 元素的表现方式。
- 组件化管理。Vue.js 提供了非常方便高效的组件管理方式。
- 插件化开发。Vue.js 保持轻量级的内核，其核心库与路由、状态管理、AJAX 等功能分离，通过加载对应的插件来实现相应的功能。
- 完整的工具链。Vue.js 提供了完整的工具链，包括项目脚手架及集成的工程化工具，可以覆盖项目的创建、开发、调试、构建的全流程。

在学习 Vue.js 之前，先了解一下 MVVM（model-view-viewmodel，模型-视图-视图模型）模式。所有的图形化应用程序，无论是 Windows 应用程序、手机 App，还是用浏览器呈现的 Web 应用，总体

知识点讲解

< 4 >

来说，都可以粗略地分为两个部分：内部逻辑和用户界面。

内部逻辑又可以称为"业务逻辑"，通常用于实现应用程序所需要的核心功能；用户界面又可以称为"UI 逻辑"，主要用于实现和操作界面相关的逻辑，包括接受用户的输入和向用户展示结果。

例如，"计算器"是我们常见的一个应用程序，无论是手机还是台式计算机上都有这个应用程序。这个应用程序实际上可以分为两个部分，一部分是核心的计算逻辑，用于解决对输入的表达式进行计算的问题，另一部分用于实现接受用户的按键操作及向用户显示运算结果。

在软件开发领域，人们很早就意识到，应该将这两部分分离，这也符合软件工程中著名的"关注点分离"原则。通常图形化应用程序的用户界面称为"视图"（view），用来解决用户的输入输出问题；实现内部功能的核心业务逻辑则需要面对数据进行相应的操作，核心业务逻辑产生的数据对象称为"模型"（model），众多的开发框架所解决的问题则是如何将二者联系起来。

事实上存在多种不同的理念来解决视图与模型的连接问题。不同的理念产生了不同的"模式"。例如 MVC 模式、MVP（model-view-presenter 模型-视图-表达）模式及 MVVM 模式等，它们都是很常见的模式，并不能简单地说哪个更好。Vue.js 是比较典型的基于 MVVM 模式的前端框架，尽管它没有严格遵循 MVVM 模式的所有规则。

MVVM 模式包括以下 3 个核心部分。

- model：模型，核心的业务逻辑产生的数据对象，例如从数据库取出，并做特定处理后得到的数据。
- view：视图，即用户界面。
- viewmodel：视图模型，用于连接匹配模型和视图之间的专用模型。

Vue.js 的核心思想包括以下两点。

（1）数据的双向绑定，view 和 model 之间不直接沟通，而通过 viewmodel 这个"桥梁"进行交互。

通过 viewmodel 这个"桥梁"，可以实现 view 和 model 之间的自动双向同步。当用户操作 view 时，viewmodel 会感知到 view 变化，然后通知 model 发生同步改变；反之当 model 发生改变时，viewmodel 也能感知到变化，从而使 view 进行相应更新。MVVM 模式示意图如图 1.2 所示。

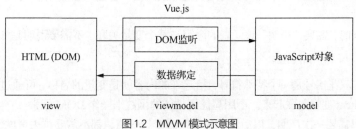

图 1.2　MVVM 模式示意图

（2）使用"声明式"编程的理念。

"声明式"（declarative）是一个程序设计领域的术语，与它相对的是"命令式"（imperative）。

- 命令式编程：倾向于明确地命令计算机去做一件事。
- 声明式编程：倾向于告诉计算机想要的是什么，让计算机自己决定如何去做。

理解声明式编程，可以思考一下 Excel 软件中的操作。如图 1.3 所示，在 D1 单元格中输入数字 3，然后在旁边的 E1 单元格使用公式"=D1+2"，按 Enter 键后 E1 单元格的内容就变成了 5。这时如把 D1 单元格中的数值改为 6，E1 单元格中的数值会随之自动变为 8。

请读者思考一下，使用普通的程序设计语言，例

图 1.3　在 Excel 表格中通过公式关联两个单元格

< 5 >

如 JavaScript、C 或 Java 等，如何执行类似的赋值语句。

```
1   let D1=3;
2   let E1=D1+2;
3   console.log(E1);
4   let D1=6;
5   console.log(E1);
```

运行上面的代码，第一次输出的变量 E1 的值等于 D1 的值加 2，即等于 5，然后把 D1 的值改为 6，此时第 2 次输出的变量 E1 的值仍然是 5，它不会自动跟着 D1 的变化而变化。因为这里使用"="运算符仅仅是对一个变量进行赋值，是一个一次性的动作，并没有再次将 E1 变量和"D1+2"这个式子进行关联。

因此可以看出，在 Excel 表格中，使用"="将一个单元格与另一个单元格通过公式关联起来，它们之间就会产生"联动"的效果，这就是"声明式"。本质上这个等号的作用是声明这两个单元格之间的数量关系。

在 JavaScript 中的赋值操作则是"命令式"的。这个对比可以很好地帮助读者理解命令式编程与声明式编程的区别。

理解这些概念之后，我们来看看 Vue.js 框架和另一个常用的 jQuery 框架之间的区别。Vue.js 和 jQuery 都是非常流行的前端框架，而它们遵循的基本理念是完全不同的。Vue.js 遵循"声明式"的理念，jQuery 遵循典型的"命令式"的理念。

例如，在一个网页中有一个文本段落元素 p：

```
<p id="demo">这是段落内容……</p>
```

在使用 jQuery 的时候，当我们需要改变段落内容时，会使用函数：

```
jQuery("p#demo").text(content);
```

jQuery()是一个函数，用于根据选择器获取 DOM 元素的对象，然后调用它的 text()函数，将存放新内容的变量 content 作为参数传递给 text()函数。在这里变量 content 和这个 DOM 元素本身没有联系。此后如果 content 变量的内容发生了变化，这个段落的内容也不会自动修改，必须再次调用函数去修改它。

而使用 Vue.js 时，需要"声明"该元素的内容与某个变量关联，不需要说明是如何让它们关联的：

```
<p id="demo">{{content}}</p>
```

上面代码中，双花括号是一个特殊符号，括起来的内容就是变量的名称，可通过这个语法把 DOM 元素的内容和 content 变量关联起来。不用写任何具体的函数来操作 DOM 元素，它们的值会自动保持同步变化。这样只需要一次声明，以后无论怎么修改变量的值，都不需要再去考虑修改界面元素的问题了。

这样，Vue.js 程序的开发就会变得相当简便而有序。简单来说，使用 Vue.js 做开发，总共有 3 步：先把核心业务逻辑封装好，再把视图做好，最后通过 viewmodel 把二者绑定起来。这样开发任务就完成了。

📝 说明

> MVVM 模式是一个很通行的模式，并不是 Vue.js 特有的，很多开发框架都是基于 MVVM 模式的。因此掌握 Vue.js 的核心原理，以后用任何其他的 MVVM 模式的框架都会很容易，这也是掌握一个通用框架的好处。

当一个变量被纳入 Vue.js 管理的模型中后，它就具有了"响应式"的特性，就可以通过声明的方式与视图上的 UI 元素进行关联，形成联动关系。

<6>

> **注意**
>
> 　　在 Web 前端开发中，常常会在两个地方遇见"响应式"这个术语，但它们的含义是完全不同的。一个是在 CSS 中常常会制作"响应式页面"，这个"响应式"来自英文 responsive，指的是这个页面可以自动地适应不同设备的屏幕。另一个就是这里提到的"响应式"，它的英文是 reactive，其实将其翻译为"交互式"更贴切一些，指的是模型中的数据和视图中的元素实现绑定后，一侧的改变会引发另一侧的改变。

1.1.4　安装 Vue.js

　　使用 Vue.js 有两种方式：一种是简单地通过<script>标记引入的方式，适用于简单的页面开发；另一种是使用相关的命令行工具进行完整的安装，适用于组件化的项目开发。

> **注意**
>
> 　　建议读者在学习过程中，先用简单的方式通过<script>标记引入 Vue.js。掌握了 Vue.js 的基本使用方法之后，当需要进行组件化的开发时，再开始使用相关的命令行工具。本书也是按照这种方式来组织内容的。前面的内容使用非常简单的方式，读者可以进行无障碍的学习。到了第 8 章，需要学习多组件开发的时候，再讲解如何使用相关的命令行工具的方法。

　　安装 Vue.js 最简单的方法是使用 CDN（content delivery network，内容分发服务）引入 vue.js 文件。目前国内外有不少提供各种前端框架文件的 CDN 的网站，国内读者可以直接访问国内的服务商提供的 vue.js 文件的 CDN：

　　　　　　　　`bootcdn.cn/vue/2.6.12/`

　　进入这个页面以后可以看到很多链接，这些链接对应不同用途的文件，只需要找到合适的那个就可以了。如图 1.4 所示，请使用图中方框标记的两个地址中的一个，即可找到合适的 vue.js 文件。

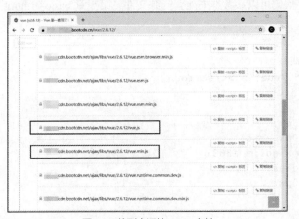

图 1.4　找到合适的 vue.js 文件

> **说明**
>
> 　　vue.min.js 和 vue.js 本质是一样的，前者是后者经过压缩以后的版本。

　　在一个 HTML 文件中，使用<script>标记引入 vue.js 或者 vue.min.js 文件后，就可以使用 Vue.js 提供的功能了。

```
1    <script>
```

< 7 >

```
2    src="https://cdn.bootcdn.net/ajax/libs/vue/2.6.12/vue.min.js">
3    </script>
```

如果不希望使用 CDN，例如为了防止出现 CDN 文件不可用的情况，也可以直接把上面的地址提供的文件下载下来，然后将其引入网页。在本书配套资源中也可以找到 vue.js 文件，读者可以直接使用。

除了上述方法外，还可以使用 npm 方法安装，其过程在本书后面用到该方法的时候再讲解。

1.1.5 上手实践：第一个 Vue.js 程序

作为本节的最后一小节，我们来实际动手使用 Vue.js 制作一个案例。这个案例实现的是一个简单的猜数游戏，在浏览器中打开页面，猜数游戏初始效果如图 1.5 所示。如果用户输入的数值不正确，会提示猜的数太大了或者太小了，如图 1.6 所示。当用户输入的数值正确时，会显示用户猜对了，如图 1.7 所示。

案例讲解

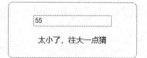

图 1.5　猜数游戏初始效果

图 1.6　用户输入的数值不正确时给出提示　　　　图 1.7　用户输入的数值正确时显示猜对了

先创建一个文件夹，放入下载的 vue.js 文件，并且在同一个文件夹中创建一个 HTML 文件，内容如下所示本案例的完整代码可以参考本书配套资源文件"第 1 章/basic-01.html"。

```
1    <html>
2    <head>
3     <title>猜数游戏</title>
4     <script src="./vue.js"></script>
5     <style>
6      div#app{
7        width: 250px;
8        margin: 30px auto;
9        border: 1px solid #666;
10       border-radius: 10px;
11       padding:10px;
12      }
13      p{
14        text-align: center;
15      }
16     </style>
17    </head>
18    <body>
19     <div id="app">
20      <p>
21       <input
22         type="text"
23         placeholder="猜数游戏"
```

< 8 >

```
24            />
25          </p>
26          <p>请猜一个 1~100 的整数</p>
27        </div>
28     </body>
29   </html>
```

可以看到，这是一个普通的 HTML 文件，如果用浏览器打开，看到的效果和图 1.5 所示的效果相同，但是它现在还没有和用户交互的能力。注意，我们已经通过<script>标记引入了同目录下的 vue.js 文件，如果引入的是 vue.min.js 文件，则使其与 vue.js 文件一致即可。

接下来，我们需要修改这个文件的内容，修改后<body>标记部分的代码如下所示。本案例的完整代码可以参考本书配套资源文件"第 1 章/basic-02.html"。

```
1    <body>
2      <div id="app">
3        <p>
4          <input
5            type="text"
6            placeholder="猜数游戏"
7            v-model="guessed"/>
8        </p>
9        <p>{{result}}</p>
10       </div>
11       <script>
12         let vm = new Vue({
13           el:"#app",
14           data: {
15               guessed: ''
16           },
17           computed: {
18            result(){
19              const key = 87;
20              const value = parseInt(this.guessed);
21
22              //如果输入的文字不能转换成整数
23              if(isNaN(value))
24                  return "请猜一个 1~100 的整数";
25
26              if(value === key)
27                  return "祝贺你，你猜对了" ;
28
29              if(value > key)
30                  return "太大了，往小一点猜";
31
32              return "太小了，往大一点猜";
33            }
34           }
35         });
36       </script>
37    </body>
```

可以看到，文本框 input 元素设置了一个名为"v-model"的属性，属性值被设置为"guessed"。这个 v-model 是 Vue.js 提供的一个指令，其含义就是将文本框的内容与一个数据变量关联起来，也称为"绑定"。

然后在 p 元素中，把原来固定的内容改为用双花括号包含的另一个数据变量，用于显示提示信息和结果。

接着给<body>标记部分增加一个<script>标记，在里面加入与用户交互的逻辑。可以看到，data 部分定义了数据模型，包括一个 guessed 变量，它与 input 元素已经绑定，用于记录用户输入的猜测的数值。每一次用户在改变了文本框中的数值时，会执行 computed 部分的 result()函数，里面的逻辑是根据输入的数给出相应的提示。

读者不必深究每一行代码的细节，这里仅供读者体会一下 Vue.js 的基本原理，后面的章节会逐一详细讲解。

本案例非常简单，被猜的数固定为 87。如果希望让这个游戏再有趣一些：由程序自动产生一个随机数作为被猜的数，并且猜中以后可以换一个新的数让用户继续玩这个游戏。可以稍做改进，这里不再讲解，在本书配套资源文件"第 1 章/basic-03.html"中给出演示，读者可以参考。

1.2 Vue.js 开发入门

从本节开始正式学习 Vue.js，首先从最基础的知识开始，了解一下让 Vue.js 运转起来的基本结构，以及如何在一个简单的页面上实现数据模型和页面元素的绑定。

Web 开发的基础是 HTML、CSS 和 JavaScript 这 3 门基本的语言，因此，希望读者正式开始学习之前，确认对这 3 门语言有基本的掌握，特别是 JavaScript。由于历史原因，JavaScript 经过了比较复杂的演进过程，目前主流的开发中使用 ES6 的语法，如果读者不是很熟悉，可以先自行学习一下。

1.2.1 Vue 根实例

Vue.js 遵循 MVVM 模式，因此使用 Vue.js 的核心工作就是创建一个视图模型对象，将它作为视图和业务模型之间的"桥梁"。Vue.js 的做法是提供一个 Vue 类型，开发者通过创建一个 Vue 类型的实例（简称 Vue 实例），来实现视图模型的定义。在一个完整的项目中，可能会创建多个 Vue 实例，形成层次结构，但是通常一个应用中会有唯一的、最上层的 Vue 实例，这个实例称为"根实例"。具体的语法形式如下所示。

```
1    let vm = new Vue({
2        // 选项对象
3    })
```

可以看到，从 JavaScript 的角度来说，Vue 是一个类型，Vue()是它的构造函数，通过使用 new 运算符调用 Vue()构造函数会创建一个"实例"，或者叫作"对象"。调用构造函数的时候，传入一个参数，参数是以 JavaScript 的对象形式传入的。在这个对象中，可以设定很多选项，这些选项指定了这个实例的行为，即指定它与页面如何配合工作。学习使用 Vue.js 的很大一部分内容是学习如何设置这个对象。

1. 文本插值

先来看一个简单的例子。在这个例子中，显示一个用户的基本信息，并向他问好。本案例的完整代码可以参考本书配套资源文件"第 1 章/instance-01.html"。

```
1    <html>
2        <head>
3            <script src="vue.js"></script>
```

< 10 >

```
4        </head>
5        <body>
6          <div id="app">
7            <p>用户您好! </p>
8            <ul>
9              <li>姓名 : {{name}}</li>
10             <li>城市 : {{city}}</li>
11           </ul>
12         </div>
13         <script>
14           let user = {
15               name : "Chance",
16               city  : "Beijing",
17           };
18           let vm = new Vue({
19               el: '#app',
20               data: user
21           })
22         </script>
23       </body>
24   </html>
```

尽管这个例子非常简单，但是已经充分体现了 Vue.js 的使用方式。首先需要引入 vue.js 文件，然后编写 HTML 部分——像普通网页一样，只是在某些需要动态生成的部分，用双花括号将一些变量括起来，这些变量正好和后面的 JavaScript 代码中声明的对象一致。

仔细观察<script>标记部分的代码，理解传入 Vue()构造函数中的对象（注意要使用 new 运算才能创建对象），这是我们学习 Vue.js 的关键。

首先它有一个名为 el 的属性（el 是 element 的前两个字母，表示元素），其值恰好是我们需要处理的 HTML 元素的根节点的 id，即#app。这样，要执行的任何操作都只会影响这个 div 元素，而不会影响它之外的任何内容。

接下来，参数对象（也可以称为选项对象）中定义了 data 属性，它的值是一个名为 user 的对象，这个对象就是业务模型。它在代码中已经声明好了，有两个属性，分别是 name 和 city，即姓名和城市。可以看到，在 HTML 结构中，有如下部分。

```
1  <div id="app">
2    <p>用户您好! </p>
3    <ul>
4      <li>姓名 : {{name}}</li>
5      <li>城市 : {{city}}</li>
6    </ul>
7  </div>
```

用双花括号括起来的 name 和 city，正好对应于 data 对象的两个属性。渲染页面的时候，Vue.js 会自动地将{{name}}和{{city}}替换为 data.name 和 data.city 这两个值。这个过程被称为"文本插值"，即将文本的内容插入页面中。

运行上面的程序，文本插值效果如图 1.8 所示。

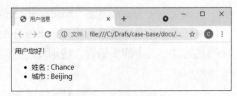

图1.8　文本插值效果

结果正如我们预料的那样，根据 data 属性的值，姓名和城市信息正好替换掉了 HTML 中相应的用双花括号包含的部分。这个过程也被称为"绑定"，即通过双花括号语法，将页面元素中的文本内容与数据模型的变量进行绑定。

< 11 >

在这个简单的页面中，我们来分别找一找模型、视图与视图模型。

- 插入了一些特殊语法（比如{{}}）的 HTML 页面就是视图。
- 在调用构造函数的参数对象中，有一个 data 属性，它定义的就是模型。
- 通过 Vue()构造函数创建的名为 vm 的实例就是视图模型。

📝 说明

　　在参数对象中，data 对象包含的数据被称为"响应式"数据。也就是说，在 data 中定义的数据，会被 Vue.js 的机制所监控和管理，实现自动地跟踪和更新。在实际的 Web 开发项目中，data 中的数据通常是通过 AJAX 从服务器端获取来的。例如上面例子的用户信息数据，通常是在用户登录一个网站后，程序从远程的数据库获取到登录用户的信息，然后将其显示到页面上。

在 Vue.js 中，data 属性除了可以像上面那样直接设置为一个对象，也可以设置为一个函数的返回值，代码如下。本案例的完整代码可以参考本书配套资源文件"第 1 章/instance-02.html"。

```
1   <script>
2     let user = {
3       name : "Chance",
4       city : "Beijing",
5     };
6     let vm = new Vue({
7       el: '#app',
8       data() {
9         return user;
10      }
11    })
12  </script>
```

上面代码符合 ES6 的语法规则。任何一个对象的成员要么是数据成员，要么是函数成员。无论是数据成员还是函数成员，本质上都是键值对，"键"是这个成员的名字，"值"是这个成员的内容。对于函数成员来说，"键"是函数的名字，"值"是函数的地址。因此，只要能够描述一个函数的名字和函数要执行的操作就可以。

在 ES6 中，一个对象中的函数成员可以有 3 种描述方法，我们举个简单例子。

```
1   {
2     functionEs5: function(){
3       return Math.random();
4     },
5     functionEs6(){
6       return Math.random();
7     },
8     functionArrow: () => Math.random()
9   }
```

上面代码中 functionEs5、functionEs6 和 functionArrow 都是语法正确的函数成员。

functionEs5 是传统的写法，functionEs6 是在 ES6 中合法的写法，functionArrow 是 ES6 引入的箭头函数的写法。关于箭头函数，特别要注意箭头函数对 this 指针的特殊处理。

❗ 注意

　　functionEs5 和 functionEs6 写法是完全等价的，可以互换，不会有任何问题。但是 functionArrow 与它们并不是完全等价的，主要差别在于对 this 指针的处理方式不同。在后面我们会频繁地遇到这个问题，随着学习的深入，读者会对这个知识点理解得越来越深刻。

< 12 >

请读者务必认真理解上述内容，这看起来很简单，但是遇到一些比较复杂的实际代码时，就容易感到混乱。另外，我们时常会到网上查找一些案例代码来参考，但网上的资源适用的年代不同，写法各异，正确的和错误的常混杂在一起，如果不熟悉各种写法的等价性，很容易感到混乱。

如果用 ES5 的语法来写，data 后面的冒号和 function 不能省略，代码如下所示。

```
1    <script>
2      ......
3      let vm = new Vue({
4        el: '#app',
5        data: function() {
6          return user;
7        }
8      })
9    </script>
```

Vue.js 的最大优点是能实现页面元素与数据模型的"双向绑定"。在这个例子中我们目前还只能看到单向绑定，即数据模型中的内容传递给了页面元素，反向的传递在后面会介绍。可以想象，如果页面元素是一个文本框，当用户在文本框里输入一些文字时，Vue.js 也会实时地把输入的内容同步传递给模型的对象，这就是所谓的"双向绑定"。

这种绑定机制是如何实现的呢？我们简单探究一下底层的实现方法。通过 Chrome 浏览器的开发者工具，我们可以观察 Vue() 构造函数产生的对象。在代码中加入一条在浏览器控制台的输出语句，注意输出的是 vm.$data 对象，这个对象是 Vue() 构造函数动态创建的，代码如下。本案例的完整代码可以参考本书配套资源文件"第 1 章/instance-03.html"。

```
1    <script>
2      let user = {
3        name : "Chance",
4        city : "Beijing",
5      };
6      let vm = new Vue({
7        el: '#app',
8        data: user
9      });
10     console.log(vm.$data);
11   </script>
```

用 Chrome 浏览器打开页面，按 Ctrl+Shift+I 组合键打开开发者工具，选择 Console（控制台）标签，可以观察到对应的输出，如图 1.9 所示。

图 1.9　在控制台观察输出的变量

< 13 >

可以看到，vm.$data 对象中，除了 name 和 city 这两个属性之外，Vue.js 还自动地给这两个属性分别生成了相应的存取器（getter 和 setter）方法，从而拦截了对 name 和 city 属性的读写操作，Vue.js 会借这个时机把得到的值写到页面中。在图 1.9 中可以看到存取器方法对应的是 reactiveGetter()和 reactiveSetter()，即它们都是响应式的。

✎ 说明

类似于$data，以$开头的一些对象都是 Vue.js 动态创建的，在开发过程中可以直接使用。以后我们还会遇到其他的类似形式的对象。

2. 方法属性

传入 Vue()构造函数的对象中，除了 el 和 data 属性外，还可以包括方法（methods）属性，其中可以定义多个方法（或者叫作函数）。例如我们希望在页面上根据用户的姓名和城市信息显示一句欢迎词，即 "欢迎来自某地的某人"，效果如图 1.10 所示。添加一个 sayHello()函数，其作用是将 name 和 city 属性插入一个模板字符串中，以得到一个完整的句子。本案例的完整代码可以参考本书配套资源文件 "第 1 章/instance-04.html"。

知识点讲解

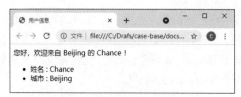

图 1.10　欢迎词显示的效果

```
1  <div id="app">
2    <p>{{sayHello()}}</p>
3    <ul>
4      <li>姓名 : {{name}}</li>
5      <li>城市 : {{city}}</li>
6    </ul>
7  </div>
8  <script>
9    let user = {
10     name : "Chance",
11     city : "Beijing",
12   };
13   let vm = new Vue({
14     el: '#app',
15     data: user,
16     methods:{
17       sayHello(){
18         return '您好，欢迎来自 ${this.city} 的 ${this.name} ！'
19       }
20     }
21   })
22 </script>
```

请注意这里构造欢迎词的字符串使用的是一个 ES6 新增的语法结构，称为 "字符串模板"。它以 "`" 符号为开头和结尾，代替了以字符串为开头和结尾的单引号或者双引号。在这种字符串模板中，可以方便地插入变量，例如下面两条语句分别是 ES6 和 ES5 的写法，二者是等价的。但显然 ES6 的写法更

< 14 >

方便且易于理解。

```
1   //ES6
2   let hello = `欢迎来自 ${this.city} 的 ${this.name}！`;
3
4   //ES5
5   let hello = "欢迎来自 " + this.city + " 的 " + this.name "！";
```

📝 **说明**

模板字符串的一个优点是，它可以跨行，直接产生多行文本，而普通的字符串不能跨行，如果要定义多行字符串必须通过多个单行字符串拼接实现。

另外，注意上面在 methods 的属性对象中，定义 sayHello()方法的语法形式也采用 ES6 的写法，它等价于下面的 ES5 的传统写法：

```
1   methods: {
2     sayHello: function() {
3       return '欢迎来自${this.city}的${this.name}！';
4     }
5   }
```

❗ **注意**

在 HTML 部分，用双花括号语法将 p 元素的内容与 sayHello()方法绑定，不要忘记写 sayHello 后面的圆括号，这样在绑定时才会先执行 sayHello()方法，把得到的结果显示在 p 元素中。如果不加圆括号，在页面上显示的则会是这个函数本身的内容，效果如图 1.11 所示。

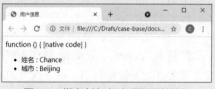

图 1.11 绑定方法时不加圆括号的效果

下面我们深入理解一下 Vue.js 的"响应式系统"（reactivity system），它是 Vue.js 实现很多"魔法"的关键。

当一个 Vue 实例被创建时，data 对象中的所有属性会被自动加入 Vue.js 的响应式系统中。当这些属性值发生改变时，视图将会产生"响应"，即匹配更新为新的值。用以下简单的代码说明，请仔细理解注释。

```
1   // 定义一个简单的数据模型
2   var model = { a: 1 }
3
4   // 将该对象加入一个 Vue 实例中
5   var vm = new Vue({
6     data: model
7   })
8
9   // Vue 实例中的字段与 data 中的字段一致
10  vm.a == data.a  // => true
11
```

< 15 >

```
12    // 修改 Vue 实例中相应的字段, 也会影响到 data 中的原始数据
13    vm.a = 2
14    console.log(data.a) // => 2
15
16    // 反之, 修改 data 中的字段, 也会影响到 Vue 实例中的数据
17    data.a = 3
18    vm.a // => 3
```

由上面的说明可知，methods 中定义的方法内部，可以使用 this 指针引用 data 对象中定义的属性，这个 this 指针指向的就是 Vue()构造函数构建的对象，也就是上面代码中的 vm 对象，Vue.js 的响应式系统会自动地将所有 data 对象中的属性加入 vm 对象的属性中。

这样会产生副作用，因为在 methods 中定义的方法内部，往往不能使用 ES6 引入箭头函数的方式来写方法。例如前面的 sayHello()方法，从语法角度来看，如果用箭头函数的方式，可以写成下面的形式。本案例的完整代码可以参考本书配套资源文件"第 1 章/instance-05.html"。

```
1    methods: {
2      //箭头函数不绑定自己的 this 指针, 因此不能这样写
3      sayHello: () => `欢迎来自${this.city}的${this.name}!`
4    }
```

从语法形式来看上面代码是正确的，但是实际效果却不正确，得到的效果如图 1.12 所示。

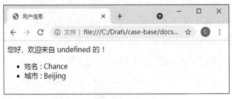

图 1.12　使用箭头函数的效果

从图 1.12 中可以看出，city 属性是 undefined，而 name 属性为空字符串。这是因为箭头函数不绑定自己的 this 指针，而是从父级上下文查找 this 指针。所以，这里的 this 实际上就是全局上下文，也就是 window 对象。因为 window 对象中没有定义 city 属性，所以 this.city 显示为 undefined，而 window 对象定义了自己的 name 属性，此时它的值是空字符串。因此，这里不能使用箭头函数的写法。读者只有把 JavaScript 的基础知识掌握扎实，学习使用框架才能事半功倍。

简单总结一下，通过几个小案例可以清晰地看出，使用 Vue.js 进行开发，本质上就是将一些特定的选项传递给 Vue()构造函数，以创建视图模型。到目前为止，我们学习了这个选项对象的以下 3 种属性。

- el：指定 Vue.js 动态控制的 DOM 元素根节点。
- data：指定原始数据模型。
- methods：可以对原始数据模型的值做一些加工变形，然后用于视图中。

视图模型可以对原始数据模型的值做一些加工变形，然后与视图绑定。Vue.js 定义了丰富的数据处理机制，用于加工处理模型数据。除了上面的 methods 外，在后面的章节中我们还会详细介绍其他功能强大的机制。

📝 说明

　　业务模型往往倾向于描述数据的本来样子，例如对于一个用户对象，它的名字和所在城市就是它原始的信息，而网站上打招呼的欢迎词和用户本身并没有直接关系，它是通过用户的名字和城市信息构成的一句话，因此在视图模型中构造这个欢迎词是恰当的，欢迎词不应该混入业务模型中。希望读者能够很好地理解业务模型与视图模型的各自作用和特点。

< 16 >

3．属性绑定

双花括号语法可以实现 HTML 元素的文本插值，但是如果我们希望绑定的是 HTML 元素的属性，就不能使用双花括号语法了，这时需要使用属性绑定指令。

知识点讲解

例如，仍以上面的用户信息页面为例，我们希望根据用户的性别对页面的样式进行区分，因此在用户数据模型中增加一个性别字段，代码如下所示。本案例的完整代码可以参考本书配套资源文件"第 1 章/instance-06.html"。

```
1   let user = {
2     name: "Chance",
3     city: "Beijing",
4     sex: "male"
5   };
```

然后，在<style>标记部分，增加两种 CSS 样式类：male 类显示浅蓝色背景，用于表示男性用户；female 类显示浅红色背景，用于表示女性用户，代码如下所示。

```
1   <style>
2     .male{
3       background-color: rgb(175, 203, 245);
4     }
5     .female{
6       background-color: rgb(248, 213, 241);
7     }
8   </style>
```

接下来，在 HTML 中，动态绑定 ul 元素和 class 属性，这里要使用 v-bind 指令，将 class 属性绑定到上面 data 对象中新增加的 sex 字段上，代码如下所示。

```
1   <ul v-bind:class="sex">
2     <li>姓名 : {{name}}</li>
3     <li>城市 : {{city}}</li>
4   </ul>
```

这时，ul 元素的 class 属性的值就会根据用户数据中的 sex 字段的值而决定显示哪个样式了，效果如图 1.13 所示。

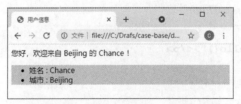

图 1.13　动态绑定 ul 元素的 class 属性的效果

✏️ 说明

　　前面曾经提到，英文中的 responsive 和 reactive 在中文中都翻译为"响应式"，实际上它们的含义不同。这里会遇到另一个特别常用的中文词汇"属性"，它实际上对应于英文中两个不同的单词，一个是 property，另一个是 attribute，二者含义的区别不是太大。JavaScript 程序中对象的属性，是 property，而 HTML 元素的属性，例如 img 元素的 src 属性，则是 attribute。有时把 attribute 翻译为"特性"，以和 property 相区别。

v-bind 指令有一个简写形式，即省略"v-bind"，只保留要绑定的属性前面的冒号。例如下面的第 1 行代码就用了 v-bind 指令的简写形式。

< 17 >

```
1   <ul :class="sex">
2       <li>姓名 : {{name}}</li>
3       <li>城市 : {{city}}</li>
4   </ul>
```

📝 说明

　　Vue.js 中常用的指令都有简写形式。除了最后两章的综合案例外，本书基本上不使用简写形式，以便读者加深对指令的印象。

4. 插入 HTML 片段

知识点讲解

　　前面是用双花括号语法向 HTML 元素中插入文本，但是如果插入内容不是单纯的文本内容，而是带有 HTML 结构的内容，就要改用 v-html 指令了。

　　我们首先将 sayHello()方法稍做修改，在字符串中加入一些 HTML 标记，代码如下所示。

```
1   methods:{
2       sayHello(){
3           return `您好，欢迎来自 <b>${this.city}</b> 的 <b>${this.name}</b> ！`
4       }
5   }
```

　　然后在浏览器中可以看到 HTML 标记都作为文本直接显示出来了，如图 1.14 所示，但这不是我们希望的效果。

图 1.14　使用双花括号语法直接显示 HTML 标记

　　这时将使用的双花括号语法改为 v-html 指令，代码如下所示。本例完整的案例代码可以参考本书配套资源文件"第 1 章/instance-07.html"。

```
1   <div id="app">
2       <p v-html="sayHello()"></p>
3       <ul>
4           <li>姓名 : {{name}}</li>
5           <li>城市 : {{city}}</li>
6       </ul>
7   </div>
```

　　这时可以看到显示结果正是我们希望的，姓名和城市信息用粗体显示，如图 1.15 所示。

图 1.15　使用 v-html 指令显示 HTML 片段

< 18 >

1.2.2　Vue 实例的生命周期

Vue.js 会自动维护每个 Vue 实例的生命周期，也就是说，每个 Vue 实例都会经历一系列的从创建到销毁的过程。例如，创建实例对象、编译模板、将实例挂载到页面上，以及最终的销毁等。在这个过程中，Vue 实例在不同阶段的时间点向外部暴露出各自的回调函数，这些回调函数称为"钩子函数"，开发人员可以在这些不同阶段的钩子函数中定义业务逻辑。

知识点讲解

例如，考虑上面的用户信息页面。在定义 user 对象的时候，我们并不知道用户的具体信息，通常是在页面加载后，通过 AJAX 向服务器发送请求，调用服务器上的某个 API，从返回值中获取有用的信息来给 user 对象赋值。代码如下所示。本案例的完整代码可以参考本书配套资源文件"第 1 章 /instance-08.html"。

```
1   <script>
2     let user = {
3       name : '',
4       city : ''
5     };
6     let vm = new Vue({
7       el: '#app',
8       data: user,
9       mounted(){
10        user = getUserFromApi();
11      },
12      methods:{
13        sayHello(){
14          return '您好，欢迎来自 <b>${this.city}</b> 的 <b>${this.name}</b> ！'
15        }
16      }
17    })
18  </script>
```

在上面的代码中，定义 user 对象的时候，name 和 city 两个字段都初始化为空字符串。创建 Vue 实例的时候，在 mounted() 方法中，调用方法获取 user 对象的属性值。这里具体如何使用 AJAX 获取远程的数据，我们将在后面的章节中介绍。

mounted() 钩子函数是最常用的一个钩子函数，在 DOM 文档渲染完毕以后调用，相当于 JavaScript 中的 window.onload() 方法。

这里可以考虑 1.1 节中的猜数游戏案例，如果我们希望每次设置一个新的随机数作为猜数的目标，显然我们需要在两处调用设定目标值的代码，一处是在 mounted() 钩子函数中，另一处是在每次用户猜数成功以后，参考如下代码中加粗的行。本案例的完整代码可以参考本书配套资源文件"第 1 章/basic-03.html"。

< 19 >

```
1    let vm = new Vue({
2        el:"#app",
3        data: {
4            guessed: '',
5            key:0
6        },
7        methods:{
8            setKey(){
9                this.key = Math.round(Math.random()*100);
10           }
11       },
12       mounted(){
13           this.setKey();
14       },
15       computed: {
16           result(){
17               const value = parseInt(this.guessed);
18               if(isNaN(value))
19                   return "请猜一个1~100的整数";
20               if(value === this.key){
21                   this.setKey();
22                   return "祝贺你，你猜对了，猜下一个数字吧";
23               }
24               if(value > this.key)
25                   return "太大了，往小一点猜";
26               return "太小了，往大一点猜";
27           }
28       }
29   });
```

可以看到，首先在 methods 中定义了一个 setKey()方法，用于设定猜数目标变量 key 为一个 100 以内的随机整数。然后在 mounted()方法中调用 setKey()方法，就可以在用户第一次开始游戏之前设定好这个猜数目标。从这里可以清楚地看出 mounted()钩子函数的作用。

当然，Vue 实例的生命周期中的阶段不止挂载这一个，Vue.js 也为开发人员提供了众多的生命周期钩子函数，因此重要的是理解每个钩子函数会在什么时间点被调用。

但是，目前我们还无法深入讲解每个阶段的含义，这里只能简单讲解各个钩子函数被调用的时间点。

- beforeCreate()：在实例创建之前进行调用。
- created()：在实例创建之后进行调用，此时尚未开始 DOM 编译。
- beforeMount()：在挂载开始之前调用。
- mounted()：实例被挂载后调用，这时页面的相关 DOM 节点被新创建的 vm.$el 替换了。相当于 JavaScript 中的 window.onload()方法。
- beforeUpdate()：每次页面中有元素需要更新时，在更新前会调用。
- updated()：每次页面中有元素需要更新时，在更新完成后会调用。
- beforeDestroy()：在销毁实例前进行调用，此时实例仍然有效。
- destroyed()：在实例被销毁之后进行调用。

⚠ 注意

　　和 methods 中定义的方法一样，Vue.js 会为所有的生命周期钩子函数自动绑定 this 上下文到实例中，因此可以在钩子函数中对属性和方法进行引用。这意味着不能使用箭头函数来定义生命周期方法（例如 created: () => this.callRemoteApi()）。因为箭头函数绑定了上下文，箭头函数中的 this 不指向 Vue 实例对象。

< 20 >

　　读者需要认真理解 JavaScript 中的 this 指针，在默认情况下，this 指针指向调用这个函数的对象。但是 JavaScript 还可以使用其他方式调用函数，这使得 this 指针可以指向其他任何特定的对象。

　　而我们在创建 Vue 实例的时候，在 methods 中定义的各个方法，其内部的 this 指针都指向 Vue 实例对象，这是 Vue.js 框架做的特殊处理的结果。

本章小结

　　本章从 Web 开发的一些基本知识开始，介绍了 Vue.js 框架的基本特点及 MVVM 模式、Vue.js 程序的安装的内容，还安排了一个动手实践，使读者能够初步体验 Vue.js 开发的基本方法。本章还讲解了 Vue.js 入门知识，通过 Vue() 构造函数创建根实例，将页面元素的文本和属性进行绑定。在设置传入 Vue() 构造函数的对象中，我们学习了 3 个属性：el、data、methods。希望读者通过简单的案例，掌握 Vue.js 中的核心原理，理解视图、业务模型及视图模型三者之间的关系和各自的作用。Web 开发的基础是 HTML、CSS 和 JavaScript 这 3 门基本的语言，因此，希望读者在正式学习之前，确认对这 3 门语言有基本的掌握。

知识点讲解

习题 1

一、关键词解释

前后端分离模式　MVVM 模式　Vue.js　声明式编程　命令行控制台　Vue 根实例　文本插值　双向数据绑定　属性绑定　Vue 指令　实例的生命周期　钩子函数

二、描述题

1. 请简单描述一下 Web 开发技术大致经过了哪几个发展阶段。

2. 请简单描述一下 Vue.js 的特性。

3. 请简单描述一下 MVVM 模式包括哪几个核心部分。

4. 请简单描述一下 Vue.js 的核心思想。

5. 请简单描述一下本章介绍的 Vue 根实例的选项都有哪些，它们在 Vue.js 中起什么作用。

6. 请简单介绍一下 Vue 实例生命周期的钩子函数有哪些，每个钩子函数分别会在什么时候被调用。

< 21 >

第 2 章 计算属性与侦听器

在一个应用程序中会涉及很多变量,而变量之间往往会有很多关联。其中有些变量是根本性的变量,有些则是依赖性的变量。Vue.js 提供了根据某些变量自动关联另一些变量的机制,化简对象之间的复杂关系。本章就来介绍 Vue.js 中的计算属性与侦听器。本章的思维导图如下所示。

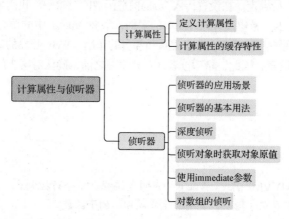

本章导读

2.1 计算属性

知识点讲解

第 1 章中已经讲解过,在 methods 属性中设置的函数,常被称为"方法",可以实现对原始数据进行加工,从而在视图中使用加工后的数据。Vue.js 除了调用方法之外,还有很多其他的方式用于处理加工数据,这里介绍一个新的机制,即计算(computed)属性。

2.1.1 定义计算属性

下面举一个十分简单的案例,参考下面的代码。本案例的完整代码可以参考本书配套资源文件"第 2 章/computed-01.html"。

```
1   <script>
2     let square = { length:2 };
3     let vm = new Vue({
4       data: square,
5       computed: {
6         area(){
7           return this.length * this.length;
8         }
9       }
10    })
```

```
11    console.log(vm.area);  // 4
12  </script>
```

在这个例子中，业务模型是一个正方形（square），它只有一个属性，即正方形的边长（length）属性。然后，在 computed 对象中定义了一个名为面积（area）的方法，用于得到正方形的面积值，即返回 length 的值的平方。

通过 Chrome 浏览器的控制台，可以看到实际运行的结果：length 的值为 2，因此 vm.area 会返回 2 的平方 4。

✏️说明

　　本章中将多次用到 Chrome 浏览器的开发者工具，以查看控制台的输出结果。在 Chrome 浏览器中，按 Ctrl+Shift+I 组合键可以快速打开开发者工具，选择控制台（Console）标签，可以看到程序中 console.log()语句的输出结果。

计算属性是"存取器"，本质上是一个函数，但访问（调用）它的时候，要像对待一个变量一样，即不带括号，例如上面代码写作 vm.area，而不是 vm.area()。

大多数时候用到的都是 get 存取器，即"读"方式的存取器。上例定义的 area()计算属性就是一个"读"方式的存取器。有时也会用到 set 存取器，即"写"方式的存取器。这时代码要修改成如下的形式，分别设定 get 存取器和 set 存取器。本案例的完整代码可以参考本书配套资源文件"第 2 章/computed-02.html"。

```
1   <script>
2     let square = {length:2};
3     let vm = new Vue({
4       data: square,
5       computed: {
6         area: {
7           get(){
8             return this.length * this.length;
9           },
10          set(value){
11            this.length = Math.sqrt(value);
12          }
13        }
14      }
15    })
16    console.log(vm.area);    // 4
17    vm.area = 9
18    console.log(vm.length);  // 3
19  </script>
```

可以看到，在 computed 对象中，area 被设置为一个对象，里面分别设定了 get 存取器和 set 存取器，get 存取器的作用和上例相同，仍是返回边长的平方。而 set 存取器要带一个参数，参数名可以随便取，比如这里叫作 value。在 set 存取器中，value 表示对 area 进行赋值的参数，即正方形的面积值，此时边长被更新为面积值的平方根。

因此，在 Chrome 浏览器的控制台中，如果把 9 设置给 vm.area，这时就会调用 set 存取器，从而把边长的值更新为 3，正如控制台输出的结果。

可以看到，通过读写存取器，我们也可以实现对原始业务模型进行加工处理。计算属性可以在原始数据模型的基础上增加新的数据，而新增加的数据和原始的数据之间存在一定的约束关系。在上面例子中就实现了给正方形增加一个"面积"属性的功能，而原有的"边长"属性和新的"面积"属性

< 23 >

之间存在着平方关系，二者并不是独立的，当一个被改变时，另一个会跟着改变。因此，边长在业务模型中得到，而面积在视图模型中处理，这是合理的方式。

📝 **说明**

> 读者学习到这里可能会有一个疑问，在向 HTML 元素中绑定模型的时候也可以使用表达式，如果需要在视图中显示面积，直接在绑定的时候计算不是很方便吗？何必要多此一举地声明一个计算属性呢？例如下面的代码这样。

```
<p>这个正方形的面积是 {{length*length}}</p>
```

这里的答案是，应该尽量让 HTML 部分简单干净、易于理解，尽量不要在其中混入计算逻辑。而且实际开发中，遇到的逻辑往往会比较复杂，如果将很长的逻辑代码写到 HTML 部分，就会使代码难以理解、难以维护。因此，应该努力通过不断的封装，让程序的结构保持简单清晰，不产生纠缠在一起的"面条"式程序代码。

📁 **方法论**

> 读者在学习编程的时候，需要比学习语法规则更加重视逻辑的表达。此外，也要了解一些好的编程观念，这才是区分程序员级别的标准。语言和框架仅仅是我们思想的载体，而真正关键和需要永远探索的是通过语言表达的逻辑和内容。

2.1.2 计算属性的缓存特性

当然，这里读者自然会想到，上面的求面积的 get 存取器，其实也可以在 methods 属性中实现，如下代码所示。

```
1  <script>
2    var vm = new Vue({
3      ......
4      methods: {
5        area: function () {
6            return this.length * this.length;
7        }
8      }
9    });
10   console.log(vm.area()); // 4
11 </script>
```

使用计算属性的 get 存取器和在 methods 属性中定义一个方法，除了调用时一个带圆括号，一个不带圆括号之外，效果是一样的。但是要特别注意，并且一定要牢记，它们还存在一个重要区别：计算属性具有缓存的效果，而方法不具有。具体应该用哪个，要根据实际情况来决定。具体说明如下。

- computed 定义的属性在第一次访问时进行计算，以后访问就不再计算，而直接返回上次计算的结果。但是如果计算属性的值依赖于响应式数据，当响应式数据变化的时候，也会重新计算。
- 定义在 methods 属性中的方法每次都会调用计算。

下面通过一个小案例来说明这一点，我们定义一个方法和一个计算属性，二者实现完全相同的功能，通过名字予以区分。本案例的完整代码可以参考本书配套资源文件"第 2 章/computed-03.html"。

```
1  <script>
2    let vm = new Vue({
3      methods: {
```

< 24 >

```
4          getTimeA: () => Math.random()
5        },
6        computed: {
7          getTimeB: () => Math.random()
8        }
9      });
10    console.log(vm.getTimeA());
11    console.log(vm.getTimeA());
12    console.log(vm.getTimeA());
13    console.log("----------------");
14    console.log(vm.getTimeB);
15    console.log(vm.getTimeB);
16    console.log(vm.getTimeB);
17  </script>
```

上面的代码运行以后在控制台可以得到如下结果，可以看到用 vm.getTimeA() 方法得到的结果每次都不一样，即每次都执行了该方法，而用 vm.getTimeB 存取器得到的结果每次都是一样的，即从第二次开始返回的都是第一次计算得到的结果。

```
1    0.5961562739692035
2    0.6277325778909522
3    0.9653799305917248
4    ----------------
5    0.8451697303918768
6    0.8451697303918768
7    0.8451697303918768
```

如果只计算一次，可以用计算属性实现，而需要每次都计算的，则要用方法属性实现。

✏️ **说明**

　　考虑一下，为什么在这个案例中可以使用箭头函数的形式。这是因为这个函数内部没有对 this 指针进行引用，因此用箭头函数的形式和完整的函数表达式是等价的。如果函数内部使用了 this 指针引用其他属性，就不能用箭头函数的形式了。

这里还要注意区分"缓存"和"响应式依赖"的区别。那么什么是响应式依赖呢？看一下下面的代码。本案例的完整代码可以参考本书配套资源文件"第 2 章/computed-04.html"。

```
1    <script>
2      let square = {length:2};
3      let vm = new Vue({
4        data: square,
5        computed: {
6          area(){
7            return this.length * this.length;
8          }
9        }
10     })
11    console.log(vm.area);  // 4
12    vm.length = 3;
13    console.log(vm.area);  // 9
14  </script>
```

在 Chrome 浏览器的控制台中可以看到两次输出的值分别是 4 和 9，说明第二次输出的面积并不是 4，而是重新计算了一次面积。这是因为计算面积的时候，用到了 length 属性，也称 area() 这个计

< 25 >

算属性"依赖"于 length 属性，length 属性是经过 Vue.js 处理的响应式属性。这时计算属性会随着依赖属性的变化而随时更新。实际上更新是在 length 属性值变化的时候发生的，计算属性仍然是具有缓存特性的。

初学者很容易简单地理解为如果计算属性有"响应式依赖"，就不具有缓存特性，这是不对的，查看下面的例子。本案例的完整代码可以参考本书配套资源文件"第 2 章/computed-05.html"。

```
1  <script>
2    let square = {length:2};
3    let vm = new Vue({
4      data: square,
5      computed: {
6        area(){
7          return this.length * this.length * Math.random();
8        }
9      }
10   })
11   console.log(vm.area);  // 3.63128303025658
12   console.log(vm.area);  // 3.63128303025658
13   vm.length = 3
14   console.log(vm.area);  // 5.52910038332111
15   console.log(vm.area);  // 5.52910038332111
16 </script>
```

计算面积的时候，再乘一个随机数，然后看输出结果，在没有改变 length 属性值之前，两次输出的面积的值是一样的，说明没有重新计算。改变 length 属性值以后，会重新计算一次，然后又缓存下来，直到下一次改变 length 属性值。

依赖属性可以传递，例如下面再增加一个计算属性，用于计算与这个正方形面积相等的圆形的半径（radius），代码修改如下。本案例的完整代码可以参考本书配套资源文件"第 2 章/computed-06.html"。

```
1  <script>
2    let square = {length:2};
3    let vm = new Vue({
4      data: square,
5      computed: {
6        area(){
7          return this.length * this.length;
8        },
9        radius(){
10         return Math.sqrt(this.area / Math.PI);
11       },
12     }
13   })
14   console.log(vm.radius);  // 1.1283791670955126
15   vm.length = 20
16   console.log(vm.radius);  // 11.283791670955125
17 </script>
```

通过查看控制台的输出结果，修改了 length 属性值以后，radius 这个计算属性也变化了，因为它依赖的 area 属性也是响应式的。

关于计算属性，最重要的是理解它的响应式的特性，即当一个计算属性依赖于响应式属性时，计算属性会随着依赖属性而立即更新，更新以后这个属性值就被缓存下来，直到依赖属性下一次更新，触发它再次改变。

< 26 >

知识点讲解

2.2 侦听器

响应式是 Vue.js 的最大特点，响应式的目的是使 Vue.js 管理的对象之间存在自动的更新机制。前面介绍的方法和计算属性都具有响应式的特点。此外，Vue.js 还提供了一种称为"侦听器"的工具，它也利用响应式的特点，但是适用于一些其他的开发场景。

2.2.1　侦听器的应用场景

侦听器的基本作用是在数据模型中的某个属性发生变化的时候进行拦截，从而执行指定的处理逻辑。通常在两种场景中会用到侦听器。

1. 拦截操作

第一种使用侦听器的场景是希望在某个属性发生变化的时候执行指定的操作。例如，在一个电子商务网站中，每次购物车内的商品发生变化时，需要把商品列表保存到本地存储中。改变购物车内商品的操作可能有多个，而且会逐渐增加，包括加入购物车、修改某个商品的购买数量、从购物车中移除某个商品等。这时就有两种方式来实现当购物车发生改变时进行存储操作。

- 在每一个改变购物车商品的操作中都调用一次存储操作。
- 侦听购物车内的商品，在发生变化的时候调用一次存储操作。

显然第二种方式要比第一种方式更可取。因为在第一种方式中，存储操作会散落在程序中，不利于程序的维护，如果以后增加了对购物车的操作，也要在新的操作中调用存储操作。第二种方式则只在一处进行处理，即使以后新增对购物车的操作，也无须关心存储的问题。这就是侦听器的典型作用。

> 📋 **方法论**
>
> 　　从系统设计模式的角度来说，第二种方式称为 AOP（aspect oriented programming，面向切面的编程）。对于在系统中需要进行的日志记录、性能统计、安全控制、事务处理、异常处理等操作，都常常使用这种方式，将一些具有共性的操作集中在一起进行处理。
>
> 　　Vue.js 的侦听器机制为开发者提供了一个这样的机制，用于侦听数据模型的某个响应式属性的变化，但是无论有多少种改变它的操作，只要在它变化时进行拦截，就可以进行统一的处理。

2. 耗时操作

下面考虑另一种可能用到侦听器的开发场景。再次考虑前面正方形边长和面积的例子，在业务模型中，只需要提供边长，面积可以通过计算方便地获取，这样做非常合理。对于有约束关系的不同的属性，通常都可以这样做。

但是考虑一种情况，如果根据一个属性计算出另一个属性的过程复杂且耗时，比如要对一段文本进行复杂的加密，可能需要几秒。或者这个计算无法在浏览器中完成，需要访问一个外部服务器，通过 AJAX 远程取得这个值。如果属性频繁地改变，会导致频繁地调用这个耗时操作。通常我们都需要避免频繁地进行耗时操作。

例如，一个带有自动提示的文本框，在用户输入文字的同时，会向服务器发出请求，取回根据用户输入内容计算出的提示。用户在文本框中按键输入的速度是很快的，如果每个用户每次按键都触发

< 27 >

远程调用就不合适了。因此通常都会限制一个阈值，比如 500 毫秒，只有当 500 毫秒内没有新的输入之后，才会向服务器发出请求。这时就应该考虑使用 Vue.js 的侦听器机制，对用户输入的内容进行侦听，前后两次变化的时间间隔超过 500 毫秒时，才向服务器发出请求，如果没有超过 500 毫秒则直接忽略。

> ⓘ 注意
>
> 在绝大多数场景中都应该使用计算属性，而非侦听器，只有有充分的理由时才考虑使用侦听器。

2.2.2　侦听器的基本用法

仍然用前面正方形的边长和面积的例子，如果改用侦听器的做法，把 length 和 area 属性都放在 data 对象中，然后侦听到 length 属性值的变化，更新 area 属性，实现代码如下。本案例的完整代码可以参考本书配套资源文件"第 2 章/watch-01.html"。

```
1   <script>
2     let square = {
3         length:2,
4         area:4
5     };
6     let vm = new Vue({
7         data: square,
8         watch: {
9           length(value){
10            this.area = value * value;
11            console.log(vm.area);  // 9
12          }
13        }
14    })
15    console.log(vm.area);  // 4
16    vm.length = 3
17  </script>
```

在代码中，square 对象中同时包括 length 和 area 两个属性，然后在创建 Vue 实例时，增加针对 length 属性的侦听器，里面的函数名与要侦听的属性名称一致。例如，这里的 length() 方法就用于侦听 length 属性值的变化，每次它发生变化的时候，就会调用这个方法。它的参数就是这个属性变化以后的新值。在方法中可以根据 length 属性的新值做相应的操作，例如，这里就计算 length 的平方，然后更新 area 属性的值。

这样做得到的效果与把 area 作为计算属性的效果是一样的。

> ⓘ 注意
>
> 这里仅举例说明侦听器的用法，实际上对于这样的场景应该使用计算属性，而非侦听器。

如果需要，侦听器的函数也可以带两个参数，前者是变化后的新值，后者是变化前的原值，代码如下。

```
1  watch: {
2    length(newValue, oldValue){
3       this.area = this.newValue * this.newValue;
4       console.log(oldValue);
5    }
6  }
```

< 28 >

2.2.3 深度侦听

计算属性和侦听器具有很多共性，它们都能够在依赖的响应式属性发生变化时做出反应。对于计算属性，会重新计算属性值；对于侦听器，会触发指定的回调函数。

但是二者存在一个重要的区别，就是计算属性是"深度侦听"的，而侦听器如果没有特殊指定，在默认情况下不是"深度侦听"的。Vue.js 框架之所以这样设定，是出于对性能的考虑。

所谓"深度侦听"，是指当依赖或被侦听的属性是一个对象，而不是简单类型（例如一个数值、字符串等）时，会以递归方式侦听对象的所有属性。

例如，一个数据模型定义如下，一个圆形（circle），包含两个属性：位置（position）和半径（radius）。position 又是一个包含两个属性的对象，而不是一个简单类型的值。我们尝试侦听 position 对象的所有属性的变化，按照前面的方法，编写如下代码。本案例的完整代码可以参考本书配套资源文件"第 2 章/watch-02.html"。

```
1   <p id="app">{{position2}}</p>
2   <script>
3     let circle = {
4         position: {
5           x:0, y:0
6         },
7         radius: 10
8       };
9     let vm = new Vue({
10     el:"#app",
11     data: circle,
12     watch: {
13       position(newValue) {
14          console.log(`在 watch 中侦听到：
15            位置变化到了(${newValue.x},${newValue.y})`);
16       }
17     },
18     computed:{
19       position2(){
20          console.log(`计算属性被触发更新：
21            位置变化到了(${this.position.x},${this.position.y})`);
22          return {x: this.position.x+1, y:this.position.y+1}
23       }}
24   });
25     vm.position.x = 3;
26   </script>
```

在上述代码中，this.position 开始时的值是{x:0, y:0}，后面执行"vm.position.x = 3"语句，修改 position.x 属性。此时在浏览器中打开页面，可以发现控制台的输出结果如下。

```
1   计算属性被触发更新：
2          位置变化到了(0,0)
3   计算属性被触发更新：
4          位置变化到了(3,0)
```

计算属性被触发了两次重新计算，一次是初始化的时候，另一次是 position.x 被改为 3 的时候。但是并没有输出 watch 被触发时的记录，这说明侦听器并没有侦听到 this.position 的变化。

< 29 >

　　this.position 是一个属性，position 这个对象实际上仅记录了一个地址，而我们修改的是 position 对象的 x 字段的值，并没有修改 position 对象本身的地址，因此默认情况下 watch 侦听不到这个变化，也就是说，侦听器默认是不会"深度侦听"的。Vue.js 为侦听器提供了一个"深度侦听"的选项，可以解决这个问题，将代码做如下修改。本案例的完整代码可以参考本书配套资源文件"第 2 章/watch-03.html"。

```
1   <script>
2     let circle = {
3       position: {
4         x:0, y:0
5       },
6       radius: 10
7     }
8     let vm = new Vue({
9       data: circle,
10      watch: {
11        position: {
12          handler(newValue) {
13            console.log('在 watch 中侦听到:
14              位置变化到了(${newValue.x},${newValue.y})');
15          },
16          deep: true
17        }
18      }
19    })
20    vm.position.x = 3;
21  </script>
```

　　可以看到，代码中对 position 的侦听换了一种写法，改为对象的描述方式，增加了{deep=true}作为参数。这样就是告诉 Vue 实例，使用"深度侦听"的方式侦听 position 对象，不仅会侦听 position 对象的地址，还会以递归方式跟踪它的各级属性。这样就可以实现当对象的某个深层的属性变化的时候，被 watch 侦听到。控制台的输出结果如下。

在 watch 中侦听到：位置变化到了(3,0)

2.2.4　侦听对象时获取对象原值

　　使用"深度侦听"的方式可以捕获侦听对象的改变，这里我们再修改一下，看看会有什么问题。把 watch 的代码做如下修改，目的是希望能够操作修改的原值和新值。本案例的完整代码可以参考本书配套资源文件"第 2 章/watch-04.html"。

```
1   watch: {
2     position: {
3       handler(newValue, oldValue) {
4         console.log(
5           `位置从 (${oldValue.x},${oldValue.y})
6              变化到了(${wValue.x},${newValue.y})`);
7       },
8       deep: true
9     }
10  }
```

< 30 >

但是遗憾的是，在浏览器中控制台会输出下面的结果。

位置从 (3,0) 变化到了 (3,0)

可以看到，Vue 实例并没有记住原值，因此前后显示的都是新值。使用"深度侦听"的方式，虽然可以侦听到对象的属性发生了变化，但是依然无法得到属性的原值。

要解决这个问题，可以采用一个"偷梁换柱"的办法。

首先要给 position 对象设置一个计算属性，因为在计算属性中，可以知道其发生了改变。在计算属性中，把 position 对象先序列化为字符串，再把这个字符串解析为一个对象，这样得到的新对象和原对象是两个完全不同的对象，但是它们的所有属性值都是完全一样的。

然后针对这个计算属性设置侦听，这样就可以得到原值和新值了，代码如下。本案例的完整代码可以参考本书配套资源文件"第 2 章/watch-05.html"。

```
1   let vm = new Vue({
2     data: circle,
3     computed:{
4       computedPosition(){
5         return JSON.parse(JSON.stringify(this.position));
6       }
7     },
8     watch: {
9       computedPosition: {
10        handler(newValue, oldValue) {
11          console.log(`位置从 (${oldValue.x},${oldValue.y})
12            变化到了 (${newValue.x},${newValue.y})`);
13        },
14        deep: true
15      }
16    }
17  });
```

控制台的输出结果如下，说明不但监控到了新值，也得到了原值。

位置从 (0,0) 变化到了 (3,0)

注意

再次强调，在 Vue.js 中进行"深度侦听"最方便的方式是使用计算属性，计算属性同样具有响应式特性，而且没有 watch 中对对象和数组的各种限制。因此，只有使用计算属性无法实现的功能，才考虑使用 watch 来实现。

2.2.5　使用 immediate 参数

在默认情况下，只有当被侦听的对象发生变化的时候，才会执行相应的操作，但是初始化的那次变化不会被侦听到。在一些特殊的场景中，可能会希望在初始化的时候就执行一次这个操作，这个时候可以使用 immediate 参数。

看下面这个例子。本案例的完整代码可以参考本书配套资源文件"第 2 章/watch-06.html"。

```
1   <script>
2     let circle = {
3       position: {
```

< 31 >

```
4        x:0, y:0
5      },
6      position2: {
7        x:0, y:0
8      }
9    }
10   let vm = new Vue({
11     data: circle,
12     watch: {
13       position: {
14         handler(value) {
15           this.position2.x = this.position.x + Math.random();
16           this.position2.y = this.position.y + Math.random();
17           console.log(this.position2.x, this.position2.y);
18         },
19         deep: true,
20         immediate: true
21       }
22     }
23   });
24   vm.position.x = 3;
25 </script>
```

上面的代码在数据模型定义了两个位置对象，分别是 position 和 position2。设定侦听器，当 position 对象的属性发生变化的时候，就改变 position2 对象的位置——让它移动到 position 附近的一个随机位置。

然后对 position 对象进行"深度侦听"，并设定 immediate 参数为 true。代码中修改一次 position 对象的位置，得到的运行结果如下。

```
1    0.555852945520603 0.72800340034948
2    3.099302074627821 3.89650240852788
```

可以看到，当 position 对象移动位置的时候，position2 对象也移动到了它的旁边。并且，只改变了一次位置，而有两次输出，说明被侦听到了两次。其中第一次就是在初始化页面的时候被侦听到的，这就是设定 immediate 为 true 的作用。

再次提醒读者，使用 watch 侦听器前应仔细确认一下是否有必要。如果能用计算属性实现，就不要使用侦听器。在本书第 6 章还会举一个使用侦听器的综合案例。

2.2.6 对数组的侦听

和对象类似，数组也是引用类型，因此，也存在比较复杂的侦听规则。理论上来说，修改某个数组的内容，比如修改数组的某个元素的值，或者给数组加入新的元素等，都不会修改数组本身的地址（引用），因此也不会被侦听到。为此 Vue.js 对数组做了特殊的处理，使得使用标准的数组操作方法对数组进行的修改，可以被侦听到。

1. 使用标准方法修改数组可以被侦听到

通过下列方法操作或更改数组时，变化可以被侦听到。

- push()：尾部添加。
- pop()：尾部删除。
- unshift()：头部添加。

< 32 >

- shift()：头部删除。
- splice()：删除、添加、替换。
- sort()：排序。
- reverse()：逆序。

例如，下面的例子中，通过 push() 方法在数组 array 中加入一个新的元素，这个变化可以被侦听到。本案例的完整代码可以参考本书配套资源文件"第 2 章/watch-07.html"。

```
1    <script>
2      let vm = new Vue({
3        data: {
4          array: [0, 1, 2]
5        },
6        watch: {
7          array(newValue) {
8            console.log(`array 变化为${newValue}`);
9          }
10       }
11     });
12     vm.array.push(3);  //可以被侦听到
13   </script>
```

2. 替换数组可以被侦听到

为了使数组的变化被侦听到，最简单的方法是重新构造一个数组。例如，当需要清除某个数组中的所有元素时，直接把一个空数组赋值给它，这是最简单的方法。

类似地，数组还会经常用到另一些方法，例如 filter()、concat() 和 slice() 等。它们不会变更原始数组，而是会返回一个新数组。当使用这些非变更方法时，可以用新数组替换原始数组，这样也可以使侦听器感知到数组的变化。下面使用 filter() 方法的例子进行讲解。本案例的完整代码可以参考本书配套资源文件"第 2 章/watch-08.html"。

```
1    <script>
2      let vm = new Vue({
3        data: {
4          array: [0, 1, 2]
5        },
6        watch: {
7          array(newValue) {
8            console.log(`array 变化为${newValue}`);
9          }
10       }
11     });
12     //替换为新数组，可以被侦听到
13     vm.array = vm.array.filter(_ => _ > 0);
14   </script>
```

3. 无法被侦听的情况

由于 JavaScript 早期版本的限制，在 Vue.js 2.x 中不能侦听到数组的某些变化，包括下面两种情况。

- 直接通过下标修改数组，例如 vm.items[5] = newValue。
- 直接通过修改数组的 length 属性修改数组，例如 vm.items.length = 10。

除了上述两种情况，经常遇到的情况还有：数组元素是对象，改变的是数组元素的属性。

< 33 >

下面的代码分别展示了这 3 种情况。本案例的完整代码可以参考本书配套资源文件"第 2 章/watch-09.html"。

```
1   <script>
2     let vm = new Vue({
3       data: {
4         array: [0, 1, 2, {x:1}]
5       },
6       watch: {
7         array(newValue) {
8           console.log(newValue[2], newValue[3].x);
9         }
10      }
11    });
12    vm.array[2] = 5;                //修改数组元素本身
13    vm.array[3].x = 10;             //数组元素是对象，修改元素的属性
14    vm.array.length = 0;            //通过 length 属性修改数组长度
15  </script>
```

上面代码中这 3 种情况都无法被侦听到，解决方法如下。

（1）对于直接修改数组元素的情况，可以使用 Vue.js 提供的$set()方法。

（2）对于需要修改数组的某个元素的属性的情况，可以把侦听器按照前面介绍的方法，设为"深度侦听"，就可以侦听到了。

（3）在实际开发中，通过 length 属性修改数组长度的情况很少见，基本上只要记住不要这样做就可以了。如果需要修改数组长度，用前面介绍的几种操作数组的标准方法代替即可。

请读者参考下面的代码。本案例的完整代码可以参考本书配套资源文件"第 2 章/watch-10.html"。

```
1   <script>
2     let vm = new Vue({
3       data: {
4         array: [0, 1, 2, {x:1}]
5       },
6       watch: {
7         array(newValue) {
8           console.log(newValue[2], newValue[3].x);
9         }
10      }
11    });
12    vm.$set(vm.array, 2, 5);        //修改元素
13    vm.$set(vm.array[3], 'x', 10);  //修改元素的属性
14  </script>
```

上述代码中使用了$set()方法，分别修改了数组的第 2 个元素，以及第 3 个元素的"x"属性。

使用$set()方法修改数组元素时，第 1 个参数是要改变的数组，第 2 个参数是要修改元素的索引，第 3 个参数是元素被修改后的值。

$set()方法也可以用于修改元素的属性，第 1 个参数是要修改的元素，第 2 个参数是字符串形式的要修改的属性名称，第 3 个参数是修改后的属性。

因此，如果不设为"深度侦听"，而用$set()方法修改某个元素的属性值，也是可以被侦听到的。

这里对上面的讲解进行总结。

- 如果使用了 push()等标准的数组操作方法，改变可以被侦听到。
- 如果彻底替换为一个新的数组，改变可以被侦听到。

< 34 >

- 如果直接修改数组的元素，改变无法被侦听到，解决方法是使用$set()方法修改元素的内容。
- 如果侦听器通过"{deep:true}"设置为深度侦听，那么修改元素的属性可以被侦听到。如果是元素本身被修改，依然无法被侦听到。
- 如果侦听器没有设为"深度侦听"，那么元素的属性可以用$set()方法来修改，达到这个修改被侦听到的目的。
- 不要通过 length 属性来修改数组长度，可以改用其他标准方法对数组长度进行修改。

本章小结

本章讲解了计算属性和侦听器这两个重要的 Vue.js 特性，希望读者能够了解方法、计算属性、侦听器三者之间的相同点和不同点，了解各自的适用范围。

知识点讲解

习题2

一、关键词解释

响应式属性　计算属性　响应式依赖　侦听器　深度侦听　immediate 参数

二、描述题

1. 请简单描述一下方法、计算属性和侦听器的相同点和不同点。
2. 请简单描述一下侦听器的几种应用场景。
3. 请简单描述一下在什么情况下会使用深度侦听，如何做到深度侦听。
4. 请简单描述一下对引用类型数据的侦听情况。
（1）可以直接被侦听到的情况。
（2）不可以直接被侦听到的情况。
（3）不可以被侦听到的情况。

三、实操题

1. 定义一个对象，对象中包含姓名和城市；在页面中显示自我介绍，例如"我叫什么，来自哪个城市"。请分别使用 methods（方法）、computed（计算属性）和 watch（侦听器）这 3 种方式实现。

2. 定义一个数组，数组中包含产品的名称、单价和购买数量，使用 methods（方法）、computed（计算属性）和 watch（侦听器）这三者中最优的方式计算购物车中产品的总价格；然后修改产品的购买数量，并重新计算其总价格。

< 35 >

第3章 控制页面的 CSS 样式

前面我们讲解了通过 Vue.js 提供的模板语法和相关指令将 DOM 元素与数据模型进行绑定的方法。除了 DOM 元素本身，元素的样式也是 Web 开发中经常要处理的对象。例如，给某个页面元素的 class 属性添加或删除 class 名称，可以区分这个元素的不同状态，网站导航中通过添加一个名为 active 的 CSS 类来区分一个菜单是处于选中状态还是未选中状态。

命令式的框架，例如典型的 jQuery，一般通过 addClass( ) 和 removeClass( ) 这样的函数来给元素增加和删除 class 名称。在 Vue.js 中，则以声明的方式，通过 v-bind 指令来实现元素与模型数据的绑定。本章的思维导图如下所示。

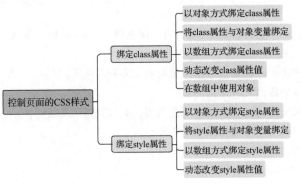

3.1 绑定 class 属性

知识点讲解

首先来看对 class 属性的操作。本章的操作都是使用 v-bind 指令完成的，因此本章的案例也可以帮助读者复习 v-bind 指令和数据绑定的相关知识。

3.1.1 以对象方式绑定 class 属性

以对象方式绑定 class 属性的方法是使用 v-bind 指令，并设定对象的属性名为 class 的名称，值为 true 或者 false。如果值为 true，表示 class 属性中将包括绑定的这个 class 名称，否则就不包括绑定的这个 class 名称。

```
<div v-bind:class="{class_name: <true | false>}"></div>
```

下面做一个简单案例演示。准备一个简单的页面，里面有 4 个 <div> 标记，进行简单的 CSS 设置，可以得到图 3.1 所示的效果。

一共有两个 CSS 样式类，一个是深色边框，另一个是灰色背景，4 个 <div> 标记使用了这两个类的

| 1 | 2 | 3 | 4 |

图 3.1 一个包含 4 个 <div> 标记的页面

不同组合，依次为：白色背景+浅色边框、白色背景+深色边框、灰色背景+浅色边框、灰色背景+深色边框。这个页面的实现代码如下所示。本案例的完整代码可以参考本书配套资源文件"第 3 章/class-01.html"。

```
1    <html>
2      <head>
3        <style>
4          div>div {
5            width: 60px;
6            height: 60px;
7            border: 2px solid #bbb;
8            text-align: center;
9            line-height: 60px;
10           font-size: 30px;
11           margin:10px;
12           float:left;
13         }
14         .selected{
15           border-color: #000;
16         }
17         .active{
18           background: #bbb;
19         }
20       </style>
21     </head>
22     <body>
23       <div id="app">
24         <div>1</div>
25         <div class="selected">2</div>
26         <div class="active">3</div>
27         <div class="selected active">4</div>
28       </div>
29     </body>
30   </html>
```

可以看到上述代码中，在<style>标记部分设置了两个 CSS 样式类：selected 和 active。在 HTML部分，1 号<div>标记两个类都没有使用，2 号和 3 号<div>标记分别使用了 selected 类和 active 类，4号<div>标记同时使用了 selected 类和 active 类。

现在如果要通过 JavaScript 控制这 4 个 div 元素的 class 属性值，以达到相同的效果，应该如何操作呢？这时就可以使用 Vue.js 的 v-bind 指令。将上述代码中的<body>标记和<script>标记部分做如下修改。本案例的完整代码可以参考本书配套资源文件"第 3 章/class-02.html"。

```
1    <body>
2      <div id="app">
3        <div v-bind:class=
4          "{selected: div1.selected, active: div1.active}"
5        >1</div>
6        <div v-bind:class=
7          "{selected: div2.selected, active: div2.active}"
8        >2</div>
9        <div v-bind:class=
10         "{selected: div3.selected, active: div3.active}"
11       >3</div>
12       <div v-bind:class=
```

< 37 >

```
13        "{selected: div4.selected, active: div4.active}"
14      >4</div>
15    </div>
16
17    <script>
18      var vm = new Vue({
19        el: '#app',
20        data:{
21          div1:{selected: false, active: false},
22          div2:{selected: true,  active: false},
23          div3:{selected: false, active: true},
24          div4:{selected: true,  active: true},
25        }
26      })
27    </script>
28  </body>
```

可以看到，在创建的 Vue 实例中设置了 data 对象，它有 4 个属性，分别对应 4 个<div>标记，每个标记又对应一个对象，各自设置了 selected 和 active 两个 CSS 样式类，分别对应 true 或 false。这样运行以后，得到的结果和原来的完全相同。

3.1.2 将 class 属性与对象变量绑定

实际上，以对象语法绑定 class 属性的时候，不一定要使用内联方式，可以将 class 属性通过 v-bind 指令绑定到一个变量。例如，<body>标记部分的代码修改如下，其他不变，得到的结果完全一样，这就是将 div 元素的 class 属性与变量绑定了。本案例的完整代码可以参考本书配套资源文件"第 3 章/class-03.html"。

```
1  <body>
2    <div id="app">
3      <div v-bind:class="div1">1</div>
4      <div v-bind:class="div2">2</div>
5      <div v-bind:class="div3">3</div>
6      <div v-bind:class="div4">4</div>
7    </div>
8  </body>
```

再进一步，class 属性通过 v-bind 指令还可以绑定到计算属性或者方法上。例如，下面的代码中定义了一个计算属性 randomComputed()和一个方法 randomMethod()。本案例的完整代码可以参考本书配套资源文件"第 3 章/class-04.html"。

> ⚠️ 注意
>
> 这里复习一下，将计算属性和方法绑定到 class 属性时，前者不加括号，后者要加括号。

```
1  <body>
2    <div id="app">
3      <div v-bind:class="randomComputed">1</div>
4      <div v-bind:class="randomComputed">2</div>
5      <div v-bind:class="randomMethod()">3</div>
6      <div v-bind:class="randomMethod()">4</div>
7    </div>
8
```

< 38 >

```
9      <script>
10       function randomBool(){
11         //等概率返回 true 或 false
12         //0 到 1 的随机数四舍五入转换为布尔类型
13         return Boolean(Math.round(Math.random()));
14       }
15
16       var vm = new Vue({
17         el: '#app',
18         computed:{
19           randomComputed(){
20             return {selected: randomBool(), active: randomBool()}
21           }
22         },
23         methods:{
24           randomMethod(){
25             return {selected: randomBool(), active: randomBool()}
26           }
27         }
28       })
29     </script>
30   </body>
```

这两个属性的计算过程完全相同,都是返回一个包含 selected 和 active 类的对象,二者分别取一个随机的 true 或者 false。上面的代码中,将计算属性 randomComputed()绑定到前两个<div>标记,将方法 randomMethod()绑定到后两个<div>标记。随机样式的效果如图 3.2 所示。

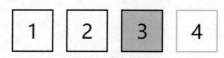

图 3.2　随机样式的效果

从图 3.2 中可以看出,无论怎么刷新页面,前两个 div 元素的样式永远是相同的,而后两个 div 元素的样式大约有 25%的概率相同。这里请读者停下来思考一下,这是什么原因导致的。

答案是前面介绍过的,计算属性具有缓存的特性,只计算一次,在绑定第 2 个<div>标记的 class属性时,计算属性不会重新计算,因此总是与第 1 个<div>标记相同。而后两个<div>标记绑定到方法上,每次都会重新计算,因此都是独立计算的随机样式。

3.1.3　以数组方式绑定 class 属性

Vue.js 中除了可以使用对象对 class 属性进行绑定之外,还可以利用数组绑定 class 属性。在数组中,每个元素的值是一个样式类对应的字符串,代码如下。

```
<div v-bind:class="['active', 'selected']">vue</div>
```

上面的代码中<div>标记的 class 属性值为两个类名。当然数组元素也可以是变量、计算属性或者调用方法的结果,只要对应的值是类名即可,代码如下。本案例的完整代码可以参考本书配套资源文件"第 3 章/class-05.html"。

```
1    <body>
2      <div id="app">
3        <div v-bind:class="[className1, className2]">vue</div>
```

< 39 >

```
4        </div>
5
6        <script>
7          var vm = new Vue({
8            el: '#app',
9            data: {
10             className1: 'active',
11             className2: 'selected'
12           }
13         })
14       </script>
15     </body>
```

以上代码的渲染结果如下。

```
<div class="active selected"></div>
```

因此，Vue.js 中绑定 class 属性非常灵活方便，只要数据模型中产生相应的对象或数组，就可以让页面的样式随时和数据模型同步。这也正是 Vue.js 框架的优势所在。

3.1.4 动态改变 class 属性值

在实际中，往往需要根据数据模型中的某些条件，动态改变 class 的属性值，这时通常利用三元表达式来实现。

例如，假设我们希望实现根据一个布尔类型的属性 isActive 来决定样式。如果 isActive 属性为 true，设置 class 属性值为 active，否则为 selected，可以使用如下代码。本案例的完整代码可以参考本书配套资源文件"第 3 章/class-06.html"。

```
1    <body>
2      <div id="app">
3        <div v-bind:class="[isActive ? 'active' : 'selected']">vue</div>
4      </div>
5      <script>
6        var vm = new Vue({
7          el: '#app',
8          data: {
9            isActive: false
10         },
11       })
12     </script>
13   </body>
```

以上代码的渲染结果如下。

```
<div class="selected"></div>
```

3.1.5 在数组中使用对象

当 class 属性有多个条件时，使用以上方式就比较烦琐了。这时就可以在数组中使用对象，代码如下。本案例的完整代码可以参考本书配套资源文件"第 3 章/class-07.html"。

```
1    <body>
2      <div id="app">
3        <div v-bind:class="[{active: className1}, className2]">vue</div>
```

< 40 >

```
4      </div>
5
6      <script>
7        var vm = new Vue({
8          el: '#app',
9          data: {
10           className1: true,
11           className2: 'selected'
12         }
13       })
14     </script>
15   </body>
```

从以上代码可以看出，className1 为 true 时，其渲染结果如下。

```
<div class="active selected"></div>
```

在实际开发中，常常会遇到某些元素，既有固定的 class 属性值，也有通过 Vue.js 控制的 class 属性值，这时可以二者并用，Vue.js 会自动合并处理。

```
1    <div>
2      <div class="menu-item" v-bind:class="isActive()">vue</div>
3    </div>
```

上面没有使用 v-bind 指令的 class 属性中指定的是固定的类名，使用 v-bind 指令的 class 属性中指定的是 Vue 实例控制的类名，Vue.js 会自动处理。上述代码等价于下面的代码。

```
1    <div>
2      <div v-bind:class="['menu-item', isActive()]">vue</div>
3    </div>
```

3.2 绑定 style 属性

在某些场景中，需要动态确定元素的 style 属性值，这在 Vue.js 中也可以方便地实现。

3.2.1 以对象方式绑定 style 属性

绑定内联样式时的对象，其实是一个 JavaScript 对象，我们可以使用驼峰式（如 camelCase）或者短横线分隔（如 kebab-case）来命名，代码如下所示。

```
<div v-bind:style="{className: <true | false>, 'class-name': <true | false>}"></div>
```

改造一下基础案例，演示如何绑定 style 属性，代码如下。本案例的完整代码可以参考本书配套资源文件"第 3 章/style-01.html"。

```
1    <body>
2      <div id="app">
3        <div>1</div>
4        <div v-bind:style="{ 'border-color': selected }">2</div>
5        <div v-bind:style="{ 'background': active }">3</div>
6        <div v-bind:style="{ borderColor: selected, 'background': active }">4</div>
7      </div>
8      <script>
```

< 41 >

```
9       var vm = new Vue({
10        el: '#app',
11        data:{
12          selected: '#000',
13          active: '#bbb'
14        }
15      })
16    </script>
17  </body>
```

从上面的代码中可以看出，data 对象中定义了两个变量，分别表示此案例中的边框颜色和背景颜色，它们都被绑定到 4 个<div>标记中，实现了和基础案例相同的效果。

3.2.2 将 style 属性与对象变量绑定

实际上，以对象方式绑定 style 属性的时候，也可以将 style 属性通过 v-bind 指令绑定到一个变量，代码如下所示。本案例的完整代码可以参考本书配套资源文件"第 3 章/style-02.html"。

```
1   <body>
2     <div id="app">
3       <div>1</div>
4       <div v-bind:style="div2">2</div>
5       <div v-bind:style="div3">3</div>
6       <div v-bind:style="div4">4</div>
7     </div>
8     <script>
9       var vm = new Vue({
10        el: '#app',
11        data:{
12          div2: { 'border-color': '#000' },
13          div3: { 'background': '#bbb' },
14          div4: { borderColor: '#000', 'background': '#bbb' }
15        }
16      })
17    </script>
18  </body>
```

上述代码中，对<body>标记中的<div>标记绑定了 3 个变量，并在 data 对象中定义了对应的变量值，得到的效果完全一样，这就是将 div 元素的 style 属性与对象变量绑定了。对象也可以结合计算属性和方法使用，代码如下。本案例的完整代码可以参考本书配套资源文件"第 3 章/style-03.html"。

```
1   <body>
2     <div id="app">
3       <div>1</div>
4       <div v-bind:style="divComputed2">2</div>
5       <div v-bind:style="divComputed3">3</div>
6       <div v-bind:style="divMethod4">4</div>
7     </div>
8   </body>
9   computed: {
10    divComputed2() {
11      return this.div2
12    },
13    divComputed3() {
14      return this.div3
```

< 42 >

```
15      },
16    },
17    methods: {
18      divMethod4() {
19        return this.div4
20      }
21    }
```

从上述代码可以看出，添加了计算属性 computed 和方法 methods，修改了<body>标记中绑定 style 属性的值，由之前的变量改成了计算属性和方法，其余代码没变，得到的效果完全一致。

3.2.3　以数组方式绑定 style 属性

同绑定 class 属性一致，除了可以使用对象对 style 属性进行绑定之外，还可以利用数组方式绑定 style 属性。在数组中，元素是对象或者变量名，代码如下。

```
<div v-bind:style="[{键: 值},变量名]"></div>
```

上面的代码中，数组中的元素有两个，一个是对象，另一个是对象对应的变量名。当然数组元素也可以是计算属性或者调用方法的结果。在上面代码的基础上，修改<body>标记的内容，其余的代码不变，修改代码如下。本案例的完整代码可以参考本书配套资源文件"第 3 章/style-04.html"。

```
1  <body>
2    <div id="app">
3      <div>1</div>
4      <div v-bind:style="[div2, divComputed3]">2</div>
5      <div v-bind:style="[{ borderColor: '#000'}, divComputed3]">3</div>
6      <div v-bind:style="divMethod4">4</div>
7    </div>
8  </body>
```

从以上代码可以看出，第 2 个<div>标记绑定的是 data 对象中的变量和计算属性，第 3 个<div>标记绑定的是对象和计算属性，第 4 个<div>标记绑定的是方法。这 3 种绑定 style 属性的方式不同，但其效果是一致的，如图 3.3 所示。

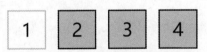

图 3.3　不同的绑定方式的效果一致

3.2.4　动态改变 style 属性值

可以动态改变 class 绑定的属性值，也可以动态改变 style 绑定的属性值，例如，使用三元表达式的方式，代码如下。本案例的完整代码可以参考本书配套资源文件"第 3 章/style-05.html"。

```
1  <body>
2    <div id="app">
3      <div v-bind:style="{ borderColor: selected1 ? '#000' : '#bbb' }">1</div>
4      <div v-bind:style="{ borderColor: selected2 ? '#000' : '#bbb' }">2</div>
5    </div>
6    <script>
7      var vm = new Vue({
8        el: '#app',
```

< 43 >

```
9        data:{
10          selected1: false,
11          selected2: true
12       },
13     })
14   </script>
15 </body>
```

上述代码中，为了得到明显的对比效果，定义了两个变量，分别将 selected1: false 和 selected2: true 绑定到两个<div>标记的 style 属性上，效果如图 3.4 所示。

图 3.4　动态改变 style 属性值的效果

本章小结

本章介绍了如何通过 Vue.js 动态控制 HTML 元素的 CSS 样式类和 style 属性——都是使用对象或者数组，通过非常直观的语法来实现的。

知识点讲解

习题 3

一、关键词解释
绑定 class 属性　绑定 style 属性

二、描述题
1. 请简单描述一下控制页面的 CSS 样式有哪几种。

2. 请简单描述一下绑定 class 属性的几种方式，它们大致是如何绑定的。

3. 请简单描述一下绑定 style 属性的几种方式，它们大致是如何绑定的。

三、实操题
通常，日历的每个月份的日期显示首尾会用上个月和下个月的日期进行填充，如题图 3.1 所示。当前日期是 2021 年 8 月 18 日，8 月 1 日前面是 7 月份的日期，8 月 31 日后面是 9 月份的日期。通过绑定 class 属性和 style 属性这两种方式来区分不是当前月份的日期，并标注出当天的日期。实现的日历效果如题图 3.1 所示。

2021年8月

一	二	三	四	五	六	日
26 十七	27 十八	28 十九	29 二十	30 廿一	31 廿二	1 建军节
2 火把节	3 男人节	4 廿六	5 廿七	6 廿八	7 立秋	8 初一
9 初二	10 末伏	11 初四	12 初五	13 初六	14 七夕节	15 初八
16 初九	17 初十	18 十一	19 十二	20 出伏	21 十四	22 中元节
23 处暑	24 十七	25 十八	26 十九	27 二十	28 廿一	29 廿二
30 廿三	31 廿四	1 廿五	2 廿六	3 廿七	4 廿八	5 廿九

题图 3.1　日历效果

< 44 >

第 **4** 章　事件处理

前面介绍了如何将数据与页面元素的文本和属性进行绑定，本章讲解 Vue.js 事件处理的相关内容。使用 Vue.js 的事件处理机制，可以更方便地处理事件。本章的思维导图如下所示。

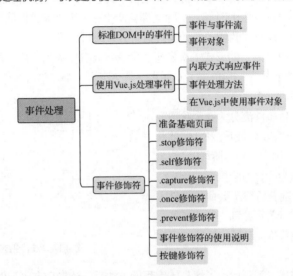

本章导读

4.1 标准 DOM 中的事件

知识点讲解

Web 页面和其他传统媒体的最大区别在于，Web 页面可以与用户交互，而事件是 JavaScript 最引人注目的特性，它提供了一个平台，让用户不仅能够浏览页面中的内容，而且能够跟页面进行交互。本节将先对事件与事件流的概念进行介绍，然后介绍在 Vue.js 中如何处理事件。

4.1.1　事件与事件流

"事件"是发生在 HTML 元素上的某些特定的事情，它的目的是使页面具有某些行为，执行某些"动作"。类比生活中的例子，学生听到"上课铃响"就会"走进教室"。这里"上课铃响"就是"事件"，"走进教室"就是响应事件的"动作"。

在一个页面中，已经预先定义好了很多事件，开发人员可以编写相应的"事件处理程序"来响应相应的事件。

事件可以是浏览器行为，也可以是用户行为。例如，下面 3 个都是事件。

- 一个页面完成加载。
- 某个按钮被单击。
- 鼠标指针移到某个元素上面。

　　页面随时都会产生各种各样的事件，绝大部分事件我们并不需要关心，我们只需要关心特定的少量事件。例如，鼠标指针在页面上移动的每时每刻都在产生鼠标指针移动事件，但是除非我们希望鼠标指针移动时产生某些特殊的效果或行为，否则，一般情况下我们不会关心这些事件的发生。因此，对于一个事件，重要的是发生的对象和事件的类型，我们仅关心特定目标的特定类型的事件。

　　例如，某个特定的 div 元素被单击时，我们希望弹出一个对话框，那么我们就会关心"这个 div 元素"的"单击"事件，然后针对它编写事件处理程序。这里先了解一下事件概念，后面我们再具体讲解如何编写代码。

　　了解事件的概念之后，还需要了解"事件流"这个概念。由于 DOM 是树形结构，因此当某个子元素被单击时，它的父元素实际上也被单击了，它的父元素的父元素也被单击了，一直到根元素。因此，某个子元素被单击产生的并不是一个事件，而是一系列事件，这一系列事件就组成了"事件流"。

　　一般情况下，当某个事件发生的时候，实际上都会产生一个事件流，而我们并不需要对事件流中的所有事件编写处理程序，而只对我们关心的事件进行处理就可以了。

　　既然事件发生时总是以"流"的形式一次发生，就一定要分个先后顺序。假设某个页面上有一个 div 元素，它的里面有一个 p 元素，当单击了 p 元素，就会产生一个"单击"事件。图 4.1 说明了这个单击产生的事件流的顺序。

　　总体来说，浏览器产生事件流分为 3 个阶段。从最外层的根元素 html 开始依次向下，称为"捕获阶段"，到达目标元素时，称为"到达阶段"，然后依次向上回到根元素，称为"冒泡阶段"。

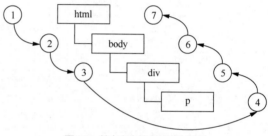

　　DOM 规范中规定，捕获阶段不会命中事件，但是实际上目前的各种浏览器对此都进行了扩展，如果需要，每个对象在捕获阶段和冒泡阶段都可以获得一次处理事件的机会。

图 4.1　单击产生的事件流的顺序

　　上面仅做了概念性描述，等到后面了解具体编程的方法后，读者会有更深的理解。

4.1.2　事件对象

　　浏览器中的事件都是以对象的形式存在的，标准的 DOM 中规定事件对象必须作为唯一的参数传给事件处理函数，因此访问事件对象通常作为参数。下面的代码显示了使用标准的 DOM 提供的方法处理事件的方法。使用 Vue.js 能够方便地实现相同的功能，但是事件对象是一样的。

```
1  <body>
2  <div id="target">
3    <p>click p</p>
4    click div
5  </div>
6  <script>
7  document
8    .querySelector("div#target")
9    .addEventListener('click',
10     (event) => {
11       console.log(event.target.tagName)
12     }
13   );
14 </script>
15 </body>
```

　　在上述代码中，首先根据 CSS 选择器在页面选中一个对象，然后给它绑定事件侦听函数。可以看

< 46 >

到箭头函数的参数就是事件对象，事件对象描述了事件的详细信息，开发者可以根据这些信息做相应的处理，实现特定的功能。例如，上面代码中仅简单地显示出了事件的目标的标记名称。

不同的事件对应的事件属性也不一样，例如，鼠标指针移动的相关事件就会有坐标信息，而其他事件就不会包含坐标信息。但是有一些属性和方法是所有事件都会包含的。

表 4.1 中列出了一些事件对象中的常见属性，具体使用的时候还可以详细查阅具体文档。

表 4.1　事件对象中的常见属性

标准 DOM	类型	读/写	说明
altKey	Boolean	读写	按 Alt 键则为 true，否则为 false
button	Integer	读写	鼠标事件，值对应按的鼠标键，详见 4.4.8 小节
cancelable	Boolean	只读	是否可以取消事件的默认行为
stopPropagation()	Function	不可用	可以调用该方法来阻止事件向上冒泡
clientX	Integer	只读	鼠标指针在客户端区域（当前窗口）的水平坐标，不包括工具栏、滚动条等
clientY	Integer	只读	鼠标指针在客户端区域（当前窗口）的垂直坐标，不包括工具栏、滚动条等
ctrlKey	Boolean	只读	按 Ctrl 键则为 true，否则为 false
relatedTarget	Element	只读	鼠标指针正在进入/离开的元素
charCode	Integer	只读	按按键的 Unicode 值
keyCode	Integer	读写	keypress 时为 0，其余为按键的数字代号
detail	Integer	只读	单击的次数
preventDefault()	Function	不可用	可以调用该方法来阻止事件的默认行为
screenX	Integer	只读	鼠标指针相对于屏幕的水平坐标
screenY	Integer	只读	鼠标指针相对于屏幕的垂直坐标
shiftKey	Boolean	只读	按 Shift 键则为 true，否则为 false
target	Element	只读	引起事件的元素/对象
type	String	只读	事件的名称

浏览器支持的事件种类是非常多的，可以分为几类，每类里面又有很多事件。事件可以分为以下类别。

- 用户界面事件：涉及与 BOM 交互的通用浏览器事件。
- 焦点事件：在元素获得或者失去焦点时触发的事件。
- 鼠标事件：使用鼠标指针在页面上执行某些操作时触发的事件。
- 滚轮事件：使用鼠标滚轮时触发的事件。
- 输入事件：向文档中输入文本时触发的事件。
- 键盘事件：使用键盘在页面上执行某些操作时触发的事件。
- 输入法事件：使用某些输入法时触发的事件。

当然，随着浏览器的发展，事件也会不断变化。例如，移动设备出现以后，就增加了触摸事件。

4.2　使用 Vue.js 处理事件

知识点讲解

上一节介绍了标准 DOM 中的事件、事件流及事件对象的概念。本节将讲解如何使用 Vue.js 处理事件。

< 47 >

4.2.1 内联方式响应事件

仍然用之前讲过的正方形的边长和面积的例子，我们可以在页面上增加一个按钮元素和段落元素，这个按钮被单击时，将会触发单击事件。在 Vue.js 中，可以使用 v-on 指令绑定事件，代码如下。本案例的完整代码可以参考本书配套资源文件"第 4 章/event-01.html"。

```
1   <body>
2     <div id="app">
3       <button v-on:click="length++">改变边长</button>
4       <p>正方形的边长是{{length}}，面积是{{area}}。</p>
5     </div>
6
7     <script>
8       let square = {length:2};
9       let vm = new Vue({
10        el:"#app",
11        data: square,
12        computed: {
13          area(){
14            return this.length * this.length;
15          }
16        }
17      })
18    </script>
19  </body>
```

可以看到，v-on 指令的冒号后跟着的是事件名称，与标准的 DOM 规范中定义的事件名称一致。

对于特别简单的逻辑，可以在等号后面直接用 JavaScript 语句做相应的处理，称为"内联方式"。例如，上面代码的作用是每单击一次，就让正方形的边长的属性值增加 1。运行以后，可以看到初始效果如图 4.2 所示。

每单击一次按钮，显示的边长和面积都会变化。例如，单击一次按钮后的效果如图 4.3 所示。

图 4.2　初始效果

图 4.3　单击一次按钮后的效果

4.2.2 事件处理方法

如果事件触发以后，要执行的逻辑不像上面例子中的那样简单，而是比较复杂的逻辑，就不适合写在 HTML 中了。这时可以将事件绑定到一个方法名上，然后在 JavaScript 中清晰地写好对应的这个方法，代码如下所示。本案例的完整代码可以参考本书配套资源文件"第 4 章/event-02.html"。

```
1   <body>
2     <div id="app">
3       <button v-on:click="changeLength">改变边长</button>
4       <p>正方形的边长是{{length}}，面积是{{area}}。</p>
5     </div>
6
```

< 48 >

```
7      <script>
8        ......
9        methods: {
10         changeLength(){
11           this.length++;
12         }
13       }
14       ......
15     </script>
16   </body>
```

写好一个事件处理方法之后，除了可以将某个元素的某个事件绑定到方法名上，也可以以行内方式调用这个方法。例如，在下面例子中把一个按钮变成两个按钮，单击时分别让边长增加 1 和增加 10。它们使用同一个方法，但是调用时传入不同的参数，代码如下。本案例的完整代码可以参考本书配套资源文件"第 4 章/event-03.html"。

```
1    <body>
2      <div id="app">
3        <button v-on:click="changeLength(1)">边长+1</button>
4        <button v-on:click="changeLength(10)">边长+10</button>
5        <p>正方形的边长是{{length}}，面积是{{area}}。</p>
6      </div>
7      <script>
8        ......
9        methods: {
10         changeLength(delta){
11           this.length += delta;
12         }
13       }
14       ......
15     </script>
16   </body>
```

上述代码中，HTML 部分绑定事件的处理逻辑是以行内方式调用 changeLength() 方法，把边长的增加量传递到方法中。请注意，在语法上这与绑定到方法名上是有区别的。

运行代码，默认的显示效果如图 4.4 所示，单击"边长+1"按钮后的效果如图 4.5 所示，单击"边长+10"按钮后的效果如图 4.6 所示。

图 4.4 默认的显示效果

图 4.5 单击"边长+1"按钮后的效果

图 4.6 单击"边长+10"按钮后的效果

就像 v-bind 指令可以简写一样，v-on 指令也可以简写为@符号，例如，下面的代码就使用@符号代替了"v-on:"。在本书的前面部分不用简写方式，以便读者加深印象。

< 49 >

```
1    <div id="app">
2      <div id="outer" @click="show('外层div被单击');">
3        <div id="inner" @click="show('内层div被单击');"></div>
4      </div>
5    </div>
```

4.2.3 在 Vue.js 中使用事件对象

本章的 4.1 节中已经介绍过，DOM 的事件处理中事件对象非常重要。在所有的事件处理函数中，都可以获得一个事件对象，其中包含很多关于事件的信息。在事件处理方法中，可以使用事件对象中的这些信息。

例如，将两个按钮的 value 属性值分别设置为 1 和 10，然后我们不希望通过函数参数传递这两个值，而是在事件处理方法中通过事件对象获取这两个值，实现和上面例子一样的效果，代码如下。本案例的完整代码可以参考本书配套资源文件"第 4 章/event-04.html"。

```
1    <body>
2      <div id="app">
3        <button v-on:click="changeLength" value="1">边长+1</button>
4        <button v-on:click="changeLength" value="10">边长+10</button>
5        <p>正方形的边长是{{length}}，面积是{{area}}。</p>
6      </div>
7      <script>
8        ……
9        methods: {
10           changeLength(event){
11               this.length += Number(event.target.value);
12           }
13       }
14       ……
15     </script>
16   </body>
```

可以看到上述代码中 v-on 指令绑定的是方法名，而不是方法调用。两个按钮的 value 属性值分别为 1 和 10。在 JavaScript 定义的方法属性中，changeLength()方法带了一个 event 参数，这个参数就是标准的 DOM 事件对象，其包含的具体属性都可以通过相关文档查到。

例如，这里通过 event.target 获得了触发事件的 DOM 元素，从而可以区分出是哪个按钮被单击了。然后取得该元素的 value 属性值，将其作为边长属性值的增量。

需要注意，代码中对从事件对象中获取的按钮对象的 value 属性值做了类型转换，因为直接获得的属性值都是字符串类型，所以需要将它们转换成数值类型，这样才能和边长进行计算。

> ✎ 说明
>
> 如果不是绑定到方法名，而是通过方法调用，也是可以使用事件对象的。这时可以使用 Vue.js 预定义好的特殊变量$event 作为参数，这个特殊变量就是这个事件的事件对象，代码如下。本案例的完整代码可以参考本书配套资源文件"第 4 章/event-05.html"。

```
1    <button v-on:click="changeLength($event)" value="1">边长+1</button>
2    <button v-on:click="changeLength($event)" value="10">边长+10</button>
```

< 50 >

| 3 | `<p>`正方形的边长是`{{length}}`，面积是`{{area}}`。`</p>` |

案例讲解

4.3 动手练习：监视鼠标移动

下面举一个稍微综合些的例子。在页面上定义一个 div 元素，通过 CSS 将其设置为边长为 127 的正方形，并加上边框。要实现的效果是，鼠标指针一旦进入这个 div 元素的范围内，就会在正方形的上方显示鼠标指针在正方形内的位置坐标，同时根据其横坐标和纵坐标的值计算出一个灰色的颜色值，并将正方形的背景设置为这个颜色。当鼠标指针在正方形内移动时，正方形的背景颜色也会随之实时变化。本案例的完整代码可以参考本书配套资源文件"第 4 章/event-06.html"。

```
1  <body>
2    <div id="app">
3      <p>鼠标位于({{x}},{{y}})</p>
4      <p>背景色{{backgroundColor}}</p>
5      <div v-on:mousemove="mouseMove"
6       v-bind:style="{backgroundColor}">
7      </div>
8    </div>
9
10   <script>
11     let vm = new Vue({
12       el:"#app",
13       data: {x:0, y:0},
14       methods:{
15         mouseMove(event){
16           this.x = event.offsetX;
17           this.y = event.offsetY;
18         }
19       },
20       computed:{
21         backgroundColor(){
22           const c = (this.x+this.y).toString(16);
23           return c.length==2
24             ? `#${c}${c}${c}` : `#0${c}0${c}0${c}`;
25         }
26       }
27     })
28   </script>
29  </body>
```

下面分析一下这个案例。可以看到，对这个 div 元素，将鼠标指针移动事件（mousemove）绑定到一个方法名（mouseMove）上，在这个方法中，通过事件对象的 offsetX 和 offsetY 属性，可以获取鼠标指针的位置坐标，同时将该坐标记录到 data 对象中。

再通过一个计算属性 backgroundColor，计算出背景颜色值。计算的方法是将横坐标和纵坐标的值相加，这个值的范围是 0～254，让背景色的红绿蓝的分量值都等于这个值，这样得到的就是从#000000 到#FEFEFE 范围内的从黑色到白色的所有灰色。鼠标指针在移动的时候，坐标会变化，同时这个灰色的颜色值也会随之变化。

运行代码后，得到的默认显示效果如图 4.7 所示。

< 51 >

当鼠标指针在范围内的正方向移动时，背景色会变化。鼠标指针越靠近左上角，颜色越深，越靠近右下角，颜色越浅。例如，鼠标指针在右下角时，效果如图 4.8 所示。

图 4.7　默认显示效果　　　　　　　　　　图 4.8　鼠标指针在右下角的效果

这个案例结合了本章前面学到的以下知识点。

- 鼠标事件的处理。
- 事件对象中获取信息。
- 计算属性。
- 将计算属性绑定到元素的 CSS 样式上。

希望读者能够理解这个例子用到的各个知识点，并能够举一反三，将其用到各种实际需要的场景中。

知识点讲解

4.4　事件修饰符

标准的 DOM 事件对象中包括 preventDefault()及 stopPropagation()等标准的方法，用于取消事件的默认行为或阻止事件的传播（继续冒泡）等。像 jQuery 中那样在事件处理程序中调用 event 参数的 preventDefault()方法或 stopPropagation()方法，也是可以实现功能的，但 Vue.js 提供了更好的处理方式。

Vue.js 为 v-on 指令提供了"事件修饰符"，通过它们可以以声明而非命令的方法实现上述功能。

例如，下面代码中的.stop 就是一个事件修饰符，在常规的事件绑定后添加上事件修饰符，该修饰符就会发挥作用。.stop 修饰符的作用就相当于在事件处理方法中调用 stopPropagation()方法。但是用事件修饰符的表达更清晰，也符合声明式的习惯。

```
1    <!-- 阻止单击事件继续传播 -->
2    <a v-on:click.stop="click"></a>
```

4.4.1　准备基础页面

Vue.js 中定义了若干事件修饰符，下面逐一进行介绍。为了讲解方便，先准备一个非常简单的基础页面，实现代码如下。本案例的完整代码可以参考本书配套资源文件"第 4 章/event-07.html"。

```
1    <body>
2      <div id="app">
3        <div id="outer" v-on:click="show('外层 div 元素被单击');">
4          <div id="inner" v-on:click="show('内层 div 元素被单击');"></div>
5        </div>
6      </div>
```

< 52 >

```
7
8    <script>
9      let vm = new Vue({
10      el:"#app",
11      methods:{
12        show(message){
13          alert(message);
14        }
15      }
16    })
17   </script>
18 </body>
```

上述代码中，设置了 outer 和 inner 两层 div 元素。从 DOM 结构的角度来看，内层 div 元素是外层 div 元素的子元素。两层 div 元素分别绑定了事件处理方法，以不同参数调用同一个 show() 方法，显示相应的内层或外层 div 元素被单击的信息。运行上面的代码，可以看到，如果单击内层的 div 元素，会弹出两次提示框，第一次显示"内层 div 元素被单击"，第二次显示"外层 div 元素被单击"，这是因为事件会以"冒泡"的方式传播，先后触发两个 div 元素的单击事件。如果单击外层 div 元素，就只会弹出一次提示框。

4.4.2　.stop 修饰符

.stop 修饰符会自动调用 stopPropagation() 方法，从而阻止事件的继续传播。

现在在内层 div 元素的事件绑定代码中加入 .stop 修饰符，代码如下所示。运行如下代码，单击内层 div 元素，就只会弹出一次提示框了，这是因为 .stop 修饰符阻止了事件的继续传播，因此外层 div 元素就不会触发单击事件了。本案例的完整代码可以参考本书配套资源文件"第 4 章/event-08.html"。

```
1 <div id="app">
2   <div id="outer" v-on:click="show('外层div元素被单击');">
3     <div id="inner" v-on:click.stop="show('内层div元素被单击');"></div>
4   </div>
5 </div>
```

4.4.3　.self 修饰符

.self 修饰符的作用是，只有事件的目标（event.target）是当前元素自身时，才会触发处理函数。也就是说，内部的子元素不会触发这个事件。

例如，上面的例子的基础代码中，单击内层 div 元素也会触发外层 div 元素的事件。对代码再做一点修改，即给外层 div 元素的单击事件绑定添加 .self 修饰符，代码如下所示。本案例的完整代码可以参考本书配套资源文件"第 4 章/event-09.html"。

```
1 <div id="app">
2   <div id="outer" v-on:click.self="show('外层div元素被单击');">
3     <div id="inner" v-on:click="show('内层div元素被单击');"></div>
4   </div>
5 </div>
```

可以发现，此时如果单击的位置在内层 div 元素内，则只弹出一次提示框，而不再弹出"外层 div 元素被单击"的提示框。如果单击的位置在外层 div 元素内，而不在内层 div 元素内，仍然只弹出一次提示框，显示"外层 div 元素被单击"。

< 53 >

也就是说，只有单击的对象是绑定的对象本身（外层 div 元素），才会触发事件。如果是从内层对象（内层 div 元素）冒泡上来的，就不会触发事件。

4.4.4 .capture 修饰符

.capture 修饰符的作用是改变事件流的默认处理方式，从默认的冒泡方式改为捕获方式。观察下面的代码，在外层事件绑定代码中添加了.capture 修饰符。本案例的完整代码可以参考本书配套资源文件"第 4 章/event-10.html"。

```
1  <div id="app">
2    <div id="outer" v-on:click.capture="show('外层div元素被单击');">
3      <div id="inner"v-on:click="show('内层div元素被单击');"></div>
4    </div>
5  </div>
```

在前面的基础页面中，没有.capture 修饰符的时候，如果单击内层 div 元素，会先弹出提示框显示"内层 div 元素被单击"，然后弹出提示框显示"外层 div 元素被单击"。也就是说，默认情况下，先触发内层元素的事件，经过冒泡才会触发外层元素的事件。

而增加.capture 修饰符以后，就会交换顺序，先显示"外层 div 元素被单击"，然后显示"内层 div 元素被单击"。这是因为.capture 修饰符将事件流的处理方式改为捕获方式，即从外向内依次触发事件。

4.4.5 .once 修饰符

.once 修饰符的作用是只触发一次事件。如果给外层<div>标记增加.once 修饰符，结果是每次刷新页面以后，只有第一次单击时会弹出提示框，此后再单击都不会弹出提示框，代码如下。本案例的完整代码可以参考本书配套资源文件"第 4 章/event-11.html"。

```
1  <div id="app">
2    <div id="outer" v-on:click.once="show('外层div元素被单击');">
3      <div id="inner"></div>
4    </div>
5  </div>
```

4.4.6 .prevent 修饰符

使用.prevent 修饰符以后，会自动调用 event.preventDefault()方法，从而取消事件触发的默认行为。

参考下面的代码，在内层 div 元素中新增加一个链接，将其绑定到 show()方法上。这时运行代码，单击链接，会先弹出提示框，然后跳转到链接的目标页面。对于链接（<a>）元素来说，跳转到目标地址就是单击事件的默认行为。本案例的完整代码可以参考本书配套资源文件"第 4 章/event-12.html"。

```
1  <div id="outer">
2    <div id="inner">
3      <a href="http://www.artech.cn" v-on:click="show('链接被单击')" >
4        这是一个链接
5      </a>
6    </div>
7  </div>
```

如果在绑定单击事件后面增加一个.prevent 修饰符，结果就会变成弹出提示框后页面不再跳转，也

< 54 >

就是取消了单击链接的默认行为，代码如下。

```
1    <div id="outer">
2      <div id="inner">
3        <a href="http://www.artech.cn" v-on:click.prevent="show('链接被单击')" >
4          这是一个链接
5        </a>
6      </div>
7    </div>
```

> **注意**
>
> 不要把.prevent 修饰符和.stop 修饰符混淆。.prevent 修饰符用于取消默认行为，如单击链接会跳转页面、单击"提交"按钮会提交一个表单等；.stop 修饰符用于阻止事件的传播，二者完全不同。例如，对于一个"提交"按钮，如果在单击事件上添加了.prevent 修饰符，单击这个按钮就不会提交表单了，实际行为完全由程序指定的事件处理函数负责。

4.4.7　事件修饰符的使用说明

在使用事件修饰符的时候，还有两点需要记住。

1．独立使用事件修饰符

在某些情况下，也可以仅使用某个事件的修饰符，而不绑定具体的事件处理方法，例如下面的代码。

知识点讲解

```
1    <!-- 只有修饰符 -->
2    <form v-on:submit.prevent></form>
```

上述代码的作用是让表单的提交事件取消默认行为，但是并不做其他事情。

2．串联使用事件修饰符

对于一次绑定，可以同时设置多个事件修饰符，只需要把它们依次连接在一起，这称为修饰符的"串联"，例如下面的代码既能取消默认行为，又能阻止事件的传播。

```
1    <!-- 修饰符可以串联 -->
2    <a v-on:click.stop.prevent="doThat"></a>
```

当超过一个修饰符串联使用时，要注意它们的顺序，对于相同的修饰符，如果顺序不同则会产生不同的效果。例如，v-on:click.prevent.self 会阻止所有的单击，而 v-on:click.self.prevent 只会阻止对元素自身的单击。

4.4.8　按键修饰符

1．与按键相关的 3 个事件

对于按键事件，需要先讲解一下相关的规范。按键事件由用户按下或释放键盘上的按键触发，主要有 keydown、keypress、keyup 这 3 个事件。

- keydown：按下按键时触发。
- keypress：按下有值的键时触发，即按下 Ctrl、Alt、Shift、Meta 这样无值的键，这个事件不会触发。对于有值的键，按下时先触发 keydown 事件，再触发 keypress 事件。
- keyup：释放按键时触发该事件。

< 55 >

如果用户一直按着某个键，就会连续触发键盘事件，触发的顺序如下：keydown → (keypress → keydown) →重复以上过程→ keyup。

因此，具体侦听哪个事件，需要根据实际情况来确定。大多数情况下，侦听 keyup 事件是比较合适的，可以避免重复触发。

2．按键名

在侦听按键事件时，经常需要明确按下的是哪个键。因此，必须通过一定的方式来明确地区分各个按键。

DOM 标准在事件对象中定义了每个按键对应的按键名，例如，向下方向键是 ArrowDown，向下翻页键是 PageDown，完整的对应关系可以查阅这个网址获知：█████ developer.mozilla.org/zh-CN/docs/Web/API/KeyboardEvent/key/Key_Values。

当我们知道了一个键的按键名以后，就可以方便地在绑定按键事件的时候通过按键修饰符指定具体绑定到哪个按键上。例如，绑定到 Enter 键的代码如下所示：

```
1    <!-- 只有在 `key` 是 `Enter` 时调用 `vm.submit()` -->
2    <input v-on:keyup.enter="submit">
```

可以看到，首先绑定到 keyup 事件，当按键被释放的时候触发事件，然后确定只对 Enter 键起作用。

像 PageDown 这样的按键名，使用的是称为 PASCAL 的命名规则，即按键名中如果有多个英文单词，则每个单词的首字母大写。在HTML的标记属性中，通常使用的是另一种命名规则，称为kebab-case，即全部字母小写，并且单词之间用短横线连接。例如，PageDown 如果换成 kebab-case 命名规则，就是 page-down。

因此，如果指定绑定的按键是 PageDown，应该写成如下形式。

```
<input v-on:keyup.page-down="onPageDown">
```

> **注意**
>
> 在没有统一标准使用按键名之前，按键还有按键码，每个按键对应一个整数编码，例如，Enter 键的按键码是 13。但是按键码在标准规范中已经被废弃，以后的浏览器可能会不支持，因此建议不要使用按键码，而应该尽可能使用按键名来指定按键。

Vue.js 为了兼容一些"旧的浏览器"，为一些常用的按键提供了"别名"。Vue.js 对这些常用按键做了兼容性处理，因此推荐使用如下这些别名，这样可以提高代码的浏览器兼容性。

- .enter。
- .tab。
- .delete（捕获 Delete 和 Backspace 键）。
- .esc。
- .space。
- .up。
- .down。
- .left。
- .right。

3．系统修饰键

除了字母、数字等常规按键之外，还有几个按键称为"系统按键"，这些是特殊的按键。它们通常与其他按键同时被按下，包括 Ctrl、Alt、Shift 和 Meta 键。

< 56 >

其中的 Meta 键,在 Windows 键盘上指的是 Windows 键,而在 macOS 键盘上指的是 Command (⌘) 键。

例如,在下面的代码中,为一个文本框绑定 keyup 事件,并使用.ctrl 和.c 修饰符,表示按 Ctrl+C 组合键的时候,会弹出提示框,显示"复制成功"。本案例的完整代码可以参考本书配套资源文件"第 4 章/event-13.html"。

```
1   <div id="app">
2     <input type="text" v-on:keyup.ctrl.c="show('复制成功')">
3   </div>
4
5   <script>
6     let vm = new Vue({
7       el:"#app",
8       methods:{
9         show(message){
10          alert(message);
11        }
12      }
13    })
14  </script>
```

我们仔细试验一下可以发现,如果用户按的不是 Ctrl+C 组合键,而是 Ctrl+Shift+C 组合键,也会执行 show()方法。也就是说,只要组合键中包含了 Ctrl 和 C 键就会绑定,这其实并不符合我们的实际需求,因为只有用户按的是 Ctrl 键和 C 键,浏览器才会执行复制操作,因此应该只有按 Ctrl 键和 C 键的时候才会弹出提示框。

这时可以使用 Vue.js 提供的.exact 修饰符。它的作用就是,在指定的组合键中,按且只按某些指定的系统按键时才会执行绑定操作。因此,对上面的代码稍做如下修改。

```
1   <div id="app">
2     <input type="text" v-on:keyup.ctrl.exact.c="show('复制成功')">
3   </div>
```

这样就必须是严格地按 Ctrl+C 组合键才会触发事件了。

4. 鼠标按键修饰符

对于鼠标事件,可以使用下面 3 个修饰符,用来指定按鼠标左、中、右 3 个按键中的哪一个。

- .left:按鼠标左键。
- .right:按鼠标右键。
- .middle:按鼠标中键。

在鼠标事件中,也可以指定必须同时在键盘上按特定的按键,例如下面的代码,注意.exact 修饰符的作用。

```
1   <!-- 除了 Ctrl 键之外,如果 Alt 键或 Shift 键同时被按,也会触发 -->
2   <button v-on:click.ctrl="onClick">A</button>
3
4   <!-- 有且只有 Ctrl 键被按的时候才触发 -->
5   <button v-on:click.ctrl.exact="onCtrlClick">A</button>
```

< 57 >

本章小结

通过本章的学习，我们可以看到 Vue.js 的数据处理机制有不少优点。在 Vue.js 中，事件处理方法都绑定在视图模型上，因此不会导致维护上的困难。开发人员在开发时看一下 HTML 模板，就可以方便地定位 JavaScript 代码中对应的方法，无须在 JavaScript 中手动绑定事件。视图模型的代码可以是非常纯粹的逻辑，易于测试。当视图模型在内存中被销毁时，所有的事件处理器都会自动被删除。

知识点讲解

习题4

一、关键词解释

DOM　事件　事件流　事件对象　事件绑定　事件修饰符　按键修饰符

二、描述题

1. 请简单描述一下事件对象中常见的几个属性，对应的含义是什么。
2. 请简单描述一下浏览器支持的事件种类大致有哪些。
3. 请简单描述一下常用的事件修饰符有哪些，对应的含义是什么。
4. 请简单描述一下使用事件修饰符的几种方式，分别应如何使用。
5. 请简单描述一下常用的按键修饰符有哪些，都是什么时候触发事件的。

三、实操题

请实现以下页面效果：页面上默认显示一个笑脸表情，如题图 4.1 所示，眼睛能够跟随鼠标指针的移动而转动；当鼠标指针移到表情上时，表情就会变成题图 4.2 所示的效果。

题图 4.1　鼠标指针在表情外的效果

题图 4.2　鼠标指针在表情上的效果

< 58 >

第 **5** 章 表单绑定

在 Web 开发过程中，表单是最重要的部分之一，它能实现与服务器的各种逻辑交互。Vue.js 也对各种表单元素的控制提供了相应的方法。v-model 指令用来将表单元素的值与数据模型进行绑定，使用起来非常方便。

HTML 表单元素分为 3 个标记：<input>、<textarea>和<select>。表单绑定实现的功能可以分为两类：用户自由输入一些文本内容，或者在预设的选项中进行选择。本章的思维导图如下所示。

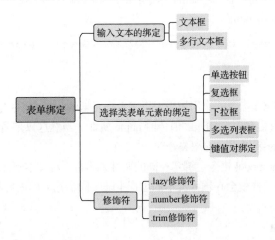

本章导读

5.1 输入文本的绑定

知识点讲解

用户可以自由输入的表单元素分为文本框和多行文本框两种。

5.1.1 文本框

文本框使用 HTML 的<input>标记，type 属性为 text，使用 v-model 指令可以将表单元素的值与数据模型（中指定的属性）进行绑定。参考下面的代码。本案例的完整代码可以参考本书配套资源文件"第 5 章/form-01.html"。

```
1    <input v-model="name" placeholder="请输入姓名">
2    <p>{{ name }} 您好! </p>
```

在文本框中输入内容的时候，在它下面的文字段落中会实时同步显示输入的内容。这个效果的实现仅需要设置一个 v-model 指令和第 1 章介绍的文本插值，不需要额外写任何代码，这看起来非常神奇。例如，在文本框中输入"Jane"，效果如图 5.1 所示。

图 5.1　绑定文本框 text

> **！注意**
>
> 　　使用 v-model 指令绑定一个文本框以后，如果在 HTML 中还给这个文本框设置了 value 属性，这个 value 属性会被忽略，而只根据数据模型中的值来显示文本框。

　　下面我们简单探索一下 v-model 指令的内部原理。其实，v-model 指令的原理并不复杂，它相当于结合了 v-bind 指令和事件绑定。例如上面的代码等价于如下代码。本案例的完整代码可以参考本书配套资源文件"第 5 章/form-02.html"。

```
1    <input v-bind:value="name" v-on:input="name = $event.target.value" placeholder="请输入姓名">
2    <p>{{ name }} 您好! </p>
```

　　可以看到，这里 v-model 指令的作用相当于将文本框元素的 value 属性与 name 属性进行绑定，然后绑定 input 事件，在事件处理时把输入的值传给 name 属性。当然这只是简单的一个例子，实际上对于不同的表单元素，Vue.js 要做很多的相关处理。

　　对不同的表单元素，v-model 指令会绑定不同的属性和事件。对文本框元素，绑定的是 value 属性、name 属性和 input 事件，这样就会在输入文本的过程中随时同步输入的内容和数据模型。

5.1.2　多行文本框

　　输入内容较多时，通常使用多行文本框，只需要简单地将<input>标记更换为<textarea>标记即可，代码如下所示，本案例的完整代码可以参考本书配套资源文件"第 5 章/form-03.html"。

```
1    <textarea rows="4" v-model="comment" placeholder="请输入您的留言"></textarea>
2    <p>您的留言是</p>
3    <p style="white-space: pre-line;">{{ comment }}</p>
```

　　注意上面的代码，在显示留言文本的段落中，为了能跟输入内容一致地换行，使用了一个 CSS 规则"white-space: pre-line"，它的作用是在这个段落中合并连续的空格，但是换行符会保留。因此，在输入的内容中，换行的位置在显示的时候也会换行。例如，网络购物时留言内容的换行效果如图 5.2 所示。

图 5.2　网络购物时留言内容的换行效果

< 60 >

需要注意的是，对多行文本不能使用双花括号语法进行文本插值，而要使用 v-model 指令。例如，下面的代码是错误的。

```
1    <!--这样是错误的-->
2    <textarea>{{text}}</textarea>
```

5.2 选择类表单元素的绑定

知识点讲解

上面介绍了允许用户自由输入时的文本框和多行文本框的绑定方法。下面讲解选择类表单元素的绑定。

5.2.1 单选按钮

单选按钮使用 HTML 的<input>标记，type 属性为 radio，表现在网页上通常是圆形的。在一组单选按钮内的多个选项中，只能选中一个。

在 Vue.js 中绑定单选按钮的方法是将一组单选按钮的 value 属性分别设置好，然后用 v-model 指令绑定到同一个变量上。例如，执行下面的代码可以让用户在页面中选择一种语言。本案例的完整代码可以参考本书配套资源文件"第 5 章/form-04.html"。

```
1    <div id="app">
2        <span>选择一种语言: {{ language }}</span>
3        <br/>
4        <input type="radio" id="python"
5            value="Python" v-model="language"/>
6        <label for="python">Python</label>
7
8        <input type="radio" id="javascript"
9            value="JavaScript" v-model="language"/>
10        <label for="javascript">JavaScript</label>
11
12        <input type="radio" id="pascal"
13            value="Pascal" v-model="language"/>
14        <label for="pascal">Pascal</label>
15    </div>
16    <script>
17        let vm = new Vue({
18            el:"#app",
19            data:{
20                language:""
21            }
22        })
23    </script>
```

可以看到，3 个单选按钮使用的都是<input>标记，type 属性为 radio，它们的 value 属性都被绑定到同一个数据模型属性 language 上，各自的 value 属性不同，设置 id 属性的目的是和 label 元素组成一对，得到的效果如图 5.3 所示。

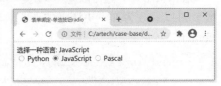

图 5.3　绑定单选按钮的效果

< 61 >

5.2.2 复选框

复选框和单选按钮类似，区别是复选框的 type 属性是 checkbox，一般在页面上表现为方形，用于在一组复选框中选中一个或多个选项。只需要稍稍改造，上面的代码就可以用于实现复选框的绑定，代码如下。本案例的完整代码可以参考本书配套资源文件"第 5 章/form-05.html"。

```
1   <div id="app">
2       <span>请选择语言，已选择 {{ languages.length }} 种</span>
3       <br/>
4       <input type="checkbox" id="python"
5           value="Python" v-model="languages"/>
6       <label for="python">Python</label>
7       ......
8   </div>
9   <script>
10      let vm = new Vue({
11          el:"#app",
12          data:{
13              languages:[]
14          }
15      })
16  </script>
```

可以看到，将<input>标记的 type 属性改为 checkbox，将绑定的 language 改为 languages（复数表示多种语言），同时初始化为一个空数组（这样可以存放多个值），其他保持不变，绑定复选框的效果如图 5.4 所示。

图 5.4　绑定复选框的效果

与单选按钮不同，复选框有时也可独立使用，这时就会绑定到布尔型变量，例如下面的代码。本案例的完整代码可以参考本书配套资源文件"第 5 章/form-06.html"。

```
1   <input type="checkbox" id="agree" v-model="agree" >
2   <label for="agree">{{ agree ? "同意" : "不同意" }}</label>
```

上述代码中，单独一个复选框绑定到了 agree 变量，它是一个布尔型变量，默认复选框没有被勾选，并显示不同意。勾选复选框，显示同意，效果如图 5.5 所示。

图 5.5　绑定单个复选框的效果

在 Vue.js 中，还可以进一步设定一个复选框被选中和未被选中时对应的模型属性的值，上面的代码就可以修改为如下更清晰的形式。本案例的完整代码可以参考本书配套资源文件"第 5 章/form-07.html"。

```
1   <input type="checkbox" id="agree" v-model="agree"
2       true-value="同意" false-value="不同意">
3   <label for="agree">{{ agree }}</label>
```

< 62 >

这里的 true-value 和 false-value 只影响绑定的模型属性的值，不影响 HTML 元素的 value 属性值。

5.2.3　下拉框

下拉框的作用与单选按钮相似，也是从多个选项中选择一个选项。但由于下拉框平常是隐藏的，展开以后可以放更多选项，因此如果选项比较多，通常使用下拉框。把上面的案例再改造为使用下拉框的实现方式，代码如下所示。本案例的完整代码可以参考本书配套资源文件"第 5 章/form-08.html"。

```
1   <div id="app">
2     <span>选择一种语言: {{ language }}</span>
3     <br/>
4     <select v-model="language">
5       <option disabled value="">请选择</option>
6       <option>Python</option>
7       <option>JavaScript</option>
8       <option>Pascal</option>
9     </select>
10  </div>
```

可以看到，<input>标记换成了<select>标记，并通过 v-model 指令将其与 language 绑定了，非常简单方便。绑定下拉框的效果如图 5.6 所示。

需要注意的一点是，因为设备兼容性原因，在下拉框的选项中最好设置第一个选项为"请选择"。如果在表单中这个选项是必填项，可以将这个选项设置为禁用，使用户无法选中这一项。

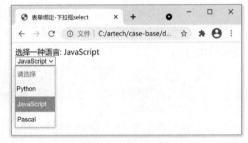

图 5.6　绑定下拉框的效果

5.2.4　多选列表框

使用<select>标记，也可以实现多选的效果，方法是给下拉框设置 multiple 属性，这样显示在页面上的是一个列表框，而不是下拉框。代码如下所示。本案例的完整代码可以参考本书配套资源文件"第 5 章/form-09.html"。

```
1   <div id="app">
2     <span>请选择语言，已选择 {{ languages.length }} 种</span>
3     <br/>
4     <select multiple v-model="languages">
5       <option>python</option>
6       <option>JavaScript</option>
7       <option>Pascal</option>
8     </select>
9   </div>
10  <script>
11    let vm = new Vue({
12      el:"#app",
13      data:{
14        languages:[]
15      }
16    })
17  </script>
```

< 63 >

绑定多选列表框的效果如图 5.7 所示。用户在选择时，如果按住 Ctrl 键，就可以实现单个多选；如果按住 Shift 键，就可以连选多个选项。

图 5.7　绑定多选列表框的效果

5.2.5　键值对绑定

上面讲解的是简单绑定，选中的选项的值都直接"写死"在 HTML 代码中。但实际开发中，通常遇到的情况不是这样的。

例如，要给用户提供一个下拉框，用于选择一种语言，选项内容一般也是模型动态提供的，而且一般以"键值对"形式提供，代码如下。本案例的完整代码可以参考本书配套资源文件"第 5 章/form-10.html"。

```
1   <div id="app">
2       <span>请选择语言，已选择 {{ selected.length }} 种</span>
3       <br/>
4       <select multiple v-model="selected">
5           <option v-for="option in languages" v-bind:value>
6               {{option.text}}
7           </option>
8       </select>
9   </div>
10  <script>
11      let vm = new Vue({
12          el:"#app",
13          data:{
14              selected:[],
15              languages:[
16                  {text: 'Python',     value: 101},
17                  {text: 'JavaScript', value: 102},
18                  {text: 'Pascal',     value: 103}
19              ]
20          }
21      })
22  </script>
```

可以看到，每个选项都包含一个编号和一个文本名称，如 Python 的编号是 101。所有的选项放在模型中，这些选项与 option 也需要绑定，这里使用了 v-for 指令，循环生成所有的选项，了解一下即可，我们将在第 6 章中详细介绍 v-for 指令。

这样实际运行以后，渲染得到的 HTML 如下所示。

```
1   <select multiple="multiple">
2       <option value="101">Python</option>
```

< 64 >

```
3      <option value="102">JavaScript</option>
4      <option value="103">Pascal</option>
5    </select>
```

在实际的 Web 开发项目中，这种选项列表的每一项的名称和对应的编号一般都是存放在数据库中的，由后端程序从数据库取出来以后，通过 API 传递到前端。用户选择以后提交给服务器的数据是选项的编号，而不是文本内容。

知识点讲解

5.3 修饰符

v-model 指令在绑定的时候，也可以指定修饰符，以实现一些特殊的约束或者效果。

5.3.1　.lazy 修饰符

对于文本框，在默认情况下，v-model 在每次 input 事件触发后将文本框中的值与数据同步。添加 .lazy 修饰符，可以改为在 change 事件触发之后进行同步，这样只有在文本框失去焦点后才会改变对应的模型属性的值，因此称为"惰性"绑定。

本案例的完整代码可以参考本书配套资源文件"第 5 章/form-11.html"。

```
1    <div id="app">
2      <!-- 在"change"时而非"input"时更新 -->
3      <input v-model.lazy="msg">
4      <span>{{msg}}</span>
5    </div>
6    <script>
7      let vm = new Vue({
8        el:"#app",
9        data: {
10         msg: '111',
11       }
12     })
13   </script>
```

运行代码，可以看出在文本框中输入内容时在视图中不会实时更新，在文本框失去焦点之后才会更新。如果没有 .lazy 修饰符，在文本框中输入内容时视图就会跟着更新。

5.3.2　.number 修饰符

如果想自动将用户的输入值转换为数值，可以给 v-model 添加 .number 修饰符。

本案例的完整代码可以参考本书配套资源文件"第 5 章/form-12.html"。

```
1    <div id="app">
2      <input v-model.number="age" type="number">
3      <span>{{age}}</span>
4    </div>
5    <script>
6      let vm = new Vue({
7        el:"#app",
8        data: {
9          age: '',
```

< 65 >

Vue.js+Bootstrap Web 开发案例教程 （在线实训版）

```
10        },
11        watch: {
12          age() {
13            console.log(typeof(this.age))
14          }
15        }
16      })
17    </script>
```

上述代码中，使用 watch 侦听 age 的变化，使用 typeof 方法判断 age 的数据类型。运行代码后，在文本框中输入"1"，控制台中就会输出"number"，表示当前 age 是数值。如果不加.number 修饰符，控制台中就会输出"string"，表示当前 age 是字符串。

在通常情况下，HTML 中<input>标记的值总是返回字符串。使用.number 修饰符以后，会自动转换为数值后再赋值给数据模型。如果输入的值无法被 parseFloat()方法解析，则会返回原始的值。

5.3.3　.trim 修饰符

如果要自动过滤用户输入的首尾空白字符，可以给 v-model 添加.trim 修饰符。

本案例的完整代码可以参考本书配套资源文件"第 5 章/form-13.html"。

```
1    <input v-model.trim="msg">
2    <span>一共有{{msg.length}}个字符</span>
```

运行代码后，在文本框中输入" 12 76 "，如果不用.trim 修饰符，视图中会显示"一共有 7 个字符"。.trim 修饰符会自动过滤首尾空格（中间空格不会去掉），此时显示"一共有 5 个字符"，效果如图 5.8 所示。

图 5.8　使用修饰符.trim 的效果

本章小结

表单和表单元素是 Web 应用中重要的组成部分，本章讲解了如何使用 Vue.js 进行表单和表单元素与数据模型的绑定，以及一些相关的知识点。

知识点讲解

习题 5

一、关键词解释

表单绑定　键值对绑定　修饰符

二、描述题

1. 请简单描述一下使用什么指令进行表单绑定。
2. 请简单描述一下表单元素都有哪些。
3. 请简单描述一下 v-model 绑定时常用的修饰符有哪几个，它们对应的含义是什么。

三、实操题

通过表单绑定实现一个创建图书的功能，图书的属性包括书名、作者、单价、所属分类、封面、简介、是否发布。单击"创建"按钮，控制台内会输出所提交对象的信息。

< 66 >

第 *6* 章 结构渲染

前面已经把关于在一个页面范围内使用 Vue.js 部分的大多数知识点讲完了，本章讲解这个部分的最后一个内容——结构渲染。

传统的命令式框架（如 jQuery）最重要的功能就是实现对 DOM 元素的操作，例如，更新 DOM 元素的内容、增加或移除 DOM 元素等。但是在声明式框架中，不鼓励直接操作 DOM 元素，除非在必要的情况下。那么 jQuery 这类框架相应的功能在 Vue.js 中是如何实现的呢？

这就要通过 Vue.js 的结构渲染功能来实现，该功能主要包括条件渲染和列表渲染。前者用于根据一定的条件来决定是否渲染某个 DOM 结构，后者可以按照一定的规律循环生成 DOM 元素。本章的思维导图如下所示。

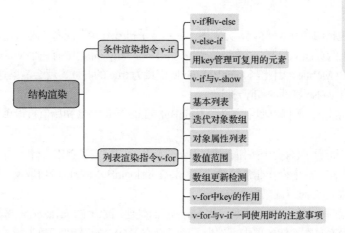

本章导读

6.1 条件渲染指令 v-if

知识点讲解

v-if 用于根据一定的条件渲染一部分内容，这部分内容只会在指令的表达式返回 true 的时候被渲染。要完整地实现 v-if 的功能，还需要两个配套的指令 v-else 和 v-if-else。

6.1.1 v-if 和 v-else

和绝大多数编程语言一致，有 if，也就会有 else 与之相配。当条件满足时，渲染 v-if 对应的 HTML 结构，否则，渲染 v-else 中的 HTML 结构。当然，也可以单独使用 v-if，而不使用 v-else。

下面用简单的例子来演示一下 v-if 和 v-else 的用法。在实际的 Web 开发项目中经常遇到允许用户使用手机号登录，或者使用邮箱登录的情况，那么在页面上需要让用户选择他希望的登录方式，代码如下。本案例的完整代码可以参考本书配套资源文件"第 6 章/v-if-v-for- 01.html"。

```
1   <div id="app">
2     <div v-if="loginByMobile">
3       <label>手机号登录</label>
4       <input type="text" placeholder="请输入手机号">
5     </div>
6     <div v-else>
7       <label>邮箱登录</label>
8       <input type="text" placeholder="请输入邮箱">
9     </div>
10    <button v-on:click="loginByMobile = !loginByMobile">更换登录方式</button>
11  </div>
12
13  <script>
14    var vm = new Vue({
15      el: '#app',
16      data:{
17        loginByMobile: true
18      }
19    })
20  </script>
```

　　HTML 部分包括两个<div>标记，分别用于显示"手机号登录"或者"邮箱登录"文本框，注意这两个文本框在真正的页面上只有一个能渲染出来。第一个<div>标记中有一个 v-if 属性，设定的是一个布尔型变量 loginByMobile。因此当 loginByMobile 变量为 true 的时候，就会渲染这个<div>标记，否则就会渲染下面带有 v-else 属性的<div>标记。

　　在 JavaScript 部分，数据模型中定义了 loginByMobile 变量，其初始值被设置为 true，即默认使用手机号登录方式。

　　在两个<div>标记下面有一个按钮，通过 v-on 指令给它绑定了单击事件，当这个按钮被单击的时候，执行相应的操作。这个操作非常简单，就是将变量 loginByMobile 的值取反，即如果是 true，就把它变成 false；如果是 false，就把它变成 true。

　　读者这里可以考虑一下，如果不是使用 Vue.js，而是使用原生的 JavaScript 或者 jQuery 框架，这里应该如何实现？答案是在按钮的单击事件中，通过操作 DOM 的 API 函数去插入和移除相应的 DOM 结构，这样代码要复杂得多，而且难以维护。这里可以再次看到声明式框架的优势。

6.1.2　v-else-if

　　对于多重条件，可以使用 v-else-if 指令，这个指令可以连续重复使用，代码如下所示。本案例的完整代码可以参考本书配套资源文件"第 6 章/v-if-v-for-02.html"。

```
1   <div id="app">
2     <div v-if="type === 'A'">
3       A 区域
4     </div>
5     <div v-else-if="type === 'B'">
6       B 区域
7     </div>
8     <div v-else-if="type === 'C'">
9       C 区域
10    </div>
```

< 68 >

```
11    <div v-else>
12      A/B/C 都不是
13    </div>
14  </div>
15  <script>
16    var vm = new Vue({
17      el: '#app',
18      data:{
19        type: 'B'
20      }
21    })
22  </script>
```

分析上述代码，如果变量 type 为 A，页面显示"A 区域"；如果 type 为 B，页面显示"B 区域"；如果 type 为 C，页面显示"C 区域"；以上条件都不符合的话，页面中显示"A/B/C 都不是"。data 对象中定义将 type 变量的初值设置为 B，因此页面中显示"B 区域"。如果 data 对象中定义 type 变量的初值为 D，页面中就会显示"A/B/C 都不是"。

6.1.3　用 key 管理可复用的元素

Vue.js 会尽可能高效地渲染元素，通常会复用已有元素，而不是重新构造 DOM 结构。这样做除了可以提高性能之外，还有其他好处。现在回头再看一下上面的例子，在文本框中输入一些内容，然后单击"更换登录方式"按钮，文本框中的内容不会被清除。因为 Vue.js 实际上使用的是同一个文本框，它不会被替换掉，仅仅替换它的 placeholder 属性值。这样做的目的是，减少重新构造 DOM 结构的开销，提高渲染性能。

知识点讲解

但是，实际项目中，这样不一定符合实际需求。如果我们希望在更换登录方式以后，文本框中的内容随之清除，该怎么办呢？ Vue.js 提供了一个办法来告诉渲染引擎"这两个元素是完全独立的"，即添加一个具有唯一值的 key 属性。修改代码如下。本案例的完整代码可以参考本书配套资源文件"第 6 章/v-if-v-for-03.html"。

```
1    <div id="app">
2      <div v-if="loginByMobile">
3        <label>手机号登录</label>
4        <input type="text" placeholder="请输入手机号" key="by-mobile">
5      </div>
6      <div v-else>
7        <label>邮箱登录</label>
8        <input type="text" placeholder="请输入邮箱" key="by-email">
9      </div>
10     <button v-on:click="loginByMobile = !loginByMobile">更换登录方式</button>
11   </div>
```

此后，每次切换时，文本框都将被重新渲染。

> **注意**
>
> label 元素仍然会被高效地复用，因为它们没有添加 key 属性。

6.1.4　v-if 与 v-show

Vue.js 还提供了一个与 v-if 指令类似的 v-show 指令，它也可以用于根据条件展示元素，且用法和

< 69 >

v-if 指令一致。

它们的区别在于，v-if 操作的是 DOM 元素，v-show 操作的是元素的 CSS 属性（display 属性）。此外，v-show 不能与 v-else 配合使用。

例如，将上面登录案例的代码稍做修改，将 v-if 改为 v-show。由于 v-show 不能同 v-else 配合使用，因此修改代码如下，本案例的完整代码可以参考本书配套资源文件"第 6 章/v-if-v-for-04.html"。

```
1   <div id="app">
2     <div v-show="loginByMobile">
3       <label>手机号登录</label>
4       <input type="text" placeholder="请输入手机号" key="by-mobile">
5     </div>
6     <div v-show="!loginByMobile">
7       <label>邮箱登录</label>
8       <input type="text" placeholder="请输入邮箱" key="by-email">
9     </div>
10    <button v-on:click="loginByMobile = !loginByMobile">更换登录方式</button>
11  </div>
```

从运行后的显示效果来看，没有任何区别，但是通过开发者工具可以看出二者的区别。v-if 指令中不显示的 DOM 元素是根本不存在的，但是对于 v-show 指令，即使不显示的 DOM 元素也还是存在的，只是通过"display:none"这条 CSS 规则将它隐藏了。v-show 和 v-if 的效果分别如图 6.1 和图 6.2 所示。

图 6.1　v-show 的效果　　　　　　　　　　图 6.2　v-if 的效果

总的来说：

- v-if 实现的是"真正"的条件渲染，因为它会确保在切换过程中条件块内的事件侦听器被销毁和重建。
- v-if 是"惰性"的，即如果在初始渲染时条件为假，则不会渲染，直到条件第一次变为真时，才会开始渲染相应的 DOM 结构。
- v-show 相对简单，不管初始条件是什么，元素总是会被渲染，并且基于 CSS 的 display 属性进行切换。
- 通常 v-if 的切换开销更大，而 v-show 的初始渲染开销更大。因此，如果要进行非常频繁的切换，建议优先使用 v-show；如果在运行时条件很少改变，则使用 v-if 较好。

6.2 列表渲染指令 v-for

知识点讲解

v-for 指令比较类似于 JavaScript 中的 for...of 循环结构，Vue.js 中，v-for 指令几乎是每个项目都会

< 70 >

用到的，因为任何页面多少都会显示一系列对象的列表。

6.2.1　基本列表

v-for 指令可以在页面上产生一组具有相同结构的 DOM 结构。下面使用一个基本的案例演示 v-for
指令的基本语法，代码如下。本案例的完整代码可以参考本书配套资源文件"第 6 章/v-if-v-for-05.html"。

```
1   <body>
2     <div id="app">
3       <ul>
4         <li v-for="item in list">{{item}}</li>
5       </ul>
6     </div>
7
8     <script>
9       var vm = new Vue({
10        el: '#app',
11        data:{
12          list: ['阳光', '空气', '沙滩', '草地']
13        }
14      })
15    </script>
16  </body>
```

运行以上代码，迭代普通数组的效果如图 6.3 所示。

可以看到，v-for 指令通过"item in list"来指明每次循
环的对象，这里的 item 可以随便取名，in 是 Vue.js 指定的
关键字，list 是在数据模型中已经定义好的变量。

这里 Vue.js 用的是 in 这个关键字，而从实际作用上来
讲，在这里它相当于在 ES6 中引入的 for...of 循环结构，而
不是 for...in 循环结构。

图 6.3　迭代普通数组的效果

此外，在循环过程中，每次迭代的元素都会有一个顺序号，称为"索引"。如果在渲染的时候需要
使用这个索引，可以用如下的方法。

```
1   <ul>
2     <li v-for="(item, index) in list">
3       {{item}} ({{index}})
4     </li>
5   </ul>
```

6.2.2　迭代对象数组

迭代对象数组，即循环某个数组，这个数组中的元素是一些对象，如电商网站中常见到的产品列表。

这里举一个产品列表的例子，显示一组产品的图片、名称、价格等信息，代码如下。本案例的完
整代码可以参考本书配套资源文件"第 6 章/v-if-v-for-06.html"。

```
1   <body>
2     <div id="app">
3       <div
4         class="li" v-for="item in list"
```

< 71 >

```
 5            v-bind:key="item.productId"
 6          >
 7            <img v-bind:src="item.picture" />
 8            <div>
 9              <h3>{{item.name}}</h3>
10              <p>￥{{item.price}}</p>
11            </div>
12          </div>
13        </div>
14
15        <script>
16          var vm = new Vue({
17            el: '#app',
18            data:{
19              list: [
20                { productId: 1,
21                  name: '柯西-施瓦茨不等式马克杯',
22                  picture: 'images/pic1.png',
23                  price: 45.98
24                },
25                ......
26              ]
27            }
28          })
29        </script>
30      </body>
```

!注意

　　上面的代码中，使用了 key 这个属性，将每个产品的 id 绑定到元素的 key 属性上。如果是这种以对象作为循环变量的情况，建议一律在对象中找到一个具有唯一性的属性，将其绑定到元素的 key 属性上。例如，这里 id 就是产品对象具有唯一性的属性，也就是说所有产品的 id 不会重复。具体为什么要这样做，在后面会详细分析，这里读者只需先记住这个约定即可。

　　这里循环的是一个产品数组，显示了产品的图片、名称和价格，效果如图 6.4 所示。

图 6.4　显示产品的图片、名称和价格的效果

< 72 >

6.2.3 对象属性列表

可以对一个对象的不同属性和属性值进行迭代，以形成一个列表。使用一个简单的对象来演示如何构造一个对象的属性列表，代码如下。本案例的完整代码可以参考本书配套资源文件"第 6 章/v-if-v-for-07.html"。

```
1   <body>
2     <div id="app">
3       <ul v-for="(value, prop) in user">
4         <li>{{prop}} : {{value}}</li>
5       </ul>
6     </div>
7
8     <script>
9       var vm = new Vue({
10        el: '#app',
11        data:{
12          user: {
13            name: 'tom',
14            age: 26,
15            gender: '女'
16          }
17        }
18      })
19    </script>
20  </body>
```

以上代码的 data 对象中定义了一个变量为用户对象 user，其值为用户信息。循环显示其用户信息，效果如图 6.5 所示。

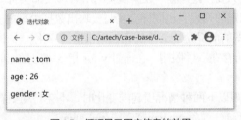

图 6.5 循环显示用户信息的效果

在实际开发中，这种用法不太常见，因为如果要显示一个对象，通常不会把这个对象的所有属性直接显示到页面上，会有所筛选和加工。

6.2.4 数值范围

Vue.js 还提供了一个非常方便的、可在一定数字范围内循环的方法，见下面的代码，本案例的完整代码可以参考本书配套资源文件"第 6 章/v-if-v-for-08.html"。

```
1   <body>
2     <div id="app">
3       <p>前 10 个奇数是: </p>
4       <p v-for="count in 10">第{{count}}个奇数是{{count * 2 - 1}}</p>
5     </div>
6
```

< 73 >

```
7      <script>
8       var vm = new Vue({
9         el: '#app',
10        data:{}
11      })
12    </script>
13  </body>
```

上述代码将<p>标记循环了 10 次，并显示在页面中，效果如图 6.6 所示。

图 6.6　数值范围内的循环效果

6.2.5　数组更新检测

Vue.js 的最大优势在于，只要一经绑定，数据模型的所有修改都会自动同步到视图中。因此，对于 v-for 指令绑定的列表，也同样会实时反映出数据模型的变化。

但是，能够自动更新视图的前提是能够检测到数据模型的变化。本书第 2 章介绍的侦听器，对数组变化的侦听存在一些限制。在通过 v-for 指令绑定数组时，也有一点类似的限制情况。

v-for 指令绑定的数组出现以下两种情况引起的变化时，不会自动更新视图。

- 直接通过索引修改数组，例如 vm.items[5] = newValue。
- 直接通过修改数组的 length 属性修改数组，例如 vm.items.length = 10。

参考下面的案例代码。本案例的完整代码可以参考本书配套资源文件"第 6 章/v-if-v-for-09.html"。

```
1   <div id="app">
2     <p>
3       <button v-on:click="handler_1">修改数组元素</button>
4       <button v-on:click="handler_2">修改数组长度</button>
5     </p>
6     <p v-for="item in list" :key="item">
7       <input type="checkbox"> {{item}}
8     </p>
9   </div>
10
11  <script>
12    var vm = new Vue({
13      el: '#app',
```

< 74 >

```
14      data: {
15        list: ['JavaScript','HTML','CSS']
16      },
17      methods: {
18        handler_1() {
19          this.list[1] = 'Python';
20        },
21        handler_2() {
22          this.list.length = 1;
23        }
24      }
25    })
26  </script>
```

上面的代码通过 v-for 指令绑定了一个列表，这个列表中有 3 个字符串元素。两个按钮对应的处理方法的操作都无法使视图更新。需要对代码做如下修改，才能正常触发视图更新。本案例的完整代码可以参考本书配套资源文件"第 6 章/v-if-v-for-10.html"。

```
1  methods: {
2    handler_1() {
3      this.$set(this.list, 1, 'Python')
4    },
5    handler_2() {
6        this.list.splice(1)
7    }
8  }
```

需要注意的是，上面绑定的数组元素是字符串，和数值等类型一样，都属于基本类型，而不是对象类型。如果数组元素是对象，直接修改元素的属性不会影响视图的自动更新。对上面的案例代码稍做如下修改。本案例的完整代码可以参考本书配套资源文件"第 6 章/v-if-v-for-11.html"。

```
1  <div id="app">
2    <p>
3      <button v-on:click="handler_1">修改数组元素</button>
4    </p>
5    <p v-for="item in list" :key="item.id">
6      <input type="checkbox"> {{item.name}}
7    </p>
8  </div>
9
10 <script>
11   var vm = new Vue({
12     el: '#app',
13     data: {
14       list: [
15         {id:1 , name: 'JavaScript'},
16         {id:1 , name: 'HTML'},
17         {id:1 , name: 'CSS'}
18       ]
19     },
20     methods: {
21       handler_1() {
22         this.list[1].name = 'Python'; //可以触发更新
23       }
24     }
```

< 75 >

```
25     })
26   </script>
```

可以看到，现在 list 数组的元素变成对象，绑定到列表中的是 item.name，而不是 item 本身。这时是可以直接修改元素的属性的，不需要使用$set()方法。

除了上面介绍的两种特殊情况之外，包括替换数组、使用 push()等标准方法修改数组等操作，都是可以自动更新到视图上的。

6.2.6 v-for 中 key 的作用

前面讲过，使用 v-for 时，如果每次迭代的元素是一个对象，即它不是一个简单的值，就建议将数据模型中具有唯一性的属性绑定到 DOM 元素的 key 属性上。

这里解释一下具体的原理，以便读者在实践中遇到不同的场景时可以灵活运用。

当 Vue.js 更新使用 v-for 渲染的列表时，默认使用"就地更新"的策略。如果数据项的顺序被改变，Vue.js 不会移动 DOM 元素来匹配数据项的顺序，而是就地更新每个元素，并且确保它们在每个索引位置被正确渲染。例如，某个列表对应的数据模型在数组末尾增加一个新元素，就是把这个元素放到最后面，这自然是最方便的做法，但是如果数据模型的数组在最开头插入了一个元素，默认情况下，它依然会在数组末尾添加一个元素，然后从第一个元素开始逐个更新，以保持与数据模型的一致。

这样在某些情况下就会产生一些问题，下面通过一个例子进行说明。假设我们开发一个微型的"待办事项"（todo list）页面，在页面上列出一些待办事项，用户可以添加新的待办事项，也可以在某个待办事项前面打钩，表示已经完成该事项。本案例的完整代码可以参考本书配套资源文件"第 6 章/v-if-v-for-12.html"。

```
1   <body>
2     <div id="app">
3       <div>
4         <input type="text" v-model="todo">
5         <button v-on:click="onClick">添加</button>
6       </div>
7       <ul>
8         <li v-for="item in list"><input type="checkbox"> {{item.todo}}</li>
9       </ul>
10    </div>
11
12    <script>
13      var vm = new Vue({
14        el: '#app',
15        data: {
16          todo: '',
17          newId: 5,
18          list: [
19            { id: 1, todo: '去健身房健身' },
20            { id: 2, todo: '去饭店吃饭' },
21            { id: 3, todo: '去银行存钱' },
22            { id: 4, todo: '去商场购物' }
23          ]
24        },
25        methods: {
26          onClick() {
```

< 76 >

```
27          // unshift()在数组的头部插入元素
28          this.list.unshift({ id: this.newId++, todo: this.todo });
29          this.todo = '';
30        }
31      }
32    })
33  </script>
34 </body>
```

先看一下数据模型。

- list 是一个数组，记录当前待办事项的列表。其每一行有一个唯一的 id，以及相应的待办事项。
- todo 用于获取文本框中输入的内容。
- newId 用于记录下一个要插入事项的编号，例如默认有 4 个项目，id 分别是 1~4，因此下一个编号就是 5。

再看一下数据模型是如何与页面进行绑定的。用一个 ul 结构循环显示 list 数组中当前所有的待办事项，每一项前面都有一个复选框可勾选。文本框通过 v-model 与 todo 属性绑定，以便用户可以随时向列表中添加新的待办事项。在文本框中输入内容，单击"添加"按钮，此时会调用 onClick()方法，添加新的事项。在 onClick()方法中，使用数组的 unshift()方法，在 list 数组的最前面添加一个对象，它有两个属性 id 和 todo，其中 id 等于 newId，同时使 newId 自增 1，便于下次插入时使用。

此时运行代码，假设选中了第 2 个复选框，如图 6.7 所示，表示对应事项"去饭店吃饭"已经完成了。然后添加新的一项，如在文本框中输入"去公园散步"，单击"添加"按钮，可以看到在列表的最上面增加了一项"去公园散步"，这是符合预期的，但是选中的复选框由"去饭店吃饭"变成了"去健身房健身"，即它仍然选中排在从上往下数第 2 项，如图 6.8 所示。这显然不是我们期望的结果，正确的结果应该是选中第 3 项（去饭店吃饭）。

图 6.7　勾选"去饭店吃饭"复选框

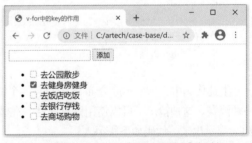

图 6.8　添加后选中了"去健身房健身"复选框

产生这个问题的原因就是，项目列表都是"就地更新"的，复选框仍然保持着原来的状态，即从上往下数第 2 项处于选中状态。

解决这个问题的方法就是对 li 元素绑定 key 属性，即在 v-for 中添加 v-bind:key，修改代码如下。

```
1  <li v-for="item in list" v-bind:key="item.id">
2    <input type="checkbox"> {{item.todo}}
3  </li>
```

修改代码后，刷新这个页面就会发现问题已经得到了圆满解决。这就是对迭代的元素绑定 key 属性的作用，可以简单地理解为，将 key 属性绑定到具有唯一性的属性之后，整个迭代元素和数据模型就一一对应了，新元素会按顺序插入原来的列表中，而不是"就地更新"。

这里简单介绍一下使用 v-for 绑定对象时的原理。Vue.js 内部实现了一套虚拟的 DOM 结构，也就是在内存中的 DOM 结构，然后在必要时根据虚拟的 DOM 结构更新真正的页面 DOM 结构，因为每次

< 77 >

虚拟的 DOM 结构发生的变化，一般只是局部的变化，因此显然不能简单粗暴地更新整个页面的所有元素，但尽可能少地更新页面元素，效率就会越高。

在不指定 key 属性的时候，Vue.js 会最大限度地减少对元素的更改并且尽可能尝试"就地"修改，尽可能复用相同类型元素的算法。而使用 key 属性时，它会基于 key 属性值的变化重新排列元素的顺序，并且会移除 key 属性不存在的元素。

以上面待办事项的案例来说，在没有绑定 key 属性之前与绑定 key 属性之后，列表元素的更新方式不同。

Vue.js 这样做的原因是，如果没有为每一个列表元素指定可以识别该元素的"唯一标识"，列表元素和数据模型的元素之间就无法形成一一对应关系，Vue.js 的引擎也就无法识别出新加入的列表元素应该插入的位置。默认采用的办法就是，把新加入的元素放到最后面，然后从开始依次更新到与数据模型一致的状态，因此，用户选中的复选框位置也不会变化。这就得到了在图 6.8 中看到的效果。

一旦在 Vue.js 的列表中对 key 属性绑定了"唯一标识"以后，Vue.js 就可以明确地知道新元素应该插入什么位置了。唯一标识一般都使用对象中的 id 等属性，用数据库的术语来说就是一个对象的"主键"。

6.2.7 v-for 与 v-if 一同使用时的注意事项

6.1 节讲解了 v-if 指令，需要注意的是，除非在必要的情况下，否则不要将 v-if 和 v-for 用在同一个元素上。当它们处于同一节点时，v-for 的优先级比 v-if 更高，v-for 每次迭代都会执行一次 v-if，造成不必要的计算，影响性能，尤其是当只需要渲染很小一部分的时候，影响就尤为明显。比较好的做法是，直接在数据模型中把列表做好过滤，减少在视图中的判断。例如，下面的代码就是一个相当不好的做法。本案例的完整代码可以参考本书配套资源文件"第 6 章/v-if-v-for-13.html"。

```
1   <div id="app">
2     <p v-for="item in list" v-bind:key="item.id" v-if="item.id < 2">
3       {{item.name}}
4     </p>
5   </div>
```

上述代码中，即使 100 个 item 中只有一个符合 v-if 的条件，也需要循环整个数组，这在性能上是一种浪费。这种情况下可以使用计算属性，在数据模型中事先做好处理，然后将符合条件的结果通过 v-for 显示出来，代码如下所示。

```
1   <div id="app">
2     <p v-for="item in filteredList" v-bind:key="item.id">
3       {{item.name}}
4     </p>
5   </div>
6   computed: {
7     filteredList() {
8       return this.list.filter(function(item) {
9         //将返回 id < 2 的项，添加到 filteredList 数组
10        return item.id < 2
11      })
12    }
13  }
```

二者的显示结果都是一样的，但是性能上相差很多，数据少的情况下可能区别不太明显，但数据量大的话，就可能产生明显区别了。v-for 和 v-if 一起使用的效果如图 6.9 所示。

< 78 >

如果希望有条件地跳过循环的执行，应该将 v-if 置于外层元素上。例如，在一个电商网站的产品列表页面中，通常会先判断一下这个列表中产品的数量，如果列表是空的（如没有搜索到用户查找的产品），就显示一句提示语，而不再显示列表，代码如下。

图 6.9　v-for 和 v-if 一起使用的效果

```
1  <div id="app">
2    <div v-if="products.length == 0">没有找到您搜索的产品</div>
3    <div v-else>
4      <p v-for="item in products" :key="item.id">
5        名称：{{item.name}}　价格：{{item.price}}
6      </p>
7    </div>
8  </div>
```

可以看到，先在外层<div>标记中判断要迭代的数组长度，如果数组长度为 0，则不需要执行 v-for，直接显示"没有找到您搜索的产品"这句提示语就可以了。

6.3　案例——汇率计算器

案例讲解

本节综合使用前面学习过的知识点，练习一个案例——汇率计算器，如图 6.10 所示。

在这个汇率计算器中，第一行是待计算的原始货币的金额，默认是中国的人民币——CNY，金额是 100，可以在横线上修改金额。在修改金额的同时，下面 4 种货币对应的金额可以实时计算更新。如果用鼠标单击下面 4 行中的任意一行，就会与第一行交换货币，从而变成待计算的货币种类。

图 6.10　汇率计算器

6.3.1　页面结构和样式

这个程序的页面结构非常简单，除了顶部的标题和底部的说明文字外，中间还有一个 ul 列表。列表的每一行都有左、右两个子元素。

第一行 li 元素里面，左边是币种名称，右边是一个文本框，通过 CSS 样式使它只显示下边框；后面各行的 li 元素的内容，包含左、右的 span 元素，分别用于显示币种和金额。

基于这个结构，可以通过 CSS 样式进行排版，使用 CSS3 的选择器可以非常方便地设置样式。这里我们不再讲解设置方法，读者可以参考本书配套资源文件"第 6 章/demo-currency.html"。

```
1  <div id="app">
2    <p class="title">汇率计算器</p>
3    <ul>
4      <li>
5        <span>CNY</span>
6        <input type="text">
7      </li>
```

<79>

```
8          <li data-currency="JPY">
9              <span>JPY</span>
10             <span>1511.81</span>
11         </li>
12         ......
13     </ul>
14     <p class="intro">用鼠标单击可以切换货币种类</p>
15  </div>
```

6.3.2 数据模型

下面重点讲解数据模型。实际上这个数据模型与页面结构非常一致。第一行是输入的货币和金额，使用一个 from 对象存放；下面是 4 种对应的计算结果的货币和金额，用一个数组存放。from 对象和数组里的元素结构都相同，包括两个属性：currency 是货币的名称，即符合国际标准的货币名称；另一个是 amount，即金额。代码如下所示。

```
1  data: {
2      from: {currency:'CNY', amount:100},
3      to:[
4         {currency:'JPY', amount:0},
5         {currency:'HKD', amount:0},
6         {currency:'USD', amount:0},
7         {currency:'EUR', amount:0}
8      ]
9  }
```

了解了模型的基本结构以后，就可以了解如何与 HTML 元素绑定，代码如下所示。

```
1   <ul>
2     <li>
3       <span>{{from.currency}}</span>
4       <input v-model="from.amount"></input>
5     </li>
6     <li v-for="item in to">
7       <span>{{item.currency}}</span>
8       <span>{{item.amount}}</span>
9     </li>
10  </ul>
```

第一个 li 元素中，左边的 span 元素用文本插值方式绑定到 from.currency 属性，右边的文本框用 v-model 指令绑定到 from.amount 属性。接下来的 4 个 li 元素使用 v-for 指令以循环的方式绑定，在 to 数组中，每个对象对应一个 li 元素，里面的两个 span 元素分别绑定到 currency 和 amount 属性上。

接下来要让这个汇率计算器真正能够计算了。为了计算汇率，使任何一种货币可以转换成另一种货币，需要一个汇率表。我们单独编写一个汇率表，代码如下所示。

```
1  let rate={
2    CNY:{CNY:1    , JPY:16.876, HKD:1.1870, USD:0.1526, EUR:0.1294 },
3    JPY:{CNY:0.0595, JPY:1     , HKD:0.0702, USD:0.0090, EUR:0.0077 },
4    HKD:{CNY:0.8463, JPY:14.226, HKD:1    , USD:0.1286, EUR:0.10952},
5    USD:{CNY:6.5813, JPY:110.62, HKD:7.7759, USD:1    , EUR:0.85164},
6    EUR:{CNY:7.7278, JPY:129.89, HKD:9.1304, USD:1.1742, EUR:1    },
7  }
```

实际上用的仍是 JavaScript 对象，5 个属性分别对应 5 个币种名称，每个属性的值又是一个对象，

< 80 >

对象的属性还是这 5 个币种名称，每个值就是从外层币种转换到内层币种的汇率。汇率表中是 2021 年 4 月 5 日真实汇率的情况。

　　接下来，为了让用户在第一行右侧的横线上修改待换算的货币金额时，下面的货币金额随之改变，只需要监视 from.amount 的值就可以了。因为这个文本框已经和 from.amount 绑定了，所以用户修改文本框的数值，这个数值就会自动同步到 from.amount 变量中，这是由 Vue.js 完成的。

　　下面设定对 from 变量的监视。由于变量 from 是一个对象，它又包含了两个属性，除了 amount 之外，currency 也会被修改，因此这两个属性都需要监视。这时可以将 deep 参数设置为 true，否则 Vue.js 不会监视 from 变量中属性的变化。接下来，将 immediate 参数也设置为 true，作用是在页面初始化的时候就立即执行一次，而不必等着 from 变量的值第一次变化的时候才第一次执行，因为一开始我们需要计算初始的金额，这样就可以让页面被打开的时候，下面 4 种货币显示 100 元人民币对应的金额。

```
1  watch:{
2    from: {
3      handler(value){
4        this.to.forEach(item => {
5          item.amount = this.exchange(this.from.currency,
6            this.from.amount, item.currency)});
7      },
8      deep:true,
9      immediate:true
10   }
11 }
```

　　在上面的计算中，对 to 数组的每个元素都使用 forEach() 方法遍历了一次，每一次都根据来源币种、来源金额和目的币种计算一次换算后的金额。其中调用了一个换算金额的方法，定义在 methods 中，代码如下。

```
1  exchange(from, amount, to){
2    return (amount * rate[from][to]).toFixed(2)
3  }
```

　　可以看到非常简单，从汇率表中查出汇率，然后乘待换算的金额就可以得到结果。例如输入 1000，下面会计算出对应货币的金额，效果如图 6.11 所示。

图 6.11　汇率计算的效果

　　最后，单击下面 4 行中的任意一行后，要交换这一行与第一行的货币种类，需要在 methods 中给视图的 li 元素绑定一个方法，代码如下。

```
1  changeCurrency(event){
2    const c = event.currentTarget.dataset.currency;
3    const f = this.from.currency;
```

< 81 >

```
4      this.from.currency = c;
5      this.to.find(_ => _.currency === c).currency = f;
6    }
7  <li v-for="item in to"
8     v-bind:data-currency="item.currency"
9     v-on:click="changeCurrency">
10   <span>{{item.currency}}</span>
11   <span>{{item.amount}}</span>
12 </li>
```

运行代码后，单击货币种类为 HKD 的那一行，效果如图 6.12 所示。这样就完成了这个案例。

图 6.12　切换货币种类后汇率计算的效果

本章小结

本章介绍了 Vue.js 的两个关键指令，即 v-if 指令和 v-for 指令，它们分别用于条件渲染和列表渲染。v-if 指令需要与 v-show 指令区分开，v-for 需要主键 key 属性的配合，在数组元素更新时需要注意限制情况。本章还通过制作汇率计算器巩固了 Vue.js 的基础知识，用到了循环渲染、事件处理、侦听器、数据绑定等知识点，希望读者能够熟练掌握。

知识点讲解

习题 6

一、关键词解释

条件渲染　列表渲染

二、描述题

1. 请简单描述一下 v-if、v-else 和 v-else-if 的含义和使用方法。
2. 请简单描述一下 v-if 和 v-show 的相同点和不同点。
3. 请简单描述一下 key 属性的作用。
4. 请简单描述一下 v-for 中 key 属性的作用。
5. 请简单描述一下 v-for 与 v-if 一同使用时的注意事项。

三、实操题

根据第 3 章中绑定 class 属性的方式实现的日历效果，使用 v-for 简化代码，以实现相同的日历效果。

< 82 >

第 **7** 章 组件基础

从本章开始，我们将进入一个新的，也是非常重要的部分的学习阶段。

任何程序开发框架都一定会包含代码的复用机制，因为在任何网站或者 App 上，一定存在大量的相同或类似的部分，如一个网站的导航菜单部分一定会出现在所有的页面上，所以一定要有一个使局部内容可以复用的机制。在 Vue.js 中，就是通过它的组件系统来实现局部复用的。本章的思维导图如下所示。

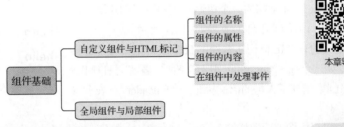

7.1 自定义组件与 HTML 标记

我们可以先宏观地考虑一下，在一个现实的网站中，大致会出现哪些需要复用的场景。总体来说，可以分为以下两类。

- 一些小的局部内容在网站的多个地方出现。例如，可能在一个"个人计划"的网站上，很多地方都会显示"日历"，因此，应该把日历这个局部内容封装为一个"组件"，然后在任何需要显示日历的地方调用这个组件，而不用在每个地方都完整地重新编写内部逻辑。
- 很多个页面具有统一的整体页面的布局形式。例如，在一个网站的每个页面的顶部显示导航菜单，底部显示版权信息等，每个页面只是在替换页面中间部分的内容。

几乎所有的开发框架都需要面对上面这两类场景。尽管采用的方式和具体名称不同，例如"组件"（component）、"库元素"（library element）、"模板"（template）、"主页"（master page）、"布局页"（layout page）等，但是它们在各个框架中完成类似的工作。因此，学习使用某个框架时，一定要充分理解它们具体在框架中是如何工作的。

在 Vue.js 中，使用组件来完成这项工作。在 Vue.js 中，使用组件就可以同时面对上面提到的两类场景。只有掌握了组件的使用方法，才能真正用 Vue.js 构建出一个完整的网站或者应用。这部分的相关内容较多，我们将通过两章内容来讲解。

组件在本质上就是可复用的 Vue 实例。在开发过程中，可以把经常重复的功能封装为组件，以达到便捷开发的目的。Vue.js 提供了一个静态方法 component()用于创建组件。component()方法的第一个参数是组件的名称，第二个参数是以对象的形式描述的一个组，因为组件是可复用的 Vue 实例，所以它们与创建根实例的 new Vue()方法使用相同的参数。

例如，下面的代码就能创建一个可以复用的组件。本案例的完整代码可以参考本书配套资源文件"第 7 章/component-01.html"。

```
1    Vue.component('greeting', {
2      template: '<h1>hello</h1>'
3    })
```

可以看到，创建了一个名为 greeting 的组件，传入的对象中有一个 template 属性，用一个字符串描述了这个组件的内容，在这里非常简单地用 h1 元素显示 hello 字样。下面就可以在 HTML 中使用这个组件了，也就实现了组件的复用。

```
1    <div id="app">
2      <greeting></greeting>
3      <greeting></greeting>
4    </div>
```

在 HTML 中，可以像使用普通的 HTML 标记一样使用这个组件，这正是 Vue.js 非常棒的一个机制：用户可以创建属于自己的 HTML 标记。所创建组件的效果如图 7.1 所示。

用户自定义的 HTML 标记比普通的 HTML 标记具有了更具体的"语义"，如这个<greeting>标记用于打招呼。事实上 HTML5 相较于 HTML4，增加了大量的语义标记，如<header>，表示页面的头部。

图 7.1　所创建组件的效果

当然，如果只能像上面那样简单显示一些固定的文字，这个组件也就没有什么实用价值了。思考一下一个普通的 HTML 标记包括哪几个关键的组成部分，如下所示。

```
<a href="link.html" onclick="onClick()">这是一个超链接</a>
```

HTML 标记包括以下 4 个关键的组成部分。

- 名称，这里是 a。
- 属性，例如这里的 href。
- 内容，即"这是一个超链接"这几个字。
- 事件处理，所有的 HTML 标记具有处理特定事件的能力。

因此，通过 Vue.js 创建的组件，要想像一个普通的 HTML 标记一样工作，也同样需要包含上述 4 个部分。下面我们就逐一来讲解这 4 个部分。

7.1.1　组件的名称

在 HTML 中，标记的名称实际上是不区分大小写的，例如<p>标记写为<P>，浏览器也同样能识别。但是根据 W3C 的规范，HTML 标记都使用小写字母，习惯上称为 kebab-case 命名方式，即所有字母小写，名称中的单词之间用短横线连接。例如，将一个按月份显示的日历组件命名为 "monthly-calendar"。

> ⚠️ 注意
>
> 在实际开发中，应该尽可能遵守命名规范，这样可以尽可能地避免和当前及未来的 HTML 标记冲突。

> 📑 背景知识
>
> kebab 这个单词的原意是一种来自阿拉伯的类似于烤肉串的食物，中间由一根长钎子串着肉串，很形象地描述了这种字符串的样子。

< 84 >

在 Vue.js 中定义一个组件时，命名方式有以下两种。

（1）名称使用 kebab-case 方式命名，即"短横线分隔命名"，如下所示。

```
Vue.component('monthly-calendar', { /* ... */ })
```

当使用 kebab-case 方式命名一个组件时，在 HTML 中使用这个组件也必须使用 kebab-case 方式命名，例如<monthly-calendar>。

（2）使用 PascalCase 方式命名，即"首字母大写命名"，如下所示。

```
Vue.component('MonthlyCalendar', { /* ... */ })
```

Vue.js 在这里做了一些处理，在定义组件的时候，即使命名时使用的是 PascalCase 方式，在 HTML 中使用的时候也可以使用 kebab-case 方式。

总之，在 HTML 中，无论使用自定义的组件或者原生的 HTML 标记，都要使用 kebab-case 方式命名的名字。

📇 **知识**

严格来说，如果用的是字符串模板，定义组件时用 PascalCase 方式，在 HTML 中使用这个组件时也可以使用 PascalCase 方式，但是通常没有必要违反 W3C 的通行规范。

至于定义一个组件的时候，是用 kebab-case 方式还是 PascalCase 方式命名，可以根据实际情况决定。由于在 JavaScript 中定义类型都使用 PascalCase 方式，因此定义组件时用 PascalCase 方式命名是比较通行的做法。

7.1.2 组件的属性

可以在定义组件时，通过 props 增加一个"to"属性，用于指定打招呼的对象。本案例的完整代码可以参考本书配套资源文件"第 7 章/component-02.html"。

```
1  Vue.component('greeting', {
2    props:['to'],
3    template: '<h1>Hello {{to}}!</h1>'
4  })
5
6  let vm = new Vue({
7    el: "#app"
8  })
```

可以看到，除了定义了 greeting 这个组件，还需要像以往一样定义 Vue 根实例。这时就可以复用 greeting 组件，向不同的对象打招呼了，代码如下。

```
1  <div id="app">
2    <greeting to="Mike"></greeting>
3    <greeting to="Jane"></greeting>
4  </div>
```

props 属性的值是一个数组，也就是说，一个组件可以带有多个属性，把属性名称都放在这个数组里，然后在 template 字符串中就可以使用这些属性了。复用 greeting 组件的效果如图 7.2 所示。

图 7.2 复用 greeting 组件的效果

< 85 >

7.1.3 组件的内容

大多数标准的 HTML 标记都可以用于设定内容，例如，<p>设定内容</p>。自定义的组件如何实现呢？Vue.js 提供了插槽（slot）机制，可以非常方便地实现这个功能。

例如，我们希望上面的 greeting 组件可以灵活地设定打招呼的内容，而不是使用固定的 hello，可以通过如下代码实现。本案例的完整代码可以参考本书配套资源文件"第 7 章/component-03.html"。

```
1  Vue.component('greeting', {
2    props:['to'],
3    template: '<h1><slot></slot> {{to}}!</h1>'
4  })
```

可以看到，在字符串模板中使用了<slot></slot>，这样就可以像普通的 HTML 那样接收内容了。

```
1  <div id="app">
2    <greeting to="Mike">Happy new year</greeting>
3    <greeting to="Jane">Happy birthday</greeting>
4  </div>
```

运行代码，灵活设定打招呼内容的效果如图 7.3 所示。

图 7.3　灵活设定打招呼内容的效果

> 说明
>
> 通过插槽机制不但可以传入文本，还可以传入 HTML 结构，在第 8 章中会详细介绍。

7.1.4 在组件中处理事件

如果不能处理事件，组件就没有交互能力，也就没有太大的意义。Vue.js 为组件提供了处理事件的能力。例如，我们把上面的 greeting 组件改为一个具有交互能力的组件，就像一个点赞按钮那样，每单击一次，就点一个赞。本案例的完整代码可以参考本书配套资源文件"第 7 章/component-04.html"。

```
1  Vue.component('greeting', {
2    data: function () {
3      return {
4        count: 0
5      }
6    },
7    props:['to'],
8    template: '<button v-on:click="count++"><slot></slot> {{to}} x {{ count }}</button>'
9  })
```

上述代码中，在模板字符串中把 h1 换成了 button——为了让访问者一看便知它是一个可以单击的按钮。此外，还增加了 data 属性，因为要记住单击过几次，因此需要一个变量作为计数器，然后在模板字符串中显示这个计数器。调用的方法仍然保持不变，代码如下所示。

< 86 >

```
1    <div id="app">
2      <greeting to="Mike">Love</greeting>
3      <greeting to="Jane">Like</greeting>
4    </div>
```

这时可以看到，这就很像是常见的可以多次单击的按钮了。例如，单击"Love Mike"按钮 2 次，单击"Like Jane"按钮 3 次，效果如图 7.4 所示。

图7.4 多次单击按钮的效果

要特别注意，在定义根实例的时候，**data** 可以是一个对象，也可以是通过函数返回的一个对象。但是在定义组件的时候，必须要使用函数返回值的方式，不能像下面的代码这样把 data 直接设置为一个对象。

```
1    Vue.component('greeting', {
2      //错误的方式。组件的data必须通过函数返回值来设定
3      data: {
4        count: 0
5      },
6      props:['to'],
7      template: '<button v-on:click="count++"><slot></slot> {{to}} x {{ count }}
     </button>'
8    })
```

当按钮被单击时，会触发单击事件，执行相应的 JavaScript 语句，从而使模板的 count 计数器加 1。还可以发现，如果多次使用同一个组件，每个组件的数据是封闭在组件内部的，相互之间并没有影响。

如果事件处理的逻辑比较复杂，就可以把逻辑写到单独的方法中，代码如下所示。本案例的完整代码可以参考本书配套资源文件"第 7 章/component-05.html"。

```
1    Vue.component('greeting', {
2      data: function () {
3        return {
4          count: 0
5        }
6      },
7      props:['to'],
8      methods:{
9        onClick(){
10         this.count++;
11       }
12     }
13     template: '<button v-on:click="onClick"><slot></slot> {{to}} x {{ count }}
     </button>'
14   })
```

但是请注意，此时我们只是在组件内部处理了单击事件，而在使用这个组件的时候，实际上并没有增加对事件的处理。如果在 HTML 中调用这个组件的时候，希望让组件暴露出一些事件，然后处理

< 87 >

这个事件，就需要从组件内部把事件传递到外部，并且需要同时传递一些参数。

例如，我们希望调用 greeting 组件的时候，能够如下所示处理单击事件。

```
1   <div id="app">
2     <greeting to="Mike" v-on:click="onClick">Love</greeting>
3     <greeting to="Jane" >Like</greeting>
4   </div>
```

这里 Mike 的组件上绑定了单击事件，而 Jane 的组件没有绑定，后面会看到二者的区别。

注意

上述代码中单击事件的名称虽然也是 click，但是它与组件内部的 button 元素的单击事件不是一回事，不要混淆。这里定义的 onClick()方法是 Vue 根实例的方法，而不是 greeting 组件实例中定义的方法，不要混淆。

接着处理 Mike 的组件上的单击事件，代码如下。本案例的完整代码可以参考本书配套资源文件"第 7 章/ component-06.html"。

```
1   Vue.component('greeting', {
2     data: function () {
3       return {
4         count: 0
5       }
6     },
7     props:['to'],
8     methods:{
9       onClick(){
10        this.count++;
11        this.$emit('click', this.count);
12      }
13    }
14    template: '<button v-on:click="onClick"><slot></slot> {{to}} x {{ count }}</button>'
15  });
16
17  let vm = new Vue({
18    el: "#app",
19    methods:{
20      onClick: function(count){
21        alert("已经单击了"+count+"次");
22      }
23    }
24  });
```

运行上述代码，单击 "Love Mike" 按钮以后，除了按钮上的数值会加 1，还会弹出一个提示框，显示组件被单击的次数，效果如图 7.5 所示。而单击 "Like Jane" 按钮，不会弹出提示框。可以看到，此时我们已经可以像使用普通的标记一样使用这个 greeting 组件了。

如图 7.5 所示，提示框中显示单击了 1 次，

图 7.5 单击按钮并弹出提示框的效果

按钮中显示单击了 0 次。此时，单击提示框中的 "确定" 按钮，按钮中的数字就会同步变为 1。

< 88 >

需要注意的是，在组件内部的按钮的事件处理中，通过 this.$emit()函数向外部暴露一个事件，同时传递参数，这个事件就可以被外部调用者使用，绑定相应的事件处理函数，并使用相应的参数。

至此，我们已经可以创建一个和普通 HTML 标记很类似的组件了，它具有名称、属性、内容和事件处理机制。事实上这正是 Vue.js 非常神奇的能力，我们知道 Vue.js 用于开发的应用通常被称为 SPA（single page application，单页应用），也就是浏览器上只请求一个页面，各种复杂的功能都是在同一个页面上实现的。

因此，一定会存在大量的组件相互配合，形成复杂的组件树。如果我们可以把普通的 HTML 标记和自定义的组件统一对待，将是一种非常高效的方式。因此，可以把在 Vue.js 中自定义的组件叫作自定义标记，而把普通的 HTML 标记称为原生（native）标记。

最后，需要注意一点，一个组件只能有一个根节点，例如下面的代码中，定义了一个组件的字符串模板。

```
1   Vue.component('greeting', {
2     props:['to'],
3     template: '<h1>{{to}} <slot></slot></h1>'
4   })
```

如果对它做如下修改，变为并列的一个 h1 元素和一个 h2 元素，就相当于只包含了第一个 h1 元素，后面的 h2 元素不会显示在页面上，并且在控制台会报错。

```
1   Vue.component('greeting', {
2     props:['to'],
3     template: '<h1>{{to}}</h1> <h2><slot></slot></h2>'
4   })
```

正确的做法是在两个并列的元素外面再包一层 div 元素，这个 div 元素就成为该组件的根节点，代码如下所示。

```
1   Vue.component('greeting', {
2     props:['to'],
3     template: '<div><h1>{{to}} <slot></slot></h1></div>'
4   })
```

本案例的完整代码可以参考本书配套资源文件"第 7 章/component-07.html"。

7.2 全局组件与局部组件

在 7.1 节中讲解了如何通过 Vue.component()函数定义和创建一个组件。这样创建的组件都是全局注册的，也就是说，它们在注册之后可以在任何新创建的 Vue 根实例中使用。

如同在写程序的时候，通常应该避免使用全局变量一样，在 Vue.js 应用中通常也应该避免使用全局组件。因为在一个真实的应用中，可能会存在很多组件，这些组件之间往往会形成复杂的关系，为此 Vue.js 提供了局部注册机制。

7.1 节中创建的组件就是全局注册的组件。如果希望实现局部注册，需要在对 Vue()构造函数进行初始化的时候，即创建 Vue 实例的时候，在参数中增加一个 components 属性，属性是对象形式的，这个属性就是用来注册局部组件的。无论是根实例还是组件，都可以通过 components 属性注册可以使用的局部组件。

根实例和组件都可以注册子组件，子组件也可以注册子组件，这样就可以形成多层的组件关系。

< 89 >

通常一个应用会以一棵嵌套的组件树的形式来组织。

例如，在一个页面中，可能会有页头、侧边栏、内容区等组件，每个组件又包含其他的像导航超链接、主体内容等下一级别的组件。

7.1 节中通过 Vue.component()函数声明和创建的组件会自动注册为全局组件，现在对它做一些修改，让它变成局部组件。本案例的完整代码可以参考本书配套资源文件"第 7 章/component-08.html"。

```
1   let greetingComponent = {
2     data: function () {
3       return {
4         count: 0
5       }
6     },
7     props:['to'],
8     methods:{
9       onClick(){
10        this.count++;
11        this.$emit('click', this.count);
12      }
13    }
14    template: '<button v-on:click="onClick"><slot></slot> {{to}} x {{ count }}</button>'
15  };
16
17  let vm = new Vue({
18    el: "#app",
19    methods:{
20      onClick: function(count){
21        alert("已经单击了"+count+"次");
22      }
23    },
24    components:{
25      greeting: greetingComponent,
26    }
27  });
```

上述代码对 7.1 节中完成的例子的代码稍稍做了调整，就将其从全局注册的组件改为局部注册的组件。

可以看到，我们不再使用 Vue.component()函数，而是把选项对象赋给一个变量，然后在创建根实例的时候在选项对象中增加一个 components 属性，它的值为一个对象，这个对象的每个属性对应一个子组件。属性的名字就是组件的名称，这里仍然使用 greeting 作为它的名字，属性的值就是这个组件的选项对象，也就是 greetingComponent 中的选项。

通过使用上面介绍的组件的相关知识，现在已经能够把局部的内容封装为组件后复用了，但是仍然存在如下一些问题。

（1）组件的内容通过 template 属性写在一个字符串里，对于实际的开发工作，这是难以实现的。所有代码"塞"到一个字符串里，会使编辑器的很多特性都无法使用，如代码语法高亮显示、代码提示等，以致于阅读和理解代码都很困难。

（2）使用 Vue.js 开发的应用通常称为单页应用，它通常包含很多组件，每个组件都会有 HTML、CSS 和 JavaScript，如何组织这些复杂的内容对应的代码，也会成为很大的问题。

Vue.js 又是如何解决这些问题的呢？在第 8 章中将进一步研究关于组件的技术。

< 90 >

本章小结

本章讲解了组件相关的基础知识：自定义组件、组件的组成部分、组件的复用、参数的传递、在组件中处理事件、全局组件和局部组件等。组件是学习 Vue.js 框架的重要部分，希望读者能够真正地理解组件的相关内容。

知识点讲解

习题 7

一、关键词解释

Vue 组件　全局组件　局部组件　自定义组件

二、描述题

1. 请简单描述一下组件有哪几个重要的组成部分。
2. 请简单描述一下全局组件和局部组件的区别。

三、实操题

使用组件方式实现一个产品列表页，显示为卡片效果，每个卡片上都有产品的图片、名称和价格。鼠标指针移入某个产品卡片后，其就会呈现被选中时的阴影效果，如题图 7.1 所示。单击某个产品卡片，就会弹出对应的产品 id。

| 欧拉公式啤酒杯 ￥30.00 | 高斯分布马克杯 ￥40.00 | 泊松分布马克杯 ￥40.00 | 范德瓦尔斯方程搪瓷杯 ￥35.00 |

题图 7.1　产品卡片被选中时的阴影效果

< 91 >

第8章 单文件组件

在第 7 章中讲解了关于组件的基础知识，我们已经可以把局部的内容封装为组件，供页面或者其他组件复用。使用第 7 章介绍的方法，用于中小规模的项目是可行的，但是用于大规模的项目仍然存在一些问题，第 7 章的末尾也提到了存在的两个问题。

为此，Vue.js 提供了一种称为"单文件组件"的机制，可以很好地解决这些问题。单文件组件是指将组件的结构、表现和逻辑这 3 个部分封装在一个独立的文件中，然后通过模块机制将应用中的所有组件组织管理起来。本章的思维导图如下所示。

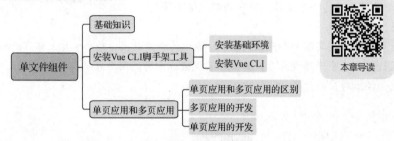

本章导读

8.1 基础知识

Vue.js 中单文件组件的文件扩展名为.vue，下面的代码为将前面的 greeting 组件改写成单文件组件后的代码。本案例的完整代码可以参考本书配套资源文件"第 8 章/greeting"。

```
1   <template>
2     <div>
3       <button v-on:click="onClick">
4         <slot></slot>
5       </button>
6       <span>{{to}} x {{ count }}</span>
7     </div>
8   <template>
9
10  <script>
11  export default {
12    data: function () {
13      return {
14        count: 0
15      }
16    },
17    props:['to'],
```

```
18    methods:{
19      onClick(){
20        this.count++;
21        this.$emit('click', this.count);
22      }
23    }
24  };
25  </script>
26
27  <style scoped>
28  span{
29    color: red;
30  }
31  </style>
```

可以看到，.vue 文件由<template>标记、<script>标记和<style>标记这 3 个部分构成，分别用于定义组件的结构、逻辑和样式。这里要特别说明的是样式的定义，通常认为样式应该由整个网站统一管理，不过这里却反其道而行之。<style>标记部分可以通过 scoped 属性，将组件中定义样式的作用范围限定在该组件内部，保证不会干扰任何其他组件的样式，这实际上也是非常干净的一种处理方式。

如果要使用单文件组件方式构建整个应用，就不能像前面那样简单地在页面中引入 vue.js 文件了。因为这时开发人员面对的不是一个简单的页面文件，而是这些文件组织在一起的多个文件。为了让这些文件能够互相配合，还需要增加一些额外的配置文件，将这些文件的功能组织在一起，才能构成一个开发项目。

.vue 文件不是标准的网页文件，浏览器无法直接显示，一个项目中的多个.vue 文件需要编译成标准的 HTML、CSS 和 JavaScript 文件之后，才能在浏览器中显示。因此，在一个 Vue.js 项目中的文件要能够组织在一起，协同工作，通常还需要一些构建工具的帮助。下面在继续介绍单文件组件之前，先插入一节介绍相关的构建工具。

8.2　安装 Vue CLI 脚手架工具

知识点讲解

在前文中，直接引用一个 vue.js 文件就可以完成所有案例的练习，制作的所有页面都可以在浏览器中直接打开，非常方便。但是对于规模较大的项目这种方法就难以胜任了，为此，Vue.js 提供了一套通常被称为"脚手架"的工具，用来帮助开发者方便地完成项目管理及各种相关的构建工作，本节对此做一些最基本的讲解。目前在前端开发实践中，主流开发方式通常不使用图形化的 IDE（integrated development environment，集成开发环境），而是通过命令行工具完成。读者刚刚接触的时候可能会有些不习惯，因为要掌握一些在命令提示符窗口中执行的命令，但是一旦掌握以后，就会发现使用这种方式进行开发的效率非常高。

开发环境中，一般面对的都是便于调试的源代码，而在生产环境中，一般会对代码进行必要的处理，例如压缩减小文件体积，以提高用户下载时的速度等。通常有下面两个不可缺少的步骤。

- 合并：在一个实际项目中，前端开发主要涉及 3 种代码文件：HTML、CSS 和 JavaScript。通常会编写出多个 CSS 和 JavaScript 文件，在最终要发布到生产环境时，一般会通过"合并"操作减少文件的个数，提高浏览器的下载性能。
- 压缩：经过打包操作的文件代码仍然是开发人员手动编写的代码，实际上里面还有很多空格、注释等字符，对于真正的运行环境（如生产服务器）来说，这些字符都是多余的。因此，希望

< 93 >

把这些冗余的字符都去掉，以减小文件的体积，这个过程称为"压缩"。

为此，就出现了一些专门的工具帮助开发人员来做这些烦琐的事情，整个过程被称为"前端自动化构建"，即开发人员编写代码之外的各种工作流程，都可以通过一定的工具进行自动化操作。

目前常用的自动化构建工具是 webpack，它的功能非常强大，它将项目中的一切文件（如 JavaScript 文件、JSON 文件、CSS 文件、Sass 文件、图片文件等）视为模块，然后根据指定的入口文件，对模块的依赖关系进行静态分析，一层层地搜索所有的依赖文件，并为它们构建生成对应的静态资源。安装好的 Vue.js 的脚手架工具中也会包含相关的工具。

8.2.1　安装基础环境

首先安装 Node.js。简单地说，Node.js 是运行在服务器端的 JavaScript，它是一个基于 Chrome V8 引擎的 JavaScript 运行环境。安装 Node.js 时还包括一个软件包生态系统 npm（Node package manager，Node 包管理器），它是一个丰富的开源库生态系统，包含大量的开源程序。

在浏览器中进入 Node.js 的官方网站的下载页面，这里以 Windows 版本为例，如图 8.1 所示。

图 8.1　Node.js 官网的下载页面

通常直接选择 Windows 安装文件即可。双击打开安装程序，安装界面如图 8.2 所示。依次单击 Next 按钮即可，可以选择自己希望的安装文件夹，直至安装完成。

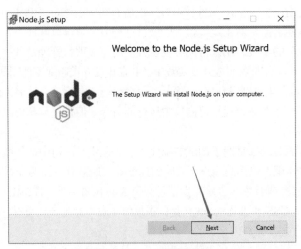

图 8.2　Node.js 的安装界面

在安装好 Node.js 的同时，npm 也就安装好了。安装完成后，可以先测试一下安装是否成功。打开

< 94 >

Windows 的命令提示符窗口。如果不知道命令提示符窗口在哪里，可以在 Windows 任务栏左边的搜索框中搜索 "cmd"。在命令提示符窗口中输入 node -v 命令和 npm -v 命令，分别查看 node 和 npm 的版本号，如图 8.3 所示。

图 8.3　通过命令提示符窗口验证安装是否成功

📝 说明

　　总结一下，先下载 Node.js 的 Windows（或其他操作系统）安装程序，在计算机上安装 Node.js。安装好 Node.js 之后，同时就安装好了 npm，它是 Node.js 的"包"管理器。基于 Node.js 开发的很多软件都会发布到 npm 上，包括 webpack、Vue.js 等都是如此。

　　由于 npm 的官方仓库在国外，从国内访问的速度较慢，可以安装位于国内的镜像。在命令提示符窗口执行以下命令。

```
npm install -g cnpm --registry=https://registry.npm.taobao.org
```

　　这样就安装好了 cnpm，以后在安装新的 Node.js 软件包的时候，可以使用 cnpm 的命令代替 npm。安装完成后可以使用 cnpm -v 命令查看一下版本号，确认安装成功。

8.2.2　安装 Vue CLI

　　下面就可以用上面安装好的 cnpm 来安装 Vue.js 脚手架了，它的正式名字叫作 Vue CLI。在命令提示符窗口执行如下命令，注意开头是 cnpm，不是 npm，这样下载速度会快很多。

```
1    cnpm config set registry https://registry.npm.taobao.org
2    cnpm install @vue/cli -g
```

⚠ 注意

　　在软件包名称的前面带一个@符号，表示安装该软件包的最新版本。2021 年 4 月，Vue CLI 的最新版本是 4.5.12，不同版本的 Vue CLI 在创建项目时的选项会有所区别。

　　另外请注意，Vue CLI 的版本和 Vue.js 的版本是两回事，不要混淆。使用新版本的 Vue CLI 可以创建 Vue2 和 Vue3 的项目。Vue3 在 2020 年 9 月正式发布，时间比较短，目前尚未成为主流版本，因此本书仍然选择使用 Vue2 来讲解。掌握了 Vue2 的开发人员，要使用 Vue3 也是非常容易的。

　　至此，Vue.js 脚手架工具已安装完毕。下面就来用 Vue.js 脚手架工具创建一个默认的基础项目，首先在硬盘上创建一个目录，用来存放开发项目，然后进入这个目录，在命令提示符窗口执行 vue create 命令，具体执行的命令如下所示。

```
1    C:
2    cd \
3    md vue-projects
```

< 95 >

```
4    cd vue-projects
5    vue create my-first-app
```

逐行解释上面 5 行命令的作用，注意每一行命令输入完以后，要按 Enter 键才会执行该命令。

- 第 1 行命令的作用是进入 C 盘。如果所用计算机上有多个硬盘，可以选择任意一个硬盘。
- 第 2 行命令的作用是进入根目录。
- 第 3 行命令的作用是使用 md 命令创建一个新的目录，用于存放以后创建的开发项目文件。
- 第 4 行命令的作用是进入刚刚创建的目录。
- 第 5 行命令的作用是使用 Vue CLI 的命令创建一个 Vue.js 项目。

完成后，在命令提示符窗口中，可以看到如下所示的文字。

```
1    Vue CLI v4.5.12
2    ? Please pick a preset: (Use arrow keys)
3    > Default ([Vue 2] babel, eslint)
4      Default (Vue 3 Preview) ([Vue 3] babel, eslint)
5      Manually select features
```

这是一个菜单，用键盘的方向键可以上下移动左侧的大于号，在 3 个选项中进行选择，默认选择的是第 1 个选项：Default ([Vue 2] babel, eslint)，直接按 Enter 键确认。

📝 说明

第 1 个选项创建默认的 Vue2 项目，第 2 个选项创建默认的 Vue3 项目，第 3 个选项是手动选择具体的项目。

等待大约 1～2 分钟，项目就会创建好。这时会出现一个自动创建的目录，该目录名正是上面 vue create 命令中指定的名称"my-first-app"。

进入这个目录中，执行 npm run serve 命令，大约 10 秒后，得到如下结果。

```
1    C:\vue-projects>cd my-first-app
2    C:\vue-projects\my-first-app>npm run serve
3    > my-first-app@0.1.0 serve C:\vue-projects\my-first-app
4    > vue-cli-service serve
5     INFO  Starting development server...
6     98% after emitting CopyPlugin
7     DONE  Compiled successfully in7593ms
8
9     App running at:
10    - Local:   http://localhost:8080/
11    - Network: http://192.168.1.2:8080/
12
13    Note that the development build is not optimized.
14    To create a production build, run npm run build.
```

这时已经启动了开发服务器，并给出了访问地址，用浏览器访问上面给出的地址：http://localhost:8080/，可以看到浏览器中显示了一个默认的页面，运行效果如图 8.4 所示。

看到这个页面，就说明这个项目已经创建成功了。在命令提示符窗口中按 Ctrl+C 组合键可以终止开发服务器的运行。

以后每次要开发一个新项目时，都可以这样创建一个默认项目，然后在这个项目的基础上制作需要的页面就可以了。进入这个目录中，可以看到图 8.5 所示的目录结构。

其中，已经包括了大量的内容，如项目所依赖的各种模块等，有几十兆之多。这里简单介绍一下项目中包含的目录和文件的作用，读者目前仅需了解即可，不必很细致地掌握。

< 96 >

图 8.4　Vue CLI 创建的默认项目的运行效果

图 8.5　Vue CLI 创建的默认项目的目录结构

首先需要知道，搭建项目过程中，选择的配置不同，项目的目录结构不同。这里的目录结构如图 8.5 所示。

- node_modules：用于存放项目的各种依赖的库。当需要引入某个库时，可以使用 npm install 命令进行项目依赖的安装，如果安装了 cnpm，可以使用 cnpm install 命令。
- public：用于存放静态文件，它们会直接被复制到最终的打包目录。
- src：用于存放开发中编写的各种源代码。
    - src/assets：用于存放各种静态文件，例如页面上用到的图片文件等。
    - src/components：用于存放编写的单文件组件，即 .vue 文件。
    - src/App.vue：根组件，其他组件都是 App.vue 的子组件。
    - src/main.js：入口文件，作用是初始化 Vue 根实例。
- .gitignore：向 git 仓库上传代码时需要忽略的文件列表。
- babel.config.js：主要用于在浏览器或环境中将 ES6 代码进行向后兼容（ES6 转换为 ES5）。
- package-lock.json：在执行 npm install 命令的时候生成的一份文件，用于记录当前状态下实际安装的各个 npm package 的具体来源和版本号。
- package.json：项目及工具的依赖配置文件。
- vue.config.js：脚手架搭建的项目默认没有生成这个文件，可以在根目录下单独创建。这个文件是保存 Vue.js 配置的文件，用于设置代理、打包配置等。
- README.md：项目说明文件。

我们在开发中主要和 src 目录中的文件打交道，其他目录和文件设置好之后不会经常改变。

8.3 动手实践：投票页面

案例讲解

第 7 章中我们制作了一个 greeting 组件，本节继续沿着这个案例，把它改造为单文件组件，并将它应用到一个实用的投票网页上。这个项目完成以后，投票页面的效果如图 8.6 所示。在这个页面中，用户可以为 4 个候选人投票，每单击一次按钮投一票，对每个候选人可以投 0～10 票，这种投票称为"加权投票"。

根据 8.2 节讲解的方法，通过 Vue CLI 创建一个默认项目，作为实现这个练习的起点。

< 97 >

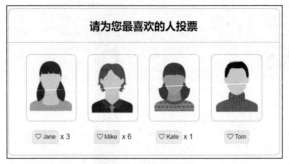

图 8.6　投票页面的效果

8.3.1　制作 greeting 组件

首先删除 src/components/HelloWorld.vue 组件，创建一个 8.1 节中介绍的 greeting.vue 文件，保存到 src/components 文件夹中。

greeting.vue 文件包含<template>标记、<script>标记和<style>标记 3 个部分。为了让这个组件能够实际使用，我们稍稍做一些修改。下面分别对这个组件的 3 个部分进行讲解。

（1）<template>标记部分，它是这个组件的 HTML 结构，代码如下所示。注意增加一个 v-if 指令，作用是只有当票数大于 0 时才显示票数。

```
1   <template>
2     <div>
3       <button class="greeting" v-on:click="onClick">
4         <slot></slot> {{to}}
5       </button>
6       <span v-if="count>0"> x {{ count }}</span>
7     </div>
8   </template>
```

⚠️ 注意

如果看不懂上面这几行代码，请仔细复习第 7 章的内容，先掌握组件的基础知识，再来学习本章单文件组件的相关知识。

（2）<script>标记部分，data、props 和 methods 分别定义了数据模型、属性和方法，代码如下所示。这些知识点都在第 7 章中进行了详细介绍，如果需要，可以先复习一下。

```
1   <script>
2   export default {
3     data() {
4       return {
5         count: 0
6       }
7     },
8     props:['to'],
9     methods:{
10      onClick(){
11        if(this.count < 10){
12          this.count++;
13          this.$emit('click', this.count);
14        }
15      }
```

< 98 >

```
16      }
17    }
18  </script>
```

（3）在<style>标记部分中，对这个组件的 CSS 样式进行设置，注意添加 scoped，表示这里设置的样式仅在组件内有效，代码如下所示。

```
1  <style scoped>
2  .greeting {
3    border: 1px solid #ccc;
4    padding: 5px;
5    border-radius: 5px;
6    cursor: pointer;
7    outline: none;
8  }
9  </style>
```

8.3.2　制作 app 组件

为了能够实际使用 greeting 组件，需要一个页面，这里默认的 App.vue 是根组件，承担着使用其他组件的任务。这里稍做修改，为了使文件的命名方式统一，把 App.vue 改名为 app.vue，并将代码进行一些修改。

app.vue 也是一个单文件组件，因此它也分为<template>标记、<script>标记和<style>标记 3 个部分。

（1）<template>标记部分，代码如下。

```
1  <template>
2    <div id="app">
3      <div class="vote-wrapper">
4        <h2>请为您最喜欢的人投票</h2>
5        <ul>
6          <li v-for="(item, index) in list" v-bind:key="index">
7            <div class="img">
8              <img v-bind:src="item.avatar" v-bind:alt="item.name">
9            </div>
10           <greeting v-bind:to="item.name">Like</greeting>
11         </li>
12       </ul>
13     </div>
14   </div>
15 </template>
```

需要记住，一个组件中必须有唯一的根元素，也就是这里的 div#app。在上面的代码中，利用 v-for 指令渲染了一个 ul 列表，数据来自<script>标记部分定义的列表。每一次循环都会渲染一个头像，以及头像下方的 greeting 组件。

（2）<script>标记部分，代码如下。

```
1  <script>
2  import Greeting from './components/greeting.vue'
3
4  export default {
5    components: {
6      Greeting
7    },
```

< 99 >

```
8      data() {
9        return {
10         list: [
11           { avatar: require('./assets/jane.png'), name: 'Jane' },
12           { avatar: require('./assets/mike.png'), name: 'Mike' },
13           { avatar: require('./assets/kate.png'), name: 'Kate' },
14           { avatar: require('./assets/tom.png'), name: 'Tom' }
15         ],
16       }
17     }
18   }
19 </script>
```

上面的代码中，首先使用 import 语句引入并注册了上面定义好的 Greeting 组件，注意组件之间的路径关系，Greeting 组件所在的 components 目录与 app.vue 是平级的。

> **⚠ 注意**
>
> 这里的 import 语句导入组件时，使用了 PascalCase 命名方式，第一个字母大写，而在 template 部分，使用这个组件时改为小写，即使用与 HTML 规范一致的 kebab-case 命名方式。
>
> 这里解释一下为什么 import 语句导入组件的时候使用 PascalCase 命名方式。假设导入的组件名字为 TheVueComponent，它对应的 kebab-case 形式是 the-vue-component，这不是一个有效的 JavaScript 的变量名，因为变量名中间不能使用短横线。因此，最佳实践就是导入一个组件时，用 PascalCase 命名方式，在<template>标记中使用它的 kebab-case 形式的名字。
>
> 因此，在后面讲解中 "Greeting 组件" 和 "greeting 组件" 都会出现。在讲解 template 部分的时候，一般写作 "greeting 组件"，而在讲解<script>标记部分时，一般写作 "Greeting 组件"，希望读者不要对此感到疑惑。

接下来定义并导出 app 组件，通过 components 属性局部注册了 Greeting 子组件，然后通过 data 属性指定了一个数组，用于 v-for 指令循环渲染数组的每个元素，包含头像和姓名。

（3）<style>标记部分。为了让整个页面看起来比较整齐，用 CSS 对页面做一点样式设置。样式设置与 Vue.js 的逻辑关系不大，这里就不列出 CSS 代码了，读者可以在本书配套资源文件中查看。

最后来看一下 src/main.js 文件，这个文件是整个项目的入口文件。

```
1  import Vue from 'vue'
2  import App from './app.vue'
3
4  Vue.config.productionTip = false
5
6  new Vue({
7    render: h => h(App),
8  }).$mount('#app')
```

保存文件，在浏览器中就可以看到投票页面的效果了，如图 8.7 所示，此时这个页面已经可以正常工作了。单击按钮为候选人投票，页面上会实时更新票数。

图 8.7　投票页面的初始效果

< 100 >

　　读者在实践中可能会发现，如果在编辑器（例如本书介绍的 VSCode）中对代码做了某些修改，我们不需要手动去刷新浏览器，浏览器中预览的效果会自动更新，这就是上面使用 npm run serve 命令启动的"开发服务器"的一个非常方便的功能，称为"热更新"。

　　进一步地，如果在编辑器中开启了"自动保存"选项（菜单：文件>自动保存），不需要手动保存文件，每次对文件做的修改都会被自动保存，这样修改了代码后，直接就可以在浏览器中看到效果，非常方便。

　　在投票页面中，可以看到按钮中的"Like"，这个单词是通过组件的插槽传入 greeting 组件的，后面的姓名是通过"to"属性传入组件的，按钮右边的投票票数是组件内部计算和维护的。请读者对各种概念保持清晰的理解。

8.3.3　父子组件之间传递数据

　　组件是在 Vue.js 中进行开发的基本单元，组件之间不可避免地需要传递数据。本节先来介绍父子组件之间的数据传递，后面还会介绍组件之间的数据传递。

知识点讲解

　　父组件向子组件传递数据是最主要的方式，可以通过组件的属性和插槽实现。

1．属性

　　例如，在上面的案例中，app.vue 通过 props 向 greeting 组件传递"to"的值。

```
props:['to'],
```

　　这是最简单的一种指定组件属性的方法，即通过一个字符串数组，定义一组属性。

　　实际上 Vue.js 还允许使用更明确的方式定义属性，即通过一个对象，而不是一个数组来定义组件的各个属性。例如，下面的写法可以更明确地描述一个属性的类型、默认值、约束条件等。

```
1   props: {
2       // 基础的类型检查
3       age: Number,
4
5       // 多个可能的类型
6       luckyNumber: [String, Number],
7
8       // 必填的字符串
9       name: {
10        type: String,
11        required: true
12      },
13
14      // 带有默认值的数字
15      score: {
16        type: Number,
17        default: 100
18      }
19  }
```

2．插槽

　　第 7 章已经介绍了插槽的作用，即向组件传递某个组件的开闭标记之间的内容。插槽不但可以传入文本，也可以传入 HTML 结构。例如可以把 Like 这个单词换成一个心形的图标，就像我们在微信朋友圈里为好友点赞的图标那样，实现如图 8.8 所示的效果。下面就来演示一下如何实现把 Like 这个单

< 101 >

词更换为一个心形图标。

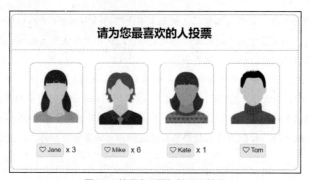

图8.8　使用心形图标的页面效果

观察一下各种网站上的页面，可以发现各种图标被大量使用。Font Awesome 是一套开源的字体图标库，包含丰富的图标，我们就在这套图标库里选择一个心形图标。

首先下载 Font Awesome 的安装文件，然后分两步引入本案例的项目中。

（1）在 public/index.html 中引入其 CSS 样式文件，代码如下。

```
<link rel="stylesheet" href="font-awesome.min.css">
```

（2）把字体文件夹复制到 src/assets 文件夹下。

这时就可以使用图标库中的图标了，使用语法如下。

```
<i class="fa fa-图标名"></i>
```

上述代码中，CSS 类名"fa"表示使用 Font Awesome 字体图标（fa 是 Font Awesome 的首字母缩写），后面的类名"fa-图标名"用于指定具体使用哪个图标，图标名可以在官网中查找。例如，这里使用的心形图标对应的名字是 fa-heart-o。

这时，在 app.vue 中修改 greeting 组件的内容，如下所示。

```
1    <greeting v-bind:to="item.name">
2      <i class="fa fa-heart-o"></i>
3    </greeting>
```

保存文件，运行代码，效果如图 8.8 所示，Like 被替换为一个心形图标。

从 Vue.js 的理念来说，数据的流动具有单向性，即从父组件流向子组件，仔细想一想，这是很合理的。父组件对子组件是"了解"的，当然父组件只了解子组件的接口，而不关心其内部的细节。因此，通过属性和插槽作为接口把数据从根节点一级一级向下传递是非常顺畅、合理的。

> **！注意**
>
> 在 Vue.js 的官方文档中有如下的说明，值得仔细理解。
>
> 所有的 prop 属性都使得其父子 prop 属性之间形成了一个单向下行绑定：父级 prop 属性的更新会向下流动到子组件中，但是反过来不行。这样会防止从子组件意外变更父级组件的状态，从而避免你的应用的数据流向难以理解。
>
> 此外，每次父组件发生变更时，子组件中所有的 prop 属性都将会刷新为最新的值。这意味着你不应该在一个子组件内部改变 prop 属性。如果你这样做了，Vue.js 会在浏览器的控制台中发出警告。
>
> 子组件通过 prop 属性得到从父组件传来的数据，应该通过复制形成一个本地副本，或者通过计算属性使用，而不应该直接修改 prop 属性的值。

< 102 >

我们在学习某个技术的时候，语法等知识点固然很重要，但是理解这个技术的核心理念是更重要的。深刻地理解了一个技术的核心理念之后，不但能用好这个技术，而且能使我们从更高的层面理解技术发展的内在逻辑。

3. 子组件向父组件传递数据

在 Vue.js 中，如果子组件需要向父组件传递数据，就需要使用事件机制来实现。父子组件之间的数据流向如图 8.9 所示。总结起来就是"从上向下通过属性传递数据，从下向上通过事件传递数据"，这个理念非常重要。

当子组件需要向父组件传递数据时，需要通过$emit()方法向父组件暴露一个事件，然后父组件在处理这个事件的方法中获取子件传来的数据。

第一次接触到这个理念时可能觉得有点不容易理解，但是仔细想一下标准的 DOM 中的处理方式就好理解了。在一个 HTML 页面中，每一个 HTML 标记就相当于一个组件，使用任何一个组件都可以通过属性传递参数，但是要从标记中获取一些数据，就一定要通过事件。在事件处理方法中，可以通过事件对象来获取数据，比如鼠标指针的位置等。

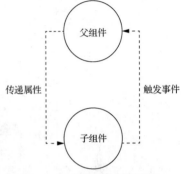

图 8.9 父子组件之间的数据流向

现在我们从这个角度，通过案例再来审视一下$emit()方法和父子组件之间的数据传递。

在前面的案例中，首先需要明确的一点是"组件内的事件处理"和"使用一个组件时的事件处理"有区别，千万不要将二者混淆。

（1）某个组件内部，对某个 DOM 元素事件的处理封装于组件内部，例如本例中 Greeting 组件内的 button 元素，它的单击事件绑定了 onClick 方法，用于对内部状态（count 变量）进行处理。

（2）Greeting 组件通过$emit()方法对外暴露出一个单击事件，因此在 app 根组件中，可以对 greeting 组件暴露出来的单击事件进行处理。

前面这两个事件的处理是不同的两件事，例如在上面的投票页面中可以对 greeting 组件暴露的单击事件进行处理，也可以绑定一个 onClick()方法。具体要看一下实际的应用。

首先，在 app.vue 中，为 data 增加一个与 list 并列的 records 属性，它的值是一个空的数组。

```
1    data() {
2      return {
3        list: [
4          { avatar: require('./assets/jane.png'), name: 'Jane' },
5          ......
6        ],
7        records:[]
8      }
9    },
```

然后，在 template 部分中，为 greeting 组件的单击事件绑定 onClick()方法。

```
1    <greeting v-bind:to="item.name" @click="onClick" >
2      <i class="fa fa-heart-o"></i>
3    </greeting>
```

< 103 >

接着，在 methods 中增加 onClick()方法，作用是将被单击的人名和单击时的时间记录到数组中。

```
1  methods:{
2    onClick(name, count){
3      this.records.push({name, count, time: new Date().toLocaleTimeString()});
4    }
5  }
```

最后，在 template 部分中用 v-for 指令循环渲染出数组。如图 8.10 所示，每次给任何一个候选人投票，下面会出现一行时间、人名和票数的记录。其中时间是在父组件中取得的，而人名和票数是子组件传过来的数据。

```
1  <p v-for="(item, index) in records" v-bind:key="index">
2    {{item.time}} - {{item.name}} - {{item.count}}票
3  </p>
```

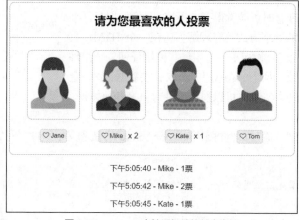

图 8.10 app.vue 中处理组件的单击事件

本案例在第 7 章例子的基础上，除了改造 greeting 组件为单文件组件之外，还详细讨论了父子组件之间的数据传递。通过前面的讲解就可以在第 7 章的基础上，更加深刻地理解组件及相关的逻辑。这对于使用 Vue.js 进行开发是非常重要的。

> **说明**
> 再提醒一下，app.vue 和 greeting.vue 是两个组件，各自都有一个 onClick()方法，它们虽然名字相同，但是作用完全不同。这里故意把名字写成相同的，就是希望读者能够理解二者的区别。

至此，这个页面已经完成了，从这个例子可以非常清晰地看出单文件组件的优点。单文件组件的最大优点就是对组件有非常好的封装，组件单独在一个文件中，HTML 结构、CSS 样式和 JavaScript 逻辑都非常清晰明了。通过这种组件机制，开发人员可以开发出复杂的大规模系统。

> **说明**
> 使用 Vue.js 脚手架创建的项目已经为开发人员预置了项目的基础代码，开发人员只需要根据业务逻辑组织代码即可。在 Vue.js 中进行开发的基本单元就是组件，具有唯一的根组件，即案例中的 app 组件。在根组件中可以使用其他组件，组件中还可以再使用组件，以形成有层级关系的"组件树"。
> 在一个 Vue.js 的项目中，开发人员的主要工作本质上就是构建这样一棵"组件树"。

< 104 >

8.3.4　构建用于生产环境的文件

代码编写完成后，本地的项目只能由开发人员自己调试，实际开发中，还需要将项目部署到生产服务器中，这样用户才可以看到项目的效果。例如，商城网站上传到服务器之后，用户才能使用这个网站，进行购物操作。

我们已经安装了 Vue CLI，自动化构建的相关工具都已经自动安装好了。自动化构建的过程通常被简称为"打包"，下面把开发好的这个投票项目进行打包。

打包之前，先在项目文件夹中创建一个名为 vue.config.js 的文件，这个文件名是固定的，用于 Vue.js 对项目结构进行一些配置，其内容如下。

```
1   module.exports = {
2     publicPath: './'
3   }
```

然后，可以查看一下根目录下的 package.json 文件中的 scripts 对象的代码，如下所示。

```
1   "scripts": {
2     "serve": "vue-cli-service serve",
3     "build": "vue-cli-service build"
4   },
```

上述对象的代码中，分别定义了"serve"和"build"两个配置项，前面我们用过的 npm run serve 命令中的 serve 参数就是在这里定义的。

接下来，执行 npm run build 命令，完成之后就可以看到 dist 目录中增加了新的文件。双击 index.html，页面效果与使用 npm run serve 命令调试时完全相同。

打包完成后，查看一下 dist 目录下的文件内容，打包完成后的目录结构如图 8.11 所示。

双击 index.html 得到的页面就是最终用户访问的页面，favicon.ico 是一个默认的图标。浏览器会在每个 tab 标签左侧显示 favicon.ico 图标，如图 8.12 左上角所示。可以将其替换为自己的图标，这就是一张普通的图片，只是要命名为这个名字。

图 8.11　打包完成后的目录结构

图 8.12　标签页的 favicon.ico 图标

除了这两个文件，还有 css、js 和 img 这 3 个文件夹，里面的文件名都是带有一些字母和数字组成的哈希字符串，为的是如果更换静态文件，重新打包的时候就会更新哈希字符串，避免浏览器对原静态文件进行缓存。

< 105 >

打开 js 文件夹中的任意一个 JavaScript 文件，可以看到图 8.13 所示的效果。

图 8.13　JavaScript 文件

可以看到，这已经完全不是我们能够正常读写的 JavaScript 文件，因为在打包过程中对 JavaScript 和 CSS 文件都会进行压缩，让文件越小越好。当然压缩之后文件的逻辑和功能是完全不变的。

至此，借助第 7 章的 greeting 组件，本节详细地介绍了单文件组件及 Vue.js 的组件机制。8.4 节中我们将再举一个比较具有代表性的案例。

8.4　单页应用和多页应用

知识点讲解

事实上，原本是没有单页应用和多页应用这两个称谓的，因为从一开始有 HTML 的时候，网站就是由若干独立的 HTML 文件通过超链接的方式组织起来的。网站肯定是由多个页面组成的，并不存在单页应用的说法。

单页应用是在 JavaScript 和 AJAX 技术比较成熟以后才出现的，指的是通过浏览器访问网站时，只需要加载一个入口页面，此后再显示的内容和数据都不会刷新浏览器页面。有了单页应用之后，传统的网站就被称为多页应用。

8.4.1　单页应用和多页应用的区别

单页应用将所有内容放在一个页面中，可以让整个页面更加流畅。就用户体验而言，单击导航可以定位锚点，快速定位相应的部分，并能轻松地上下滚动。单页面提供的信息和一些主要内容已经过筛选和控制，可以简单、方便地阅读和浏览。

多页应用指有多个独立的页面的应用，每个页面必须重复加载 JS、CSS 等相关资源。多页应用的跳转需要刷新整页资源。单页应用和多页应用的区别见表 8.1。

表 8.1　单页应用和多页应用的区别

项目	单页应用	多页应用
页面结构	一个页面和许多模块的组件	很多完整页面
体验效果	页面切换流畅，体验效果佳	页面切换慢，网速不好的时候，体验效果很不好
资源文件	组件公共的资源只需要加载一次	每个页面都要加载一次公共资源
路由模式	可以使用 hash，也可以使用 history	普通链接跳转

< 106 >

续表

项目	单页应用	多页应用
适用场景	对体验效果和流畅度有较高要求的应用不利于 SEO（search engine optimization，搜索引擎优化）	适用于对 SEO 要求较高的应用
内容更新	相关组件的切换，即局部更新	整体 HTML 的切换
相关成本	前期开发成本较高，后期维护较为容易	前期开发成本低，后期维护比较麻烦，可能实现一个功能需要改很多地方

　　从用户的实际感受来说，与单页应用相比，多页应用的最大特点就是每次跳转到一个新页面时，都会有一段短暂的白屏时间，即使网速再快，也不能完全消除这个白屏时间。单页应用不会出现白屏时间的问题，页面之间的跳转、页面内部的内容更新都非常流畅，从而能大大提高用户的体验感。

　　下面将通过一个案例，使用 Vue.js 的组件机制，将一个传统的多页应用改造为一个单页应用。在学习完路由之后，还会再次用路由机制实现同样的效果。

8.4.2　多页应用的开发

　　大部分网站的页面结构，都会包括页头、中间内容和页脚这 3 个部分。这里通过一个简单案例来展示如何把一个传统的多页应用改造为单页应用。

　　首先，通过普通的多页应用来构建一个基础案例。制作一个简单的网站，与大多数常见的企业网站很类似，一共有 4 个页面，分别是"首页""产品""文章""联系我们"。这 4 个页面具有相同的页面结构，都分为页头、中间内容和页脚这 3 个部分。页头部分包含一个导航菜单，分别链接到 4 个页面，首页效果如图 8.14 所示。

图 8.14　首页效果

　　然后，创建 4 个页面，分别为首页（home.html）、产品（product.html）、文章（article.html）、联系我们（contact.html）。这 4 个页头的 HTML 代码是相同的，代码如下。

```
1    <header>
2      <div class="container">
3        <nav class="header-wrap">
4          <a href="home.html"><img src="logo.png" alt="logo"></a>
5          <ul>
6            <li><a href="home.html">首页</a></li>
7            <li><a href="product.html">产品</a></li>
8            <li><a href="article.html">文章</a></li>
```

< 107 >

```
9          <li><a href="contact.html">联系我们</a></li>
10       </ul>
11     </nav>
12   </div>
13 </header>
```

页头的容器中包括一张 logo 图片和 ul 构成的一个导航菜单，4 个菜单项都是文本超链接，分别指向 4 个页面文件，单击即可进入对应页面中。

每个页面的中间部分，用一个 HTML5 中新增的<section>标记，这里仅为了说明，因此用一句话代表。4 个页面用文字区分开，例如首页的代码如下，另外 3 个页面与之类似，只是改一下文字内容。

```
1  <section>
2    <div class="container">
3      <h1>这里是首页</h1>
4    </div>
5  </section>
```

最后，为每个页面添加一个页脚，一般的网站都会在页脚部分显示一些版权信息等内容。底部的页面结构的代码如下。

```
1  <footer>
2    <div class="container">
3      ......
4    </div>
5  </footer>
```

这样，4 个页面的 HTML 代码就编写好了，至于 CSS 样式这里就不展示了，读者可以参考本书配套资源文件。从首页进入，可以通过页头的导航超链接跳转到相应的页面。这是一个非常简单的网站结构，最初学习 HTML 的时候都练习过类似的例子。

本节制作完成后的项目源代码，请参考本书配套资源"第 8 章/mpa"文件夹中的文件。

8.4.3 单页应用的开发

下面要做的就是将这个常规的多页应用改造为单页应用。这里仍然使用上面讲解的 Vue CLI 脚手架工具，创建一个默认的基础项目，在此基础上制作单页应用。

1．页面组件化

很显然，这 4 个页面的页头部分和页脚部分完全相同，只有中间内容部分不同。因此，可以把页头和页脚分别做成一个组件，然后把 4 个不同的中间内容部分分别做成组件，最后把这 6 个组件在根组件内部"组装"起来，并实现单击导航菜单时能够切换中间内容部分对应的组件。

首先制作页头组件，在 components 文件夹中创建 header.vue 文件。由于 4 个菜单项的结构相同，因此可以在<script>标记部分定义一个数组变量，代码如下。

```
1  <script>
2  export default {
3    data() {
4      return {
5        navList: [
6          {name: '首页'}, {name: '产品'}, {name: '文章'},{name: '联系我们'}
7        ]
8      }
```

< 108 >

```
9        }
10    }
11    </script>
```

<template>标记部分中可以使用 v-for 指令循环生成菜单项，代码如下。

```
1    <template>
2      <header>
3        <div class="container">
4          <nav class="header-wrap">
5            <img src="../assets/logo.png" alt="logo">
6            <ul>
7              <li v-for="item in navList" :key="item.name" >
8                {{item.name}}
9              </li>
10           </ul>
11         </nav>
12       </div>
13     </header>
14   </template>
```

由于 CSS 文件已经做好了，我们就不再把这个 CSS 文件拆分到各个组件中，而是做一个一个的 CSS 文件，然后整体引入页面中。具体做法是在 main.js 中使用 import 语句引入，代码如下。

```
import '@/assets/style.css'
```

接下来制作页脚组件，在 components 目录中创建 footer.vue 文件，编写好组件中的<template>、<script>和<style>这 3 个部分。<style>标记部分可以去掉，也可以为空；<script>标记部分可以去掉，也可以使用 export 导出一个空对象。代码如下。

```
1    <template>
2      ......
3    </template>
4
5    <script>
6      export default {
7      }
8    </script>
9
10   <style>
11   </style>
```

接下来制作 4 个页面的中间内容部分的组件。在 components 文件夹中创建 4 个.vue 文件，即 4 个组件，分别为 home.vue（首页）、product.vue（产品）、article.vue（文章）和 contact.vue（联系我们）。4 个文件整体代码的结构一致，只有文字和导出的组件名称不同，例如 home.vue 的主要代码如下。

```
1    <template>
2      <section>
3        <div class="container">
4          <h1>这里是首页</h1>
5        </div>
6      </section>
7    </template>
```

在完成 6 个子组件的制作之后，在 app.vue 中引入并注册它们，然后在<template>标记部分调用这 6 个组件。app.vue 的代码如下。

< 109 >

```
1   <template>
2     <div id="app">
3       <vue-header/>
4       ......
5     </div>
6   </template>
7
8   <script>
9   import VueHeader from './components/header'
10  ...省略引入的 5 个组件...
11
12  export default {
13    components: {
14      VueHeader,
15      ......
16    }
17  }
18  </script>
```

在导入的时候，我们给组件的名称都加了一个"vue-"前缀，避免和原生的 HTML 标记重复。可以再次看到，导入时每个组件通过 PascalCase 命名方式命名，然后在 template 部分使用组件的时候改为通过 kebab-case 命名方式命名。

此时，在命令提示符窗口中，进入项目目录，执行 npm run serve 命令，启动开发服务器，然后在浏览器中查看效果。如图 8.15 所示，现在的效果是 6 个组件从上到下依次排列在一个页面中。

图 8.15　暂时将组件依次排列在一个页面中

我们希望得到的效果是根据选择的菜单，只显示某一个中间内容组件，并且可以单击导航菜单切换中间内容组件。这里有不同的实现方法，先介绍如何使用 Vue.js 的动态组件实现。

本节制作完成后的项目源代码，请参考本书配套资源"第 8 章/spa-00"文件夹中的文件。

< 110 >

2．使用动态组件实现页面切换

使用 Vue.js 提供的 component 组件及它的 is 属性，可以实现页面的切换。通过 is 属性的属性值指定要渲染的组件，所以动态地将 is 属性的属性值设置为要显示的组件的名字就可以了。

首先，在 app.vue 的 template 部分，先将中间内容的 4 个组件去掉，改为使用动态组件，并在 data 对象中定义一个变量 active，用于保存当前正在显示的内容组件名称，代码如下。

```
1    <template>
2      <div>
3        <vue-header @click="onClick"/>
4        <component v-bind:is="active"></component>
5        <vue-footer />
6      </div>
7    </template>
8    data() {
9      return {
10       active: 'vue-home'
11     }
12   },
```

此时，页面中只显示首页的中间内容部分了。

> ⚠️ 注意
>
> active 变量的值对应的是引入 home.vue 时确定的组件名称，即添加了 vue 前缀的名称，既可以写作 VueHome，也可以写作 vue-home。

下面来处理单击菜单时的逻辑，在 vue-header 组件中添加单击事件 click 的处理方法，将单击菜单对应的组件名称传递给父组件 app.vue。

因此，在组件 header.vue 中修改 data 中的数据，给每个菜单增加一个"英文名称"的属性，代码如下。

```
1    navList: [
2      {name: '首页', enName: 'home'},
3      {name: '产品', enName: 'product'},
4      {name: '文章', enName: 'article'},
5      {name: '联系我们', enName: 'contact'}
6    ]
```

在 template 部分绑定单击事件，并为 enName 变量加上"vue-"前缀以后，使用$emit()方法传递给父组件，让父组件知道用户单击了哪个菜单，代码如下。

```
1    <ul>
2      <li v-for="item in navList"
3        :key="item.enName"
4        @click="onClick(item.enName)">
5        {{item.name}}
6      </li>
7    </ul>
8    methods: {
9      onClick(enName) {
10       this.$emit('click', 'vue-' + enName)
11     }
12   }
```

< 111 >

上述代码中，每个菜单被单击的时候，先为 enName 加上"vue-"前缀，然后通过向父组件暴露单击事件的方法，传递数据给父组件。父组件 app.vue 在对单击事件的处理中，接收传递过来的数据，将控制切换组件的 active 变量的值设为传来的名称，代码如下。

```
1   <vue-header @click="onClick"/>
2   methods: {
3     onClick(name) {
4       this.active = name
5     }
6   }
```

这时，单击菜单就实现了切换组件。例如，单击"产品"菜单，效果如图 8.16 所示。

图 8.16　单击菜单实现切换组件

到这里，我们就成功地把一个传统的多页应用改造成了一个单页应用。在切换导航的时候，页面不会出现短暂白屏的现象。

> **说明**
>
> 除了这里介绍的动态组件之外，还可以通过路由功能实现组件切换，且在实际开发中，通常这类场景都是通过路由功能实现的，后面还会详细介绍。

本节制作完成后的项目源代码，请参考本书配套资源"第 8 章/spa-01"文件夹中的文件。

3. 完善效果

仔细研究一下这个单页应用，会发现它存在两个问题。

（1）组件切换后，菜单上无法体现出当前显示的是 4 个页面中的哪一个，这样对用户体验不够友好。例如在图 8.16 中单击"产品"菜单时，"产品"菜单应该有一个表示当前选中的特殊样式，这可以通过增加样式的方法解决。

首先，在 header 组件的 script 部分的 data 属性中也增加一个 active 变量，用来保存当前的页面名称，默认同样是首页的组件名称，但是在组件内部，显示没有"vue-"前缀的 enName 变量的值，即"home"，代码如下。

< 112 >

```
1   data() {
2     return {
3       active: "home",
4       ......
5     }
6   }
```

虽然此处的 active 变量和 app.vue 的 data 中的 active 变量同名，但是它们是独立的，二者没有关系。

接着，在 header 组件的 template 部分，给导航菜单的菜单增加 class 属性的绑定，给当前选中的菜单添加 active 类名，用来表示选中样式，代码如下。

```
1   <ul>
2     <li v-for="item in navList"
3       :key="item.enName"
4       :class="{'active': active == item.enName}"
5       @click="onClick(item.enName)"
6     >
7       {{item.name}}
8     </li>
9   </ul>
```

最后，修改 header 组件中的 onClick()方法，单击菜单之后修改 active 变量的值为相应的 enName 变量的值，代码如下。

```
1   methods: {
2     onClick(enName) {
3       this.active = enName
4       this.$emit('click', 'vue-' + enName)
5     }
6   }
```

在 v-for 循环中，哪一个菜单的名称与 active 变量保存的值相同，就给这个菜单增加一个 "active" 类名，从而让它显示出由 active 类定义的特殊样式，即在 "首页" 菜单的下面出现一条横线，表示它被选中了，如图 8.17 所示。这样就很容易地解决了第 1 个问题。

图 8.17　菜单选中状态

（2）改为单页应用以后，单击导航菜单切换页面后，因为页面的地址根本就没有变化，浏览器的地址栏是不会变化的。这会带来一个问题，原来每个页面都有自己的地址，用户需要向别人分享某个页面时，可以简单地把这个具体页面的地址发给别人。而改为现在的单页应用以后，各个单独的页面都失去了独立的地址，只能把网站首页的地址发给别人，这样会给分享带来不便。

遗憾的是，这个问题通过这里介绍的动态组件是无法解决的，只能等学到第 11 章中的 "路由" 部分才能解决，这里仅做一个预告。

本节制作完成后的项目源代码，请参考本书配套资源 "第 8 章/spa-02" 文件夹中的文件。

< 113 >

本章小结

本章可以说是本书最重要的内容之一，开发一个真正的项目时，掌握组件化的方式是关键。本章介绍了如何安装 Vue CLI 脚手架工具，并借助于脚手架工具创建默认的 Vue.js 项目，在此基础上以单文件组件的方式开发组件，并将其组织在一起，成为一个应用。

知识点讲解

习题 8

一、关键词解释

单文件组件　脚手架工具　单页应用　多页应用　Node.js

二、描述题

1. 请简单描述一下父组件如何向子组件传递数据，举例并说明。
2. 请简单描述一下子组件如何向父组件传递数据，举例并说明。
3. 请简单描述一下单页应用和多页应用的区别。

三、实操题

通过单文件组件的方式实现第 7 章实操题中如题图 7.1 所示的产品列表的效果。

< 114 >

第 *9* 章 AJAX 与 axios

随着网络技术的不断发展，Web 开发技术日新月异。在互联网时代的早期，用户访问网页时一次向服务器请求一个完整的页面，这样从一个页面跳转到另一个页面时，浏览器窗口会出现一段时间的"白屏"，影响用户体验。另外，页面中小的局部内容的改变，也需要整个页面一起更新，效率很低。因此，逐渐产生了 AJAX 技术，以实现页面的局部刷新，使 Web 应用的用户体验得到了大幅提升。随着 Vue.js 等框架的出现，单页应用逐渐普及，AJAX 更成了 Web 开发项目中不可缺少的重要组成部分。

axios 是一个专门用来处理 AJAX 相关工作的库。axios 和 Vue.js 配合，可以方便地在 Web 开发项目中使用 AJAX 技术。本章的思维导图如下。

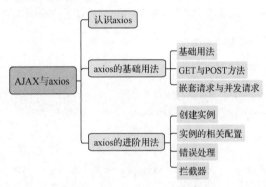

本章导读

9.1 认识 axios

axios 通过 promise 实现对 AJAX 的封装，就像 jQuery 实现 AJAX 封装一样。axios 和 Vue.js 配合，可以方便地在 Web 开发项目中使用 AJAX 技术。axios 除了可以与 Vue.js 结合使用，还可以与其他框架结合使用，例如流行框架 React.js。更多内容读者可以去官网进行学习。

如果是使用 Vue CLI 脚手架工具创建的项目，可以使用 npm 命令安装 axios。

```
npm install axios --save
```

如果要调试一些简单页面，也可以直接在页面中引入 axios.js 文件，或者直接使用 CDN。

```
<script src="https://unpkg.com/axios/dist/axios.min.js"></script>
```

> **！注意**
>
> 要使页面中的 AJAX 能够正常通信，不能直接用浏览器打开本地 HTML 页面的方式进行测试，而必须将页面配置在 Web 服务器上。

9.2 axios 的基础用法

知识点讲解

9.2.1 基础用法

HTTP 中规定，每个 HTTP 请求都会使用某种特定的"方法"进行发送。最常见的两种方法是 GET 方法和 POST 方法。

- 当需要从服务器获取数据，而不对服务器上的数据进行修改时，通常使用 GET 方法。GET 方法的参数放在 URL 中。
- 当需要对服务器上的数据进行修改时，通常使用 POST 方法。POST 方法的参数放在 HTTP 消息报文的主体中，它主要用来提交数据，如提交表单、文件上传等。

✏️ 说明

关于 HTTP 的相关知识，本书不进行详细讲解，但是作为一名 Web 开发人员，需要对 HTTP 有比较全面的掌握。目前 Restful 的数据结构方式非常流行，建议读者对 HTTP 和 Restful 接口规范有一些了解。

这两种请求方法的调用语法如下所示。

```
1   import Axios from 'axios'
2
3   Axios.get(url[, config]).then()
4   Axios.post(url[, data[, config]]).then()
```

❗ 注意

这里用了首字母大写的 Axios，表示导入的 Axios 是一个类，而不是一个实例。因此 get()方法和 post()方法都是 Axios 类的静态方法，而不是实例方法。

get()方法和 post()方法都有一个 url 参数，它是调用远程 API 的请求地址。url 参数不可省略。本章中用到的所有 API 都已经部署到互联网上，读者可以直接使用。

config 参数是可选参数，如果是 POST 请求，还可以再带一个传递给远程 API 的 data 参数。

then()是请求成功后的回调函数，把调用返回结果以后的逻辑写在 then()方法中。

📋 上手案例

先通过一个上手案例简单了解一下 axios 的用法。源代码请参考本书配套资源文件"第 9 章/ajax-demo-03-axios"。

```
1    <template>
2     <div id="app">
3       <button @click="startRequest">测试异步通信</button>
4       <br><br>
5       <div id="target">{{msg}}</div>
6     </div>
7    </template>
8
9    <script>
10   import Axios from 'axios'
```

< 116 >

```
11  Axios.defaults.baseURL = 'http://demo-api.geekfun.website';
12
13  export default {
14    data() {
15      return {msg: ''};
16    },
17    methods: {
18      startRequest() {
19        Axios
20          .get('/vue-bs/ajax-test.aspx')
21          .then(response => this.msg = response.data);
22      }
23    }
24  }
25  </script>
```

引入 Axios 类，并设置它的 defaults.baseURL 属性，即使用默认的基础 url 参数，因为如果一个网站需要调用多个 API，这些 API 往往都在一个网站上。API 的前半部分都是一样的，这样后面指定地址的时候，只需要用不同的后半部分就可以了。

编写在 startRequest()方法中读取服务器数据的代码非常简单，只需要通过 get()方法指定请求的服务器地址，然后在成功的 then()方法中，将返回的数据赋值到数据模型中指定的 msg 变量即可。

> ✎ 说明
>
> 为了方便读者测试，我们已经将本章中需要用的几个服务器端的程序部署到互联网上，读者可以直接调用。
>
> 如果读者希望自己修改服务器端的程序，我们将服务器端的程序放在本书配套资源中，读者可以下载后使用。
>
> 为了使缺乏丰富后端开发经验的读者也可以比较容易地让这几个服务器端的程序运行起来，这里使用了 Windows 计算机上自带的 IIS Web 服务器，直接把本书配套资源中的后端程序复制到本地，然后简单配置一下 IIS 即可运行。Windows 计算机都自带 IIS Web 服务器，不需要下载安装其他的支撑环境，因此这对于初学者来说是比较方便的方法。
>
> 本章各个案例中后端部分的程序都非常简单。对于有一定后端开发基础的读者，也可以使用任何其他后端语言和框架来实现这些案例的后端部分，例如使用 Node.js、Python 或者 Java 等。读者可以自行配置好服务器端的代码，然后在页面中通过 AJAX 来调用。
>
> 对于完全没有后端开发基础的读者，建议直接使用已经部署好的 API，这是最方便的方法。

这里使用了 ES6 的箭头函数，response 是调用成功后返回的结果对象。

需要特别注意的是，这里用到了 "this.msg"，由于箭头函数不会绑定自己的 this，因此在箭头函数里的 this 就是它外面的 this。

如果把这个调用改为传统的函数写法，就需要编写如下代码。

```
1  methods: {
2    startRequest() {
3      let self = this;
4      Axios
5        .get('/vue-bs/ajax-test.aspx')
6        .then(function(response)
7          {
8            self.msg = response.data;
9          });
```

< 117 >

```
10     }
11   }
```

如果使用传统的函数写法，这个函数会绑定自己的 this。因此，在使用 axios 调用之前，要先把 this 暂存到一个临时变量中，然后在 then()方法中使用 self.msg 代替 this.msg，因为函数内部的 this 已经被重新赋值了。

9.2.2 GET 与 POST 方法

上面的代码中，使用 get()方法调用了远程的后端接口，并且不需要向服务器端接口传递任何参数，在实际项目中通常都会向接口传递各种参数。接下来演示一下使用 get()方法和 post()方法调用的区别。

下面通过一个表单提交的案例，演示一下同时使用 POST 和 GET 两种请求方法，然后比较二者的区别。

首先，像上一个案例一样，创建一个基本的 Vue.js 项目，或者直接在上一个案例代码的基础上修改。App.vue 中视图部分的代码如下。源代码请参考本书配套资源文件"第 9 章/ajax-demo-04-get-post"。

```
1    <template>
2      <div id="app">
3        <h2>请输入您的姓名和年龄</h2>
4        <form>
5          <input type="text" v-model="name"> <br/>
6          <input type="text" v-model="age">
7        </form>
8        <button @click="requestByGet">GET</button>
9        <button @click="requestByPost">POST</button>
10       <p>{{msg}}</p>
11     </div>
12   </template>
```

可以看到，这个页面中有两个文本框，分别用于让用户输入姓名和年龄，下面有两个按钮。我们将分别用 GET 和 POST 两种方法向服务器发起请求。

```
1    <script>
2    import Axios from 'axios'
3    Axios.defaults.baseURL = 'http://demo-api.geekfun.website';
4
5    export default {
6      data() {
7        return {
8          msg: '', name: '', age: ''
9        }
10     },
11     methods: {
12       requestByGet() {
13         //待补充
14       },
15       requestByPost() {
16         //待补充
17       }
18     }
19   }
```

< 118 >

```
20  </script>
```

1．GET 方法

使用 GET 请求方法，requestByGet()方法的代码如下所示。

```
1   requestByGet() {
2     Axios.get(
3       '/vue-bs/01/01.aspx',
4       {
5         params: {
6           name: this.name,
7           age: this.age
8         }
9       }
10    )
11    .then((response) => this.msg = response.data)
12  }
```

可以看到，使用 GET 方法，在 url 参数的后面增加一个对象参数，把 name 和 age 两个变量组合并为了一个对象。

这时，启动开发服务器，可以在浏览器中看到运行效果，如图 9.1 所示。在两个文本框中分别输入一些内容，然后单击 GET 按钮，下方会显示服务器返回的结果。

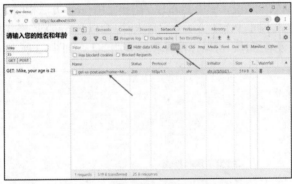

图 9.1　GET 请求方法的运行效果

注意图 9.1 中右侧，这是通过 Chrome 浏览器的开发者工具查看请求的效果。选择 Network 标签，然后可以选择 XHR 对所有的请求进行过滤，只列出 AJAX 请求，可以看到 01.aspx 这一行在正式单击 GET 按钮以后会发出请求。单击请求的地址，Headers 中会显示关于这个请求的详细信息，如图 9.2 所示。

图 9.2　显示 GET 请求的详细信息

< 119 >

从图 9.2 中可以看出，当使用 GET 方法发起请求时，参数会以查询字符串的形式作为 URL 的一部分传递给服务器，服务器收到请求以后，会解析查询字符串，以得到请求的参数。

2．POST 方法

除了使用 GET 方法，也可以使用 POST 方法发起请求。使用 requestByPost()方法的代码如下所示。

```
1   requestByPost() {
2     let data = new FormData();
3     data.append('name', this.name);
4     data.append('age', this.age);
5     Axios.post(
6       '/vue-bs/get-vs-post.aspx',
7       data
8     )
9     .then((response) => this.msg = response.data)
10  }
```

可以看到，在调用 post()方法之前，要构造一个 FormData 类型的对象，并通过 append()方法向这个对象添加两个数据字段，它们都是从文本框获取用户输入。FormData 类型的对象是 XMLHttpRequest 定义的标准对象，可以直接使用。

构造 FormData 类型的对象以后，把它放在 url 参数后面，作为调用 post()方法的第二个参数。其他操作和使用 GET 方法相同。

在浏览器中运行，从效果来说，使用 POST 方法和使用 GET 方法相同。但是二者还是有很大的区别。二者传递参数的方式不同。POST 方法发起请求时，会以 Form Data 格式将请求写在报文正文中。通过 Chrome 浏览器的开发者工具，可以查看请求的详细信息，如图 9.3 所示。

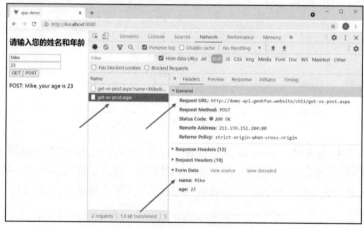

图 9.3　查看 POST 请求的详细信息

可以看到，POST 方法向服务传递的参数不会出现在 URL 中，它是以 Form Data 的方式向服务器传递参数的。

> ✏️ 说明
>
> POST 方法比较复杂，除了可以使用 Form Data 方式传递参数之外，还可以用其他方式传递，读者可以自行学习。常用到的方式是，可以直接将参数对象以 JSON 方式传递。
>
> axios 会自动根据参数的形式向服务器发送请求。需要指出的是，用 Form Data 方式和 Request Payload 方式都可以向服务器传递参数，但是服务器端读取参数的方法是不同的。

< 120 >

3. HTTP 方法与 REST

当我们把服务器上的数据看作"资源"的时候，这些 HTTP 方法就可以看作是对这些资源的操作方法。在 HTTP 中，实际上包括 8 种方法：GET、POST、PUT、DELETE、OPTIONS、HEAD、TRACE 和 CONNECT。

这里需要简单讲解一下 REST 的概念。REST 是 representational state transfer（描述性状态转移）的缩写，是用来描述创建 Web API 的标准方法。

可以看出，这些方法都是一些动词，对应着对数据的操作，通常包括增、删、改、查等。按照 REST 标准来说，有如下 4 个基本操作。

- 当要实现读取某一个资源的时候，应该使用 GET 方法。
- 当需要新增一个资源的时候，应该使用 POST 方法。
- 当需要删除某个资源的时候，应该使用 DELETE 方法。
- 当需要局部更新某个资源的时候，应该使用 PUT 方法。

总结一下，到目前为止我们讲解了 HTTP 请求的方法，特别是 GET 和 POST 方法的作用和区别。还讲解了如何通过 axios 向远程的服务器请求数据，然后将得到的数据显示到页面上。并且讲解了在 POST 方法下，向服务器传递参数的两种方式，即 Form Data 方式和 JSON 字符串方式。掌握上述知识以后，已经可以满足大多数开发中的需求了。

axios 针对每一种 HTTP 方法都提供了一个函数，就像 get() 和 post() 一样，还有 put()、delete() 等，它们的基本用法都是一样的，这里不再赘述。

9.2.3 嵌套请求与并发请求

对于一些比较复杂的页面，可能会从多个远程数据源汇集数据，并且有可能要先根据第一次请求得到的结果来决定第二次请求的参数，而且有可能需要同时发起多个请求。这种情况下，页面就会变得相对复杂，甚至有的时候会变得非常复杂。

知识点讲解

假设在一个页面中，先通过调用一个远程的 API 获得若干图书的编号列表，然后根据返回图书的编号列表再获取所有图书的相关信息，最后显示到页面中。

假设服务器端提供了如下两个 API。

- getBooks()：无参数，返回结果为一个数组，每个元素是一个整数，对应一本书的编号。
- getBook(id)：一个 id 参数，表示图书编号，返回结果为这本书的信息，包括 id 和 name 两个字段，分别代表图书的编号和书名。

本例的源代码请参考本书配套资源文件"第 9 章/ajax-demo-05-multi-requests"。

首先设定 App.vue 的视图，单击 Get Books 按钮，触发 getBooks() 方法，获取数据，然后在下面的 ul 列表中，使用 v-for 指令循环渲染出每本书的信息，给书名加上书名号，代码如下所示。

```
1   <template>
2     <div id="app">
3       <button @click="getBooks">Get Books</button>
4       <ul>
5         <li v-for="item in books" :key="item.id">
6           {{item.id}} :《{{item.name}}》
7         </li>
8       </ul>
9     </div>
10  </template>
```

接下来编写 getBooks() 方法的代码，如下所示。

< 121 >

```
1   <script>
2   import Axios from 'axios'
3   Axios.defaults.baseURL = 'http://demo-api.geekfun.website';
4
5   export default {
6     data() {
7       return { books:[] }
8     },
9     methods: {
10      getBooks() {
11        //外层
12        Axios.get('/vue-bs/get-books.aspx')
13        .then(
14          //内层
15          (response) =>
16           Axios.get(
17             '/vue-bs/get-book.aspx',
18             {params:{id: response.data[0]}}
19           )
20           .then((response) => {
21             this.books.push(response.data);
22           })
23        )
24      }
25    }
26  }
27  </script>
```

在上述代码中，嵌套了两层 get()方法，外层的 get()方法用于调用 get-books.aspx 接口，获取图书编号的列表。然后在它的 then()方法中，再次调用 get()方法，这次是调用 get-book.aspx 接口，因此需要传入参数。此时我们只传入列表中第一个元素的编号值，目的是先把程序跑通，再考虑并发请求的问题。此时，在浏览器中可以看到的效果如图 9.4 所示，单击 Get Books 按钮，就可以在下面的列表中随机显示出一本书的信息。

图 9.4 嵌套请求的显示效果

接下来，实现同时获取多本图书的信息。首先介绍一下如何通过 axios 实现并发请求。并发请求可以理解为同时向服务器发出多个请求（严格来说是有先后的），并统一处理返回值。在这个例子中，获取到多本图书的编号以后，希望能够一次性地对每个图书编号请求远程 API，分别获取图书信息。axios 提供了如下两个相互配合的方法。

```
1   Axios.all()
2   Axios.spread()
```

all()方法中，通过数组参数可以一次性发起多个请求。spread()方法的参数是一个回调函数，其作

< 122 >

用是在多个请求完成的时候，将所有的返回数据进行统一的分割处理。all()方法的参数数组中有几个请求，spread()方法的回调函数的参数就有几个返回值，并且 all()方法中参数的请求顺序和 spread()方法中的响应结果顺序一一对应（但时间顺序不是一致的，早发出的可能会晚结束）。其语法如下。

```
1    Axios.all([
2      Axios.get(get1),
3      Axios.get(get2)
4    ]).then(
5      Axios.spread((Res1, Res2) => {
6        console.log(Res1, Res2)
7      })
8    )
```

　　下面开始修改案例，分为两步。本例的源代码请参考本书配套资源文件"第 9 章/ajax-demo-05-multi-requests-2"。

　　首先，外层的 get()方法不用修改，我们修改它对应的 then()方法，原来是直接发出一个请求，现在改为通过 all()方法发出请求。由于我们不知道存放图书编号的数组元素的个数，因此可以对数组进行整体操作，直接把 response.data 数组通过 ES6 提供的标准方法 map()转换成请求的数组。

　　接着，通过 spread()方法接受响应的结果，同样结果数组的个数也是不确定的，这里用普通方法无法写出参数列表。这时可以使用 ES6 中新引入的"剩余参数"，使用剩余操作符，回调函数可以直接获得整个数组，然后使用数组的 forEach()标准方法，把每个响应结果中的图书信息逐一加入 this.books 数组中，这样就可以把它们显示到页面上了。

　　修改后 getBooks()方法的代码如下所示。

```
1    getBooks() {
2      Axios.get(
3        '/vue-bs/get-books.aspx'
4      ).then((response) =>
5        Axios.all(
6          response.data.map(
7            id=>Axios.get(
8              '/vue-bs/get-book.aspx',
9              {params:{id}}
10           )
11         )
12       ).then(
13         Axios.spread(
14           (...responses) => responses.forEach(
15             response => this.books.push(response.data)
16           )
17         )
18       )
19     )
20   }
```

　　显示多本图书信息的效果如图 9.5 所示，单击 Get Books 按钮，现在看到的不再是一本书的信息，而是几本书的信息。

　　在开发者工具中可以清晰地看到，一共发送了 5 次请求，第一次是 get-books，后面 4 次都是 get-book，并且带有不同的 id 参数。从图 9.5 右侧的 Waterfall（瀑布）图示中可以看出，后面 4 次请求明显是在第一次请求结束以后一起发出的。如果严格地说，它们也不是完全同时发出，毕竟微观上还是会有先后顺序。另外，可以看到请求发出的顺序和返回的顺序并不一致，这是很正常的，因为通过网

< 123 >

络，一次请求的总耗时是很难确定的。如果要控制显示的顺序，就需要做额外的处理，本例就不再深入探讨了。

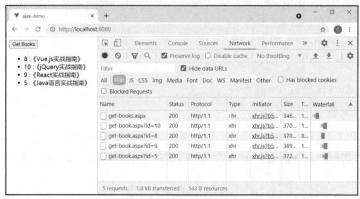

图 9.5　显示多本图书信息的效果

在 JavaScript 中离不开回调函数，如果回调的嵌套层级过多，就会形成被称为"回调地狱"的情形，这对于开发人员来说是非常棘手的。避免形成"回调地狱"的几个基本策略如下。

- 保持代码简短，给函数取有意义的名字。
- 模块化、函数封装、打包，每个功能独立，高内聚、低耦合。
- 妥善处理异常。
- 使用创建模块时的一些经验法则。
- 使用 Promise、async/await 等语言层面的技术。

9.3　axios 的进阶用法

9.3.1　创建实例

前面使用的都是 axios 的静态方法，实际上，也可以创建 axios 的实例。什么场景下会使用创建实例的方式请求接口呢？例如，如果项目比较复杂，会同时使用不同服务商提供的接口，访问这些接口可能会用到不同的配置，都使用静态方法就无法方便地针对不同的 API 使用不同的配置。这时就可以使用不同的配置，创建不同的 axios 实例，用于不同的 API。

创建 axios 实例的语法如下。

```
1  const axios = axios.create({
2    baseURL: 'http://localhost:8080',
3    timeout: 1000, //设置超时时长。默认请求未返回超过 1 秒，接口就超时了
4    //其他配置项
5  });
```

9.3.2　实例的相关配置

创建实例的配置项只有 url 是必需的。如果没有指定 method，请求将默认使用 get()方法。实例的相关配置见表 9.1。表 9.1 中仅列举了基本的配置项，其余的配置项还有很多，可以参见 axios 的官网。

读者理解了配置的作用，就可以方便地根据实际情况选择使用哪种配置方式了。axios 的配置方式

< 124 >

分为 3 种：全局配置、实例配置和请求配置。

表 9.1　实例的相关配置

配置项	举例	说明
url	'/user'	用于请求服务器的 URL
method	'get'	创建请求时使用的方法, 还可以是'post', 'put', 'patch', 'delete', 默认是'get'
baseURL	'http://localhost:8080'	将自动加在 url 前面, 除非 url 是一个绝对 URL
headers	{'content-type': 'application/x-www-form-urlencoded'}	即将被发送的自定义请求头
params	{ id: 1 }	请求参数拼接在 url 后面
data	{ id: 1 }	请求参数放在请求体里
timeout	1000	指定请求超时的毫秒数（0 表示无超时时间）, 如果请求花费了超过 timeout 的时间, 为了不阻塞后面要执行的内容, 请求将被中断
responseType	'json'	表示希望服务器响应的数据类型, 还可以是 'arraybuffer', 'blob', 'document', 'text', 'stream', 默认是'json'

最基本的是全局配置，如下两行代码所示，全局配置包括基础 url 和超时时长。

```
1   Axios.defaults.baseURL = http://demo-api.geekfun.website;
2   Axios.defaults.timeout = 1000;
```

然后，创建一个 axios 的实例，这时它的配置可以覆盖掉全局配置。例如，下面代码中的实例将全局配置的超时时长由 1 000 毫秒改为 3 000 毫秒，此设置只在这个 axios 实例中才有效。

```
1   const axios = Axios.create();
2   axios.defaults.timeout = 3000;
```

接下来，在具体向服务器发出一个请求的时候，还可以再次设置新的配置项，以覆盖原有的配置。例如，下面的代码，在请求中又将超时时长设定为 5 000 毫秒，这个配置只针对这一处请求有效。

```
1   axios.get('02-1.aspx', {
2     timeout: 5000
3   })
```

综上所述，3 种配置方式的优先级由低到高的顺序为：全局配置、实例配置、请求配置。也就是说，如果使用 3 种配置方式设置超时时长，最终会以请求配置中的超时时长为准。

9.3.3　错误处理

AJAX 调用属于通过网络的远程调用，无法保证每次调用都是成功的。因此，必须考虑到各种原因导致的请求失败的情况。

基本方法是针对每个请求单独处理，即在 get()方法或者 post()方法后面增加 catch()回调函数。then()用于处理请求成功的情况，在它后面加上 catch()回调函数用于处理请求失败的情况。

例如，下面的代码就处理了错误的情况。

```
1   startRequest() {
2     Axios
3       .get('/vue-bs/00/00.aspx')
4       .then(response => this.msg = response.data);
5       .catch(error => console.log(error));
6   }
```

< 125 >

这里需要说明的是，catch()回调函数中的 error 参数具体是什么。它被称为"异常对象"，在一个 AJAX 请求过程中发生异常时，系统会给错误处理方法传递这个异常对象，供处理程序使用。AJAX 请求的异常有如下两类。

- 响应异常。当请求发出以后，获得了响应，但是响应状态码超出了 29 的范围，此时 axios 会抛出异常。获取的响应数据会被赋值给异常对象的 response 字段。
- 请求异常。当请求发出以后，根本没有得到响应。此时，异常中会有 request 字段，即发送的请求会在异常事件中回传给错误处理程序。

因此，在 catch(error)的回调中，通过判断 error.response 和 error.request 是否存在，就可以区分以上两种异常。

```
axios.get('/user/12345')
  .catch( error => {
    //响应异常
    if (error.response) {
      console.log(error.response.data);
      console.log(error.response.status);
      console.log(error.response.headers);
    }
    //请求异常
    else if (error.request) {
      console.log(error.request);
    }
    //其他异常，例如配置中发生错误
    else {
      console.log('Error', error.message);
    }
  });
```

> **说明**
>
> 一个 HTTP 请求对应一个 HTTP 响应。每个 HTTP 响应都包含一个 3 位数字的状态码，以及常见的由 2、3、4、5 开头的基类状态码。29 表示成功，39 表示重定向，49 表示请求错误，59 表示服务器错误。
>
> 这里说的"请求错误"和上面说的 axios 异常处理中提到的"请求异常"不是一回事。以 4 开头的 HTTP 状态码，表示由于请求存在错误，因此无法正确返回希望的结果，但是请求和响应的通信过程是正常的。axios 异常处理中提到的"请求异常"是指请求没有得到响应，通信过程不是正常的。
>
> 常见的状态码：200 表示正常响应，是绝大多数响应的状态码；401 表示访问某资源未获得授权；404 表示没有找到指定的页面或资源；503 表示服务器出现错误。

在实际工作中，很多 Web API 都不是用状态码来表示错误的，因为实际的错误情况非常多，而很多错误都是和具体业务场景相关的，无法简单地与状态码对应。所以很多网站的做法是，在返回的数据对象中加入错误信息字段及说明信息字段。

9.3.4 拦截器

拦截器给开发人员提供了一个机会，在请求或响应被 then()方法或 catch()回调函数处理前拦截它们，从而做出必要的操作，类似于钩子函数。拦截器分为两种：请求拦截器和响应拦截器。

请求拦截器可以指定在发送请求之前执行某操作，如修改配置，弹出一些提示内容等，例如，每次发出 AJAX 调用之前显示一个表示正在加载状态的旋转的图标，设置的方法如下所示。

< 126 >

```
1   axios.interceptors.request.use(
2     config => {
3       // 在这里添加发送请求之前需要执行的操作
4       return config;
5     },
6     error => {
7       // 在这里添加发生请求异常以后需要执行的操作
8       return Promise.reject(error);
9     }
10  );
```

响应拦截器用于请求成功之后对响应数据做出处理。例如，通过响应拦截器可以实现全局统一的错误处理，设置的方法如下所示。

```
1   axios.interceptors.response.use(
2     response => {
3       // 在这里添加进入 then() 方法之前需要执行的操作
4       return response;
5     },
6     error => {
7       // 在这里添加发生响应异常以后需要执行的操作
8       return Promise.reject(error);
9     }
10  );
```

下面通过一个具体案例来说明拦截器的作用。针对一个请求可以使用 catch() 回调函数单独处理异常，但是如果一个网站里的每一个 AJAX 请求都要单独处理，未免过于烦琐了。因此，一般实际开发中的错误是统一处理的。例如，请求或响应发生异常后，统一显示在一个提示框中告诉用户，参考如下代码。本案例的完整代码可以参考本书配套资源文件 "第 9 章/ajax-demo-06-error-interception"。

```
1   <template>
2     <div id="app">
3       <button @click="startRequest">测试异步通信（异常处理）</button>
4       <br><br>
5       {{message}}
6       <div class="error" v-show="error.show">
7         {{error.info}}
8       </div>
9     </div>
10  </template>
```

本案例以前面的上手案例为基础，增加对异常的处理。在 App.vue 中，视图中增加一个 <div> 标记用于显示错误消息，通过 CSS 设置，默认是隐藏的。

数据模型中，增加一个 error 对象，用来表示是否显示异常信息提示框，以及提示的文字内容。

```
1   data() {
2     return {
3       message: '',
4       error:{
5         show: false,
6         info: ''
7       }
8     }
9   },
```

< 127 >

接下来在 mounted()钩子函数中，创建 axios 实例，设置基础 url。在这里重要的是设置 axios 的拦截器，用于对请求异常和响应异常进行拦截，遇到异常就显示异常信息提示框。

```
1   mounted() {
2     this.axios = Axios.create({
3       baseURL: 'http://demo-api.geekfun.website'
4     });
5
6     this.axios.interceptors.request.use(
7       config => config,
8       error => {
9         this.showError('请求异常')
10        return Promise.reject(error);
11      }
12    );
13
14    this.axios.interceptors.response.use(
15      response => response,
16      error => {
17        this.showError('响应异常: ' + error.message)
18        return Promise.reject(error);
19      }
20    );
21  }
```

接着在 methods 中设置两个方法，startRequest()方法用于在按钮被单击后发起 AJAX 请求，showError()方法用于在异常处理中显示异常信息提示框，并设置提示框显示 2 500 毫秒后关闭。

```
1   methods: {
2     startRequest(){
3       this.axios
4         .get('/vue-bs/slow.aspx')
5         .then(response => this.message = response.data);
6     },
7     showError(info) {
8       this.error.info = info;
9       this.error.show = true;
10      setTimeout(
11        () => this.error.show = false,
12        2500
13      )
14    }
15  }
```

下面试验几种不同的情况，查看不同的结果。我们特意把这个 slow.aspx 接口的响应速度设置为 10 秒，即在单击按钮 10 秒后，才显示出正常的结果。

下面来测试异常情况，先把 startRequest()方法中的请求地址改为一个不存在的地址，例如将 /vue-bs/slow.aspx 改为 vue-bs/slow-not-exist.aspx，这时得到的响应异常的效果如图 9.6 所示，可以看到它被响应拦截器拦截了，调用了 showError()方法，显示了 404 错误。

下面再测试一下超时的情况，先把 startRequest()方法中的请求地址恢复为正确的 vue-bs/slow.aspx，然后在创建 axios 实例的时候，设置超时时长为 3 000 毫秒，代码如下所示。

```
1   this.axios = Axios.create({
2     timeout: 3000,
```

< 128 >

```
3      baseURL: 'http://demo-api.geekfun.website'
4    });
```

图 9.6　响应异常的效果

由于 3 秒的超时时长短于这个接口返回所需的 10 秒，会导致超时异常。按照 axios 文档的描述，这里应为请求异常。实际看到的效果如图 9.7 所示，确实是超时异常，但是图中显示为"响应异常"，即这个异常并没有被请求拦截器拦截，而是被响应拦截器拦截。

图 9.7　超时的响应异常

这是一个比较奇怪的结果，查看一下当时的 error 对象，响应信息如图 9.8 所示，可以看到它的 response 属性值是 undefined，request 属性有值，确实应该是一个请求异常，但是被响应拦截器拦截了。有不少人在 GitHub 的 axios 项目网站上询问了这个问题，但是没有得到答复。

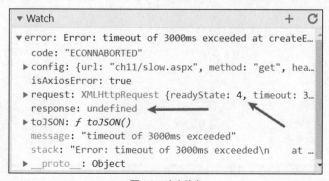

图 9.8　响应信息

通过上面的演示，我们知道了如何配置全局的异常处理，这样就不必在每个请求中设置 catch() 回

< 129 >

调函数了。对于一些特殊的接口，如果需要做不同于全局处理的特殊处理，这时可以再单独添加 catch() 回调函数。

axios 中，还支持取消拦截器，其语法如下。在实际开发中，很少会遇到取消拦截器的情况，这里不再详细举例了。

```
1    // 添加拦截器
2    const myInterceptor = axios.interceptors.request.use(function () {/*...*/});
3    // 取消拦截器
4    axios.interceptors.request.eject(myInterceptor);
```

本章小结

本章讲解的 axios 是独立的，但也是 Vue.js 常用的处理 HTTP 请求的技术。本章主要介绍了 axios 的 GET 方法和 POST 方法的基本用法、嵌套请求和并发请求、以创建实例的方式使用 axios、错误处理和拦截器，希望读者能够深入学习。

知识点讲解

习题9

一、关键词解释

axios JSON HTTP REST GET 请求 POST 请求 嵌套请求 并发请求 HTTP 状态码 axios 错误处理 axios 拦截器

二、描述题

1. 请简单描述一下 AJAX 和 axios 的关系。
2. 请简单描述一下 HTTP 中常用的几种方法。
3. 请简单描述一下 GET 与 POST 方法的区别。
4. 请简单描述一下 axios 的基本用法和进阶用法。
5. 请简单描述一下拦截器分为哪几种，它们对应的含义是什么。

三、实操题

在第 8 章的基础上，结合 axios 库，利用产品列表的接口地址（https://demo-api.geekfun.website/product/list.aspx 图片域名：https://file. haiqiao.vip/productM/图片名称），实现产品列表功能，效果如题图 9.1 所示。

题图9.1　产品列表功能的实现效果

< 130 >

第 **10** 章 过渡和动画

过渡和动画能够使网页更加生动，在插入、更新或者移除 DOM 元素时，Vue.js 能提供多种不同应用的过渡效果。本章主要介绍 Vue.js 封装的 transition 和 transition-group 组件，它们能使得设置过渡动画更加方便。本章的思维导图如下所示。

本章导读

10.1 CSS 过渡

知识点讲解

我们先用一个简单的例子来理解一下 CSS 中的过渡，然后使用 Vue.js 封装的过渡组件就非常容易了。

CSS 提供了 transition 属性来实现过渡动画效果。使用 CSS 过渡需要满足如下两个条件。

- 元素必须具有状态变化。
- 必须为每个状态设置不同的样式。

这里的状态变化是指元素的 CSS 过渡属性发生了变化，因此可以使用 JavaScript 改变 CSS 属性来触发过渡。此外，用于确定不同状态的最简单的方法是使用:hover、:focus、:active 和:target 伪类。

例如在以下页面中，有一个"显示/隐藏"按钮，用来控制文字"hello"的显示和隐藏，如图 10.1 所示。

图 10.1 显示和隐藏文字

本案例的代码如下，完整代码可以参考本书配套资源文件"第 10 章/01.html"。

```
1    <style>
2      .slide {
3        transition: opacity 1s;
4      }
```

```
5      .slide-enter {
6        opacity: 1;
7      }
8      .slide-leave {
9        opacity: 0;
10     }
11  </style>
12
13  <div id="demo">
14    <button v-on:click="show = !show">显示 / 隐藏</button>
15    <p v-bind:class="['slide', show ? 'slide-enter' : 'slide-leave']">hello</p>
16  </div>
17
18  <script>
19    new Vue({
20      el: '#demo',
21      data: { show: true }
22    })
23  </script>
```

上述代码在<p>标记上绑定了类 ".slide"，该类在 transition 属性中定义了 opacity 发生变化时触发过渡，过渡时间是 1 秒。单击 "显示/隐藏" 按钮，<p>标记的类在 ".slide-enter" 和 ".slide-leave" 之间交替变化，即 opacity 属性在变化，正好触发过渡动画，以达到显示或隐藏的过渡效果。

说明

学习本章的知识需要对 CSS 的 transition 属性有一定的了解，Vue.js 的过渡是基于 transition 属性的。

10.2 单元素过渡

Vue.js 渲染元素有一套自己的机制，针对各种场景手动设置过渡动画非常烦琐，因此 Vue.js 提供了 transition 的封装组件。在下列情形或元素中，可以给任何单元素和组件添加进入或离开过渡效果。

- 条件渲染（使用 v-if 指令）。
- 条件展示（使用 v-show 指令）。
- 动态组件。
- 组件根节点。

10.2.1 transition 组件

我们使用条件渲染（v-if 指令）的情形来具体说明如何使用 transition 组件，其他情形类似。将上一个案例改为使用 v-if 指令来控制元素的显示和隐藏，代码如下。本案例的完整代码可以参考本书配套资源文件 "第 10 章/02.html"。

```
1  <div id="demo">
2    <button v-on:click="show = !show">显示 / 隐藏</button>
3    <transition name="slide">
4      <p v-if="show">hello</p>
5    </transition>
6  </div>
```

< 132 >

```
7
8    <style>
9      .slide-enter-active, .slide-leave-active {
10       transition: opacity 1s;
11     }
12     .slide-enter, .slide-leave-to {
13       opacity: 0;
14     }
15     .slide-enter-to, .slide-leave {
16       opacity: 1;
17     }
18   </style>
```

在代码中使用 v-if 指令来控制 p 元素的显示和隐藏，并且将其放入 transition 组件中，组件有一个 name 属性，用于自定义过渡效果的名称，可以和 CSS 中的类配合使用。

当插入或删除包含在 transition 组件中的元素时，Vue.js 会自动嗅探目标元素是否应用了 CSS 过渡或动画，如果是，会在恰当的时机添加或删除 CSS 类名。

保存代码并运行，过渡效果如图 10.2 所示。

图 10.2　过渡效果

> ⚠️ **注意**
>
> 对于本章中的案例，过渡效果在截图中无法体现，请读者用浏览器打开对应的源代码文件，以查看过渡效果。

10.2.2　过渡的类名

上面的例子中，从"进入过渡"开始到"离开过渡"结束，整个过渡效果的过程如图 10.3 所示。进入过渡是指元素从无到有的过程，离开过渡是指元素从显示到隐藏或被删除的过程。

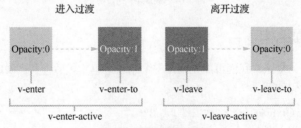

图 10.3　过渡效果的过程

在进入过渡的过程中，需要如下 3 个类来定义过渡动画。

- **v-enter-active**：定义进入过渡生效时的状态。在整个进入过渡的阶段中应用，可以用来定义进入过渡的持续时间、延迟和曲线函数，即设置 transition 属性。
- **v-enter**：定义进入过渡的开始状态。

< 133 >

- v-enter-to：定义进入过渡的结束状态。

同样地，在离开过渡的过程中也需要如下 3 个类来定义过渡动画。

- v-leave-active：定义离开过渡生效时的状态。在整个离开过渡的阶段中应用，可以用来定义离开过渡的持续时间、延迟和曲线函数，即设置 transition 属性。
- v-leave：定义离开过渡的开始状态。
- v-leave-to：定义离开过渡的结束状态。

使用 transition 组件时，如果没有定义 name 属性，则这些类名的默认前缀是 "v-"。如果定义了 name 属性，类似上述例子中的<transition name="slide">，那么 "v-" 会被替换为 "slide-"。

> ✏️ 说明
>
> 这些类相当于钩子函数，Vue.js 会在恰当的时机应用，因此在这些类中设置动画的 animation 属性也是可以的。

10.3 动手实践：可折叠的多级菜单

案例讲解

这里通过一个案例来实际演示单元素的过渡效果，制作一个可折叠的多级菜单。单击菜单，展开子菜单，再单击一次，隐藏子菜单。菜单有多个层级，如图 10.4 所示，在显示和隐藏时有过渡效果。

图 10.4　多级菜单的效果

10.3.1　搭建页面结构

多级菜单的制作较为复杂，我们可以先制作一个二级菜单，然后将其扩展成多级菜单。

搭建页面结构，代码如下。

```
1   <div class="container center" id="app">
2     <ul class="menu">
3       <li class="folder">
4         <label class="open">{{treeData.name}}</label>
5         <ul>
6           <li v-for="(it, index) in treeData.children" :key="index" class="item">
7             <label>{{it.name}}</label>
8           </li>
```

< 134 >

```
9          </ul>
10      </li>
11    </ul>
12  </div>
13
14  <script>
15    new Vue({
16      el: "#app",
17      data: {
18        treeData: {
19          name: "Web 开发",
20          children: [
21            { name: "前端开发技术" },
22            { name: "后端开发技术" },
23            { name: "工程化技术" }
24          ]
25        }
26      },
27    })
28  </script>
```

CSS 样式的代码不再赘述，可以从本书配套资源中获得。此时，二级菜单的展开效果如图 10.5 所示。

图 10.5　二级菜单的展开效果

本案例的完整代码可以参考本书配套资源文件"第 10 章/menu-01.html"。

10.3.2　展开和收起菜单

本节添加展开和隐藏子菜单的功能。

给一级菜单添加单击事件，单击则展开二级菜单，再单击则隐藏二级菜单，如此反复。此外，还需要判断当前对象中有没有子菜单数据，有则响应单击事件，没有则单击后不做任何处理。代码如下。

```
1   <ul class="menu">
2     <li class="folder">
3       <label v-bind:class="{'open': open}" @click="toggle">{{treeData.name}}</label>
4       <ul v-show="open" v-if="isFolder">
5         <li v-for="(it, index) in treeData.children" :key="index" class="item">
6           <label>{{it.name}}</label>
7         </li>
8       </ul>
9     </li>
10  </ul>
```

< 135 >

```
11  data: {
12    open: false,
13    ......
14  },
15  computed: {
16    isFolder() {
17      return this.treeData.children && this.treeData.children.length > 0;
18    }
19  },
20  methods: {
21    toggle() {
22      if (this.isFolder) this.open = !this.open;
23    }
24  }
```

对于以上代码需注意以下几点。

- 变量 open 用于控制子菜单是否展开，默认是隐藏状态。
- 子菜单同时使用了 v-show 和 v-if 指令。v-show="open"的作用是展开子菜单，因为切换频率较高，可以避免频繁操作 DOM。v-if="isFolder"表示没有子菜单则不渲染对应的元素。
- 计算属性 isFolder 表示是否有子菜单，是否通过 children 及 children 数组的长度是否大于 0。
- 单击事件 toggle 中，只有当存在子菜单时（isFolder=true），才切换展开和隐藏状态。

此时，菜单隐藏的效果如图 10.6 所示，菜单展开的效果如图 10.7 所示。

图 10.6　菜单隐藏的效果

图 10.7　菜单展开的效果

本案例的完整代码可以参考本书配套资源文件"第 10 章/menu-02.html"。

10.3.3　添加过渡效果

菜单展开和隐藏的功能实现了，接下来使用 transition 组件为展开和隐藏的过程添加过渡效果，代码如下。

```
1  <transition name="slide">
2    <ul v-show="open" v-if="isFolder">
3      ......
4    </ul>
5  </transition>
```

然后给相应的类设置过渡效果，让子菜单慢慢展开或收起，即让高度发生变化，代码如下。

```
1  .slide-enter-active {
2    transition-duration: 1s;
3  }
```

< 136 >

```
4    .slide-leave-active {
5      transition-duration: 0.5s;
6    }
7    .slide-enter-to, .slide-leave {
8      max-height: 500px;
9      overflow: hidden;
10   }
11   .slide-enter, .slide-leave-to {
12     max-height: 0;
13     overflow: hidden;
14   }
15   .menu label::before {
16     transition: transform 0.3s;
17   }
```

height 属性无法从 0 变化到 auto，所以代码中使用了 max-height 属性。在 ".slide-enter-active" 和 ".slide-leave-active" 类中只定义了过渡持续时间（transition-duration），并没有定义触发过渡属性（transition-property），但仍有过渡效果。因为 transition-property 的默认值是 all，表示所有可以设置动画的属性都会被应用过渡。慢慢展开的效果如图 10.8 所示。

本案例的完整代码可以参考本书配套资源文件"第 10 章/menu-03.html"。

图 10.8　慢慢展开的效果

10.3.4　实现多级菜单

实际开发中，很多网站有三级甚至四级菜单，如果一层套一层地编写代码会非常烦琐。应该将其封装成组件，采用递归的方式来实现。如果要变更菜单，只需要直接修改 treeData 对象的数据即可，不用改变其他代码。这也遵循了"声明式编程"的理念。

定义一个组件 menu-item，将可复用的页面结构抽离出来，包括模板、data 属性、计算属性和方法，将其放入组件中，代码如下。

```
1    Vue.component('menu-item', {
2      template: `
3      <li v-bind:class="[isFolder ? 'folder' : 'item']">
4        <label v-bind:class="{'open': open}" @click="toggle">
5          {{treeData.name}}
6        </label>
7        <transition name="slide">
8          <ul v-show="open" v-if="isFolder">
9            <!-- 递归调用 menu-item 组件 -->
10           <menu-item
11             v-for="(item, index) in treeData.children"
12             :key="index" :treeData="item">
13           </menu-item>
14         </ul>
15       </transition>
16     </li>`,
17     props: {
18       treeData: Object
```

< 137 >

```
19      },
20      data() {
21        return { open: false }
22      },
23      computed: {
24        isFolder() {
25          return this.treeData.children && this.treeData.children.length > 0;
26        }
27      },
28      methods: {
29        toggle() {
30          if (this.isFolder) this.open = !this.open;
31        }
32      }
33    })
```

在 menu-item 组件中，每个子菜单又使用 menu-item 组件本身来渲染，这是递归的方式。还需要注意菜单左侧的图标，如果有子项则显示 ">"，没有则显示 "-"。代码中根据计算属性 isFolder 来绑定 class 属性，例如<li v-bind:class="[isFolder ? 'folder' : 'item']">。

接下来使用 menu-item 组件渲染 treeData 中的数据，以显示对应的菜单，代码如下。

```
1   <div class="container center" id="app">
2     <ul class="menu">
3       <menu-item v-bind:tree-data="treeData"></menu-item>
4     </ul>
5   </div>
6
7   <script>
8   new Vue({
9     el: "#app",
10    data: {
11      treeData: {
12        name: "Web 开发",
13        children: [
14          {
15            name: "前端开发技术",
16            children: [{ name: "HTML" }, { name: "CSS" }, { name: "JavaScript" }]
17          },
18          {
19            name: "后端开发技术",
20            children: [{ name: "Node.js" }, { name: "Python" }, { name: "Java" }]
21          },
22          {
23            name: "工程化技术"
24          }
25        ]
26      }
27    }
28  });
29  </script>
```

代码中 treeData 是三级菜单。注意，将 treeData 传递给组件 menu-item 时，即绑定属性时，也需要使用 kebab-case 命名方式。保存并运行代码，三级菜单的效果如图 10.9 所示。

< 138 >

图 10.9　三级菜单的效果

我们再添加一级菜单，其他代码不做修改，例如给 JavaScript 菜单再增加一级，treeData 中的数据如下。

```
1  treeData: {
2    name: "Web 开发",
3    children: [
4      {
5        name: "前端开发技术",
6        children: [
7          { name: "HTML" }, { name: "CSS" },
8          {
9            name: "JavaScript",
10           children:[{name: 'ES6'}, { name: 'Vue.js'}, { name: 'jQuery'}]
11         }]
12     },
13     {
14       name: "后端开发技术",
15       children: [{ name: "Node.js" }, { name: "Python" }, { name: "Java" }]
16     },
17     { name: "工程化技术" }
18   ]
19 }
```

保存并运行代码，多级菜单的效果如图 10.10 所示。每一级菜单展开和隐藏时都会有过渡动画。

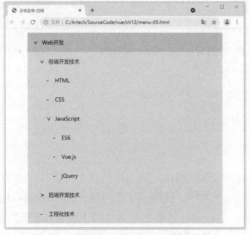

图 10.10　多级菜单的效果

< 139 >

本案例的完整代码可以参考本书配套资源文件 "第 10 章/menu-04.html"。

10.4 列表过渡

transition 组件适用于单个节点或者在同一时间渲染的多个节点中的一个。怎么同时渲染整个列表？在这种场景中，可以使用 Vue.js 提供的 transition-group 组件。

先使用简单的列表渲染案例来了解一下 transition-group 组件的使用方法，代码如下。本案例的完整代码可以参考本书配套资源文件 "第 10 章/03.html"。

```
1   <style>
2     .list-item {
3       display: inline-block;
4       margin-right: 10px;
5     }
6   </style>
7
8   <div id="app" class="demo">
9     <button v-on:click="add">Add</button>
10    <button v-on:click="remove">Remove</button>
11    <p>
12      <span v-for="item in items" v-bind:key="item" class="list-item">
13        {{ item }}
14      </span>
15    </p>
16  </div>
17
18  <script>
19    new Vue({
20      el: '#app',
21      data: {
22        items: [1,2,3,4,5,6,7,8,9],
23        nextNum: 10
24      },
25      methods: {
26        randomIndex() {
27          return Math.floor(Math.random() * this.items.length)
28        },
29        add() {
30          this.items.splice(this.randomIndex(), 0, this.nextNum++)
31        },
32        remove() {
33          this.items.splice(this.randomIndex(), 1)
34        },
35      }
36    })
37  </script>
```

本案例渲染一个整数列表，能够随机指定列表中的某个位置，以添加或删除数字。代码的 Vue 实例中，数据模型是一个数组和一个数字。代码有 3 个方法，其中 randomIndex()方法用于获取一个随机数，但其最大长度是数组 items 的长度；另外 2 个方法用于添加和删除数字。

运行代码，单击 Add 按钮，在随机的一个索引位置添加一个数字，效果如图 10.11 所示。图中单

< 140 >

击了 3 次 Add 按钮，添加了数字 11、10 和 12。

图 10.11　添加数组中的数字

单击 Remove 按钮，删除数组中随机的索引位置的数字，效果如图 10.12 所示。图中单击了 3 次 Remove 按钮，删除了数字 2、4 和 10。

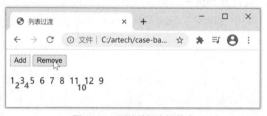

图 10.12　删除数组中的数字

接下来使用 transition-group 组件，给添加和删除数字的过程加上过渡效果，代码如下。

```
1   <div id="app" class="demo">
2     <button v-on:click="add">Add</button>
3     <button v-on:click="remove">Remove</button>
4     <transition-group name="list" tag="p">
5       <span v-for="item in items" v-bind:key="item" class="list-item">
6         {{ item }}
7       </span>
8     </transition-group>
9   </div>
```

将 <p> 标记替换为 transition-group 组件，该组件相比 transition 组件多了一个 tag 属性，它表示渲染出来的元素类型，本案例中是 p 元素。如果没有指定 tag 属性，则会渲染成 span 元素。另外，name 属性和 transition 组件中 name 属性的作用一致，此处 name 的值是 list，因此添加的 CSS 类名需要以 list 开头，新增的样式代码如下。

```
1   .list-enter-active, .list-leave-active {
2     transition: all 1s;
3   }
4   .list-enter, .list-leave-to {
5     opacity: 0;
6     transform: translateY(30px);
7   }
```

注意，这里省略了 ".list-enter-to" 和 ".list-leave" 类的定义，因为默认情况下 opacity 的值是 1，仍然会触发过渡。列表过渡的效果如图 10.13 所示。

使用 transition-group 组件时还需要注意以下几点。

- 内部元素总是需要提供唯一的 key 属性值。
- CSS 过渡的类将会应用在内部元素中，而不是这个组件本身。

< 141 >

图 10.13　列表过渡的效果

本章小结

　　本章的知识相对独立，transition 和 transition-group 组件都设置了一定的钩子函数，用于处理单元素或组件的进入过渡和离开过渡，以及列表的过渡。本章先简单介绍了 CSS 的过渡属性，然后使用两个案例来实际演示两个组件的过渡效果，便于读者掌握相关知识点。

知识点讲解

习题 10

一、关键词解释

transition 属性　单元素过渡　列表过渡

二、描述题

1. 请简单描述一下使用 transition 组件实现过渡需要满足的两个条件。
2. 请简单描述一下在哪些情形下可以使用 transition 组件给任何单元素和组件添加过渡效果。
3. 请简单描述一下 Vue.js 提供的 6 个过渡类名都有哪些，它们对应的含义是什么。

三、实操题

　　请实现以下页面效果：页面中有一个文字为"显示/隐藏分类面板"的按钮，以及遮罩和分类面板，其中遮罩和分类面板默认是隐藏状态，效果如题图 10.1 所示；单击按钮，通过透明度的过渡效果显示遮罩，高度的过渡效果从下面显示面板，效果如题图 10.2 所示。

题图 10.1　默认只显示按钮

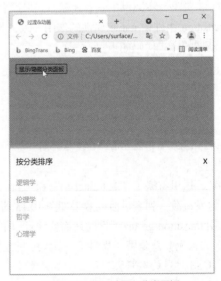

题图 10.2　显示遮罩和分类面板

< 142 >

第 **11** 章　Vue.js 插件

几乎每个成熟的框架都有各自对应的重要插件，本章就来介绍 Vue.js 的两个重要插件。掌握这两个插件之后，可以有条理地制作更复杂的网站。本章的思维导图如下所示。

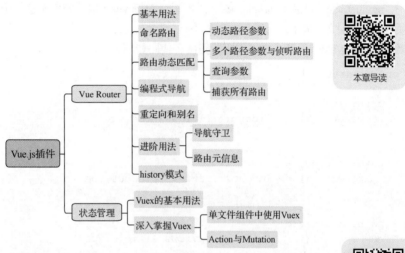

本章导读

11.1 Vue Router

知识点讲解

路由是复杂应用中不可以缺少的一部分，其作用是根据 URL 来匹配对应的组件，无刷新地切换模板内容。在 Vue.js 中，使用官方的插件 Vue Router 来管理路由，它和 Vue.js 的核心深度集成，让构建单页应用变得更加简单。本节主要介绍 Vue Router 的用法。

11.1.1　基本用法

在单文件组件的内容中，介绍了一个单页应用的案例，即使用动态组件实现页面切换，本节我们将其改为使用路由的方式来导航页面。

首先将 Vue Router 引入项目中，通过以下命令安装 Vue Router。

```
npm install vue-router
```

✏️ 说明

使用 Vue CLI 搭建项目时，默认选项中没有路由，但可以手动配置来选中路由选项，这样搭建出来的项目中就已经安装好 Vue Router 了，不再需要使用命令行工具安装，非常方便。在后面的综合案例中会介绍如何手动配置。

安装好 Vue Router 之后，必须通过 Vue.use()明确地使用路由功能。在 src 文件夹下创建 router 文件夹，并在此文件夹下创建 index.js 文件，引入 vue-router，代码如下。本案例的完整代码可以参考本书配套资源文件"第 11 章/01vue-app"。

```
1    import Vue from 'vue';
2    import VueRouter from 'vue-router';
3    Vue.use(VueRouter);
```

为了使代码结构更加清晰易懂，通常约定在 src 目录下有两个文件夹：components 文件夹和 views 文件夹，它们分别表示组件文件夹和视图文件夹。components 文件夹放置项目中需要复用的组件，如页头、页脚、提示框等。views 文件夹中放置的是页面级的文件，通常对应一个路由。

因此，在 src 文件夹中创建 views 文件夹，然后将之前的案例中 components 文件夹下的 home.vue（首页）、product.vue（产品）、article.vue（文章）、contact.vue（联系我们）这 4 个页面级的文件复制到当前项目的 views 文件夹下。

接着在 router/index.js 路由文件中配置路由，代码如下。

```
1    const routes = [
2      {
3        path: '/',
4        component: () => import('../views/home.vue')
5      },
6      {
7        path: '/product',
8        component: () => import('../views/product.vue')
9      },
10     {
11       path: '/article',
12       component: () => import('../views/article.vue')
13     },
14     {
15       path: '/contact',
16       component: () => import('../views/contact.vue')
17     },
18   ];
19
20   const router = new VueRouter({
21     routes
22   });
23
24   export default router;
```

上面的代码中，routes 表示路由表，数组中的每个对象对应一个路由规则，每个对象有两个必填属性 path 和 component，其中 path 表示路由地址，component 表示该路由地址对应的视图文件。例如，第一个对象表示，浏览器访问地址为"/"的时候，显示首页中的内容。然后，通过 new 关键字创建 Vue 实例，将定义的路由数组 routes 添加到实例中。

最后需要将路由挂载到 Vue 实例上，在 main.js 文件中引入 router 文件，并将其挂载到 Vue 实例上，代码如下。

```
1    ......
2    import router from './router';
3    ......
4
```

< 144 >

```
5    new Vue({
6      router, //挂载实例
7      render: h => h(App),
8    }).$mount('#app')
```

上述代码中，引入的'./router'文件就是在 src 文件夹下创建的 router 文件夹，这里默认表示引入的是
'./router/index.js'，可以省略"index.js"。

配置好路由后，需要知道将路由对应的视图文件渲染到页面中的哪个位置，Vue Router 定义了
来进行组件的渲染。

通常一个网站的页头和页脚是相同的，中间部分根据网址而改变。这个可变部分使用 router-view
表示，将 App.vue 中的代码替换成如下代码。

```
1    <template>
2      <div id="app">
3        <vue-header />
4        <!-- 路由匹配到的组件将在这里渲染 -->
5        <router-view></router-view>
6        <vue-footer />
7      </div>
8    </template>
9
10   <script>
11   import VueHeader from './components/header'
12   import VueFooter from './components/footer'
13
14   export default {
15     name: 'app',
16     components: {
17       VueHeader,
18       VueFooter
19     },
20     data() {
21       return {}
22     }
23   }
24   </script>
```

解决了组件的渲染问题后，还需要处理路由的跳转问题。在 HTML 中使用<a>标记的 href 属性来
设置跳转地址，我们不直接使用<a>标记，而使用<router-link>标记，该标记的 to 属性用于设置目标地
址，匹配路由数组中的 path 属性。将 header.vue 中的代码替换成如下代码。

```
1    <template>
2      <header>
3        <div class="container">
4          <nav class="header-wrap">
5            <img src="../assets/logo.png" alt="logo">
6            <ul>
7              <li>
8                <router-link to="/">首页</router-link>
9              </li>
10             <li>
11               <router-link to="/product">产品</router-link>
12             </li>
```

< 145 >

```
13          <li>
14            <router-link to="/article">文章</router-link>
15          </li>
16          <li>
17            <router-link to="/contact">联系我们</router-link>
18          </li>
19        </ul>
20      </nav>
21    </div>
22  </header>
23 </template>
```

<router-link>标记会被渲染成<a>标记，例如第一个<router-link>标记会被渲染成<a href="#/">首页</a>。首页如图 11.1 所示。

图 11.1　首页

单击页头的"产品"超链接，产品页面如图 11.2 所示。

图 11.2　产品页面

此时有一个问题，当前路由匹配的菜单的显示不够突出，可以在菜单上设置选中的样式，提升用户体验。Vue Router 考虑到了这个问题，会给匹配的超链接添加两个类，分别为".router-link-exact-active"和".router-link-active"，其中".router-link-exact-active"表示完成匹配，".router-link-active"表示前缀匹配。用开发者工具查看渲染出的页面源代码，可以发现不管单击任何菜单，"首页"超链接都设置了".router-link-active"类，因为"首页"的链接地址是"/"，而各菜单的地址都以"/"开头。

在 header.vue 中设置".router-link-exact-active"类的样式，代码如下。

```
1  <style>
2  .router-link-exact-active {
3    color: #000;
4    border-bottom: 1px solid #888;
5  }
6  </style>
```

< 146 >

添加完样式之后，突出显示导航超链接的效果如图 11.3 所示。

图 11.3　突出显示导航超链接的效果

11.1.2　命名路由

在 router-link 组件的 to 属性中，我们直接写了路径地址。这会带来如下几个问题。

- 路径地址不便于记忆，犹如 IP 地址不便于记忆，因此经常使用域名来替代。
- 地址规则复杂，有时会带有参数，例如产品详细页 "/product/1"，其中 "1" 是产品 ID，会变化。这种地址称为 "动态路由"，11.2 节将详细介绍。
- 地址发生变化时不便于修改，需要修改多处。

因此，使用名称来标识路由会方便很多。在路由文件 router/index.js 中，定义路由规则时，可以使用 name 属性给路由命名，代码如下。

```
1  const routes = [
2    {
3      path: '/',
4      name: 'Home',
5      component: () => import('../views/home.vue'),
6    },
7    {
8      path: '/product',
9      name: 'Product',
10     component: () => import('../views/product.vue'),
11   },
12   {
13     path: '/article',
14     name: 'Article',
15     component: () => import('../views/article.vue'),
16   },
17   {
18     path: '/contact',
19     name: 'Contact',
20     component: () => import('../views/contact.vue'),
21   }
22 ];
```

使用<router-link>标记时，还可以给 to 属性绑定一个对象，使用 v-bind 指令，将命名的路由传递进去，例如 "首页" 超链接，修改代码如下。

```
<router-link v-bind:to="{name: 'Home'}">首页</router-link>
```

本案例的完整代码可以参考本书配套资源文件 "第 11 章/02vue-app"。

< 147 >

11.1.3　路由动态匹配

在实际开发中，经常需要将某种模式匹配到的所有路由映射到同一个组件。例如，有一个 product 组件，对于不同产品的不同产品 ID，都要使用这个组件来渲染，只是不同的产品 ID 对应的数据不同，可以在路由的路径中使用"动态路径参数"来实现这个效果。

1. 动态路径参数

下面使用动态路径参数来实现产品详情页。首先在 router/index.js 的路由表中新建一个路由，代码如下。

```
1    {
2      path: '/product/:id', // "动态路径参数"以冒号开头
3      name: 'ProductDetails',
4      component: () => import('../views/product-details.vue'),
5    },
```

上述代码中，路径 path 中的"/:id"就是动态路径参数，它以冒号":"开头，当匹配到路由时，参数值就会被设置到"this.$route.params"中。

接着在产品页使用路由创建两个产品超链接，修改 produce.vue 组件中的代码，如下所示。

```
1    <template>
2      <section>
3        <div class="container">
4          <p class="description">这是"产品"页面</p>
5          <div>
6            <router-link v-bind:to="{name: 'ProductDetails', params: {id: 1}}">1 号
               产品</router-link>
7          </div><div>
8            <router-link v-bind:to="{name: 'ProductDetails', params: {id: 2}}">2 号
               产品</router-link>
9          </div>
10       </div>
11     </section>
12   </template>
13   <script>
14   export default { }
15   </script>
16   <style scoped>
17   .container div {
18     text-align: center;  line-height: 1.5;
19     margin-top: 10px;    font-size: 28px;
20   }
21   </style>
```

上述代码在<router-link>标记的 to 属性中，通过 params 属性传参，params 是一个对象，参数名是 id，参数名必须与动态路径参数的名称一致。

最后创建一个产品详情页，创建 views/product-details.vue 文件，代码如下。

```
1    <template>
2      <section>
3        <div class="container">
4          <p class="description">
```

< 148 >

```
5                这是 "{{$route.params.id}} 号产品" 页面
6            </p>
7        </div>
8    </section>
9 </template>
```

在产品详情页面中通过 "this.$route.params.id" 获取产品 ID。此时运行代码，产品页面如图 11.4 所示。

图 11.4　产品页面

单击 "1 号产品" 超链接，其页面如图 11.5 所示。

图 11.5　"1 号产品" 页面

本案例的完整代码可以参考本书配套资源文件 "第 11 章/03vue-app"。

2．多个路径参数与侦听路由

有时候需要多个路径参数，即使有多个，也会对应地设置到$route.params 中。单个参数和多个参数的对比如表 11.1 所示。

表 11.1　单个参数和多个参数的对比

模式	匹配路径	$route.params
/product/:id	/product/1	{id: 1}
/product/:page/:tag	/product/1/0	{page: 1, tag: 0}

分析一下多个路径参数的使用场景。例如产品页面中一般有很多产品，通常根据分页显示产品的重要信息，产品又可能分为多种类型，可以根据分类进行筛选。此时就用到了两个参数。针对这种场景，继续改造案例。在 router/index.js 的路由表中，将产品列表的路由改成如下规则。

< 149 >

```
1   {
2     path: '/product/:page?/:tag?',
3     name: 'Product',
4     component: () => import('../views/product.vue'),
5   },
```

上面的代码中，路径参数后面的问号"?"表示参数可以没有。修改 product.vue 中的代码，显示出路径参数，并增加"下一页"超链接，代码如下。

```
1   <template>
2   <section>
3   <div class="container">
4     <p class="description">这是"产品"页面</p>
5     ......
6     <div>
7       标签为{{ params.tag }}，第 {{params.page}} 页，
8       <router-link v-bind:to="{name: 'Product', params: {page: 2, tag: 3}}">下一页
        </router-link>
9     </div>
10  </div>
11  </section>
12  </template>
13
14  <script>
15  export default {
16    data() {
17      return {
18        params: {}
19      }
20    },
21    created() {
22      this.params = this.$route.params
23    }
24  }
25  </script>
```

this.$route.params 是一个对象，没有参数时是一个空对象，如果有参数，则是路由中匹配到的参数对象。因此，在创建实例之后，即在 created 钩子函数的过程中，将 this.$route.params 赋给变量 params，然后用文本插值的方式将其渲染到页面中，产品页面如图 11.6 所示。

图 11.6 产品页面

< 150 >

单击"下一页"超链接，如图 11.7 所示。

图 11.7　"下一页"超链接

我们发现，网址已经发生变化，但页面中的信息不正确，应该显示出路径参数。这时虽然路由变了，但匹配的组件仍然是同一个，组件不会重新创建。此时需要侦听路由的变化，并作出响应。使用侦听器 watch 来侦听路由，在 product.vue 中增加如下代码。

```
1    watch: {
2      $route(to, from) {
3        this.params = to.params;
4      }
5    },
```

侦听 $route 属性，to 是变化后的路由。保存并运行代码，单击"下一页"超链接，效果如图 11.8 所示，页面按预期显示出页面参数和标签参数。

图 11.8　侦听路由

本案例的完整代码可以参考本书配套资源文件"第 11 章/04vue-app"。

3．查询参数

除了前面一直使用的 $route.params，还有一种传参方式 $route.query，它用于获取 URL 中的查询参数 queryString。

修改 product.vue 中"下一页"超链接的传参方式，将 to 属性的参数 params 改为 query，其他不变，代码如下。

< 151 >

```
<router-link v-bind:to="{name: 'Product', query: {page: 2, tag: 3}}">下一页
</router-link>
```

使用 this.$route.query 获取查询参数，更改 product.vue 中的获取方式，代码如下。

```
1  watch: {
2    $route(to, from) {
3      this.params = to.query;
4    }
5  },
6  created() {
7    this.params = this.$route.query
8  }
```

这时，单击"下一页"超链接，页面中的页码和标签就都显示出来了，网址是"#/product?page=2&tag=3"，效果如图 11.9 所示。

图 11.9 $route.query 传参方式

简单地说，传参使用什么方式，获取参数就使用什么方式。如果使用$route.params 传参，路由就需要匹配对应参数，匹配以冒号开头的参数名。如果使用$route.query 传参，则不用修改路由文件，直接使用$route.query 传参即可。

本案例的完整代码可以参考本书配套资源文件"第 11 章/05vue-app"。

4．捕获所有路由

设想一下，地址栏中若输入了路由文件中没有设置的规则，例如"/page"（路由中没有这条规则），Vue.js 匹配不到这个路由对应的视图文件，加载的页面中就会出现空白，效果如图 11.10 所示。

图 11.10 地址栏输入"/page"则匹配失败

< 152 >

我们需要一个规则来兜底，如果匹配不到路由就显示这个页面，通常是 404 页面。Vue Router 中使用星号"*"来匹配所有路径，在 router/index.js 的路由数组的最后面添加一条规则，代码如下。

```
1  {
2    path: '*',
3    name: 'Page404',
4    component: () => import('../views/page404.vue'),
5  }
```

> **⚠ 注意**
>
> 有时候，同一个路径可以匹配多个路由，此时，匹配的优先级就按照路由的定义顺序确定：路由定义得越早，优先级就越高。所以兜底的规则需要放在最后。

再创建 views/page404.vue 文件，404 页面的实现代码如下。

```
1  <template>
2    <asection>
3      <div class="container">
4        <p class="description">404，找不到</p>
5      </div>
6    </section>
7  </template>
8  <script>
9  export default { }
10 </script>
11 <style></style>
```

这时，在地址栏输入"/page"并按 Enter 键，就会进入 404 页面，效果如图 11.11 所示。

图 11.11 进入 404 页面

本案例的完整代码可以参考本书配套资源文件"第 11 章/06vue-app"。

11.1.4 编程式导航

<router-link>是声明式导航，它创建<a>标记来定义导航超链接。当需要根据不同的规则导航到不同的路径时，例如支付成功和支付失败会跳转到不同的页面，这时使用<router-link>不容易实现。此时可以使用 Vue Router 提供的实例方法 push() 来实现导航的功能。

在 Vue 实例内部可以通过$router 访问路由实例，因此通过调用 this.$router.push 即可实现页面的跳转。当单击<router-link>时，这个方法会在内部被调用，所以，单击<router-link :to="">等同于调用

< 153 >

$router.push()。而<router-link>属于声明式的，$router.push()属于编程式的。

push()实例方法的参数可以是一个字符串路径，或者是一个描述地址的对象，规则如下。

```
1   // 字符串
2   router.push('home')
3
4   // 对象
5   router.push({ path: 'home' })
6
7   // 命名的路由
8   router.push({ name: 'product', params: { id: '123' }})
9
10  // 带查询参数, 变成 /register?plan=private
11  router.push({ path: 'register', query: { plan: 'private' }})
12
13  const id = '123'
14  router.push({ name: 'product', params: { id }})     // -> /product/123
15  router.push({ path: '/product/${id}' })             // -> /product/123
16  // 这里的 params 不生效
17  router.push({ path: '/product', params: { id }}) // -> /product
```

同样的规则也适用于<router-link>标记的 to 属性。除了 push()实例方法外，router 还提供了 replace()和 go()方法。replace()方法跟 push()方法很像，唯一的不同是，replace()方法不会向 history 添加新记录，而是替换掉当前的 history 记录。go()方法的参数是一个整数，意思是在 history 记录中向前进多少步或者后退多少步，类似于 window.history.go(n)。

11.1.5 重定向和别名

1. 重定向

重定向的意思是，当用户访问 "/a" 时，URL 将会被替换成 "/b"，然后匹配路由为 "/b"。有 3 种重定向方式，规则分别如下。

```
1   const routes = [
2     { path: '/a', redirect: '/b' },              //字符串路径
3     { path: '/a', redirect: { name: 'foo' }},    //路径对象
4     { path: '/a', redirect: to => {
5       // 方法接收目标路由作为参数
6       // return 重定向的字符串路径/路径对象
7     }}
8   ]
```

2. 别名

顾名思义，别名是除了自身的名字之外的另外一个名字。例如，产品详情页的路径规则为 "/product/:id"，通常 "/product/details/:id" 也代表产品详情页，此时别名就派上了用场，代码如下。

```
1   {
2     path: '/product/:id',
3     name: 'ProductDetails',
4     component: () => import('../views/product-details.vue'),
5     alias: '/product/details/:id'
6   },
```

< 154 >

如果有多个别名，可以用数组，例如 alias: ['/a', '/b']。在修改之前的项目时，如果需要兼容之前的路由，可以使用别名。

11.1.6　进阶用法

大部分实际应用都需要登录后才能使用全部的功能，要在单页应用中实现该功能，通常的做法是做全局配置，通过声明式的方式配置路由规则。这将使用 Vue Router 的高级用法：导航守卫和路由元信息。

1. 导航守卫

导航守卫，正如其名，Vue Router 提供的导航守卫主要用来通过跳转或取消的方式守卫导航。有多种方式将导航守卫植入路由导航过程中：全局的、单个路由独享的和组件级的。当从一个路由跳转到另一个路由时会触发导航守卫，可以通过钩子函数做一些事情。类似 Vue 实例的生命周期钩子函数，Vue Router 针对导航的变化也提供了多种钩子函数。

例如，进入某个页面前要判断这个页面是否需要登录才能进入，若需要登录则检查用户是否已登录，如果未登录则跳转到登录页面。这时需要使用 beforeEach()函数，在 main.js 中注册全局前置守卫，代码如下。本案例的完整代码可以参考本书配套资源文件 "第 11 章/07vue-app"。

```
1  router.beforeEach(function(to, from, next) {
2    let isLogin = false          //假设用户是未登录状态
3    // 例如，进入产品页面需要登录
4    if (to.name == 'Product') {
5      if (isLogin) {
6        next()                    // 直接进入路由并显示内容
7      } else {
8        next({ name: 'Login' }) // 进入登录页面
9      }
10   } else {
11     next()                     // 确保一定要调用 next()
12   }
13 })
```

上述代码中，假设用户是未登录状态，进入产品页面时，判断是否已登录，如果未登录，则进入登录页面。接着在 router/index.js 中新增一个登录页面的路由，代码如下。

```
1  {
2    path: '/login',
3    name: 'Login',
4    component: () => import('../views/login.vue'),
5  },
```

然后创建登录页面 views/login.vue 文件，代码如下。

```
1  <template>
2    <section>
3      <div class="container">
4        <p class="description">这是"登录页面"</p>
5      </div>
6    </section>
7  </template>
```

< 155 >

此时，运行代码，单击"产品"超链接，跳转到登录页面，效果如图 11.12 所示。

图 11.12　跳转到登录页面

每个守卫方法接收 3 个参数。

① to：路由，指即将进入的路由。

② from：路由，指当前导航正要离开的路由。

③ next：函数，一定要调用该方法来 resolve 这个钩子函数。执行效果依赖 next() 的调用参数。

- next()：进入管道中的下一个钩子函数。
- next(false)：中断当前的导航。如果浏览器的 URL 改变了，URL 地址会重置到 from 路由对应的地址。
- next('/') 或者 next({ path: '/' })：跳转到一个不同的地址。
- next(error)：如果传入 next() 的参数是一个 Error 实例，则导航会被终止且该错误会被传递给 router.onError() 注册过的回调函数。

！注意

> 确保 next() 在任何给定的导航守卫中都被严格地调用一次，否则钩子函数会报错或永远都不会被解析。

除了可以设置全局前置守卫，还可以在路由配置上直接定义 beforeEnter 守卫，这里简单介绍一下用法，不做具体实现，读者可以自行练习。它与全局前置守卫的方法参数是一样的，示例代码如下。

```
1  {
2    path: '/product',
3    name: 'Product',
4    component: Product,
5    beforeEnter: (to, from, next) => {
6
7    }
8  }
```

2. 路由元信息

上个例子中，进入产品页面需要登录的逻辑被固定死了，而在实际开发中，通常在定义路由规则时会声明哪些路径需要登录，使用路由元信息进行声明。定义路由的时候可以增加 meta 属性，然后在导航守卫中通过 meta 字段来判断当前 URL 是否需要登录。在路由文件 router/index.js 中，配置路由元信息，代码如下。本案例的完整代码可以参考本书配套资源文件"第 11 章/08vue-app"。

< 156 >

```
1   const routes = [
2     {
3       path: '/product',
4       name: 'Product',
5       component: () => import('../views/product.vue'),
6       meta: {
7         requireLogin: true
8       }
9     },
10    ......
11  ];
```

为需要登录的路径增加一个 meta 对象，并自定义一个 requireLogin 属性，值为 true。对不需要登录的路径可以不增加 meta 对象，或者将 requireLogin 属性的值设置为 false。然后在 main.js 的导航守卫中获取 meta 对象，代码如下。

```
1   router.beforeEach(function(to, from, next) {
2     let isLogin = false //假设用户是未登录状态
3     // 根据路由元信息判断
4     if (to.matched.some(_ => _.meta.requireLogin)) {
5       if (isLogin) {
6         next() // 直接进入
7       } else {
8         next({ name: 'Login' }) // 进入登录页面
9       }
10    } else {
11      next() // 确保一定要调用 next()
12    }
13  })
```

上述代码中，to.matched 是一个数组，表示匹配到的所有路由规则，如果其中一个的 requireLogin 属性的值为 true，则认为需要登录才能访问。此时单击"产品"超链接，也会跳转到登录页面。

11.1.7　history 模式

本节来看一下 URL 的形式。Vue Router 默认使用 hash 模式，它使用 URL 的 hash 来模拟一个完整的 URL，即 "#" 号后面是路径，这样当 URL 改变时，页面不会重新加载。如果不想要很"丑"的 hash 模式，也可以用路由的 history 模式，这种模式能充分利用 history.pushState 来完成 URL 跳转，而无须重新加载页面。它的配置如下。

```
1   const router = new VueRouter({
2     mode: 'history',
3     routes: [...]
4   })
```

hash 模式和 history 模式的 URL 对比如表 11.2 所示，history 模式的 URL 更符合用户习惯。

表 11.2　hash 模式和 history 模式的 URL 对比

hash 模式	history 模式
http://localhost:8080/#/product	http://localhost:8080/product

如果使用 history 模式，还需要后台配置的支持。因为本案例的应用是单页应用，如果后台没有正

< 157 >

确的配置，当用户在浏览器直接访问 ▇▇▇ oursite.com/product/id 时就会返回 404 页面。例如，后端使用 nginx，配置示例如下，目标是所有的请求都返回 index.html。

```
1    location / {
2      try_files $uri $uri/ /index.html;
3    }
```

11.2 状态管理

前面介绍了父子组件之间传递数据的方法，可以通过组件本身的属性和事件实现，以实现数据向上或向下传递。而另外一种场景是在没有父子关系的组件之间传递数据，这时就需要其他的办法了。

例如，考虑一个实际的场景，在一个电子商务网站中，通常会把显示商品详情的局部页面做成组件，页头部分也会被做成组件。每当用户把一个商品加入购物车中，页面顶部都会更新显示当前购物车中商品的数量，这时就需要商品组件与页头部分能够传递数据。

这个过程称为"状态"管理，购物车中的"产品数量"是一个"状态"，而这个状态会被多个没有父子关系的组件访问。为此，Vue.js 提供了一个专门集中管理整个应用状态的机制，并把它抽离出 Vue.js，单独构建了一个独立的 Vue.js 插件，称为 Vuex。

本节将讲解通过 Vuex 管理应用状态的方法。

11.2.1 Vuex 的基本用法

Vuex 是独立于 Vue.js 的一个专门为 Vue.js 开发的状态管理插件。通常情况下，每个组件都拥有自己的状态。有时需要将某个组件的状态变化传递到其他组件，对它们也进行相应的修改。这时可以使用 Vuex 保存需要管理的状态值，状态值一旦被修改，所有引用该值的组件就会自动进行更新。Vuex 集中式存储管理应用的所有组件的状态，并以相应的规则保证状态以一种可预测的方式发生变化。

应用 Vuex 实现状态管理的流程如图 11.13 所示。

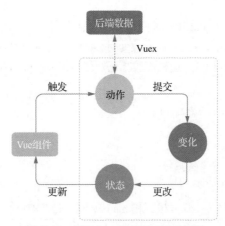

图 11.13　应用 Vuex 实现状态管理的流程

如图 11.13 所示，出现了如下 3 个概念。其中"状态"（state）相当于前面案例中的 state 属性，而它对状态的修改则细化为"动作"（action）和"变化"（mutation）。

< 158 >

在 Vue.js 组件中需要修改状态（例如在上面的案例中，将一个商品加入购物车）的时候，通过"分派"（dispatch）一个"动作"，在"动作"中"提交"（commit）一个"变化"，在"变化"中对"状态"进行更改。"状态"值更新以后，就会自动渲染到组件中，从而使页面实现更新。此外，对于读取状态的操作，Vuex 提供了 getters，用于读取"状态"的值。

上面这两段话中出现了几个新的概念和名词，需要读者认真读懂它们。下面通过一个案例来理解这些概念和名词。本案例的完整代码可以参考本书配套资源文件"第 11 章/cart/shopping-vuex.html"。

1．页面结构

页面的 HTML 结构的实现代码如下所示。

```
1  <div id="app">
2    <header>
3      <p>购物车中商品数量: {{cartCount}}</p>
4    </header>
5    <div class="product-list">
6      <product name="华为 Mate40 Pro"></product>
7      <product name="iPhone 12 pro"></product>
8      <product name="小米 11 Ultra"></product>
9      <product name="vivo S9"></product>
10   </div>
11   <cart></cart>
12 </div>
```

可以看到，HTML 结构非常简单，页面顶部是一个<header>标记，里面用段落文字显示当前购物车中的商品数量；左下方的<div>标记中调用 product 组件，预置了 4 个商品，通过 name 属性设定商品名称；右边的购物车调用了一个 cart 组件进行显示。

这里不详细介绍页面 CSS 样式的设计，对 CSS 不熟悉的读者请参考本书配套资源文件。

如何构建组件是前面已经讲解过的内容，读者如果还不熟悉，可以复习一下本书的第 7 章和第 8 章。现在的关键是如何使组件实例之间能够共享数据：单击 product 组件中的按钮，把相应的商品加入购物车中，购物车可以实时地更新购物车列表，同时根实例中 cartCount 变量的值也能够实时地更新。

2．Vuex 的用法

首先需引入两个必要的文件 vue.js 和 vuex.js，代码如下所示。

```
1    <script src="../vue.js"></script>
2    <script src="../vuex.js"></script>
```

（1）创建并使用 store 对象。使用 Vuex 的静态方法 Store() 来创建一个 store 对象，代码如下。

```
1  const store = new Vuex.Store({
2    state:{
3      products:[]
4    },
5    getters:{
6      products(state){
7        return state.products;
8      }
9    },
10   mutations: {
11     addToCart(state, name){
12       if(!state.products.includes(name))
```

< 159 >

```
13              state.products.push(name);
14          },
15          checkOut(state){
16              //这里省略下订单的逻辑
17              state.products=[];
18          }
19      }
20  });
```

可以看到，给 store 对象设置了一个状态属性，叫作 state，即"状态"。state 中是所有需要集中控制的共享数据，这里是一个名为 products 的数组。本案例做了高度简化，在 products 数组中只记录产品的名称。

还包括如下 3 个操作 state 对象的方法。

- products()：可以读取购物车中的商品列表。
- addToCart()：用于将某个商品加入购物车，带一个参数用于传递商品名称。先检查一下 state 的 products 数组中是否已经包含了这个商品，如果没有则加入，否则直接返回。
- checkOut()：用于下订单操作，这里省略了真正的下订单逻辑，只模拟下完订单后把购物车清空的操作。

（2）创建根实例。创建根实例的代码如下。

```
1  const vm = new Vue({
2    el: '#app',
3    store,
4    computed: {
5      cartCount(){
6        return this.$store.getters.products.length;
7      }
8    }
9  });
```

在根实例中增加一个 store 属性的方式，将 store 对象"注入"根实例之后，根实例的所有子组件也都可以使用 store 对象了，即通过 this.$store 使用。

此外，定义了一个计算属性 cartCount，它的值就是 store 中 products 数组的长度，也就是购物车中商品的数量，显示在页面右上角。

（3）创建 product 组件。创建 product 组件的代码如下。

```
1  const product = Vue.component("product", {
2    props:['name'],
3    methods: {
4      addToCart(){
5        this.$store.commit("addToCart", this.name);
6      }
7    },
8    template:`
9  <p :name="name">
10    {{name}}
11    <button @click="addToCart">加入购物车</button>
12  </p>`
13  });
```

可以看到，声明了一个 name 属性，用于向组件传递商品名称，然后在 template 模板中使用一个 p 元素，用于显示商品的 name 属性，以及"加入购物车"按钮，绑定好单击事件。

< 160 >

在"加入购物车"按钮的处理方法中，由于在 mutations 中定义的方法都不能直接被调用，因此通过 this.$store 可以引用 store 对象，调用 commit()方法，提交在 mutations 中定义的 addToCart()方法，它的第一个参数是方法名称，第二个参数是传递的参数。

（4）创建 cart 组件。创建 cart 组件的代码如下。

```
1    const cart = Vue.component("cart", {
2      methods: {
3        checkOut(){
4          this.$store.commit("checkOut");
5        }
6      },
7      template:`
8    <div class="cart">
9      <ul>
10        <li v-for="item in $store.getters.products">{{item}}</li>
11      </ul>
12      <button @click="checkOut">确定下单</button>
13    </div>`
14   });
```

与创建 product 组件类似，在 template 中，先用一个 ul 列表显示保存在 store 中的商品名称数组，同时添加一个"确定下单"按钮，调用 methods 中定义的 checkOut()方法。

📇 **核心要点**

> 在这个案例中可以看到，有 1 个根实例、4 个 product 组件的实例、1 个 cart 组件的实例，它们都需要读取或者改变购物车中的商品列表，因此这里商品列表就是一个被多个组件实例共享的"状态"，我们把它存放在 store 这个对象中，集中统一管理。组件之间都不直接交互，都要通过 store 对象来实现读取和修改的操作。这就是"store 模式"的核心思想。

通过这个例子，可以清楚地看到实际上使用 Vuex 非常简单，只需要如下几步操作。

（1）通过 Vue.Store()方法创建 store 实例。在 store 实例中，在 state 属性中定义需要共享的状态，在 getters 中定义需要读取的状态，或者状态经过计算以后的结果，在 mutations 中定义对状态的修改操作。

（2）在根实例中注入上一步创建的 store 对象。

（3）在所有需要使用 store 对象的组件中，通过 this.$store 获取 store 对象，然后通过 getters 读取状态，通过 commit()方法提交对状态的修改操作。

掌握了上面的知识和方法，已经可以满足大多数实际开发的需要。在 11.2.2 小节中将对一些更深入的问题做讲解。

11.2.2　深入掌握 Vuex

1. 单文件组件中使用 Vuex

11.2.1 小节的案例中，没有使用单文件组件的方式构建整个应用，Vuex 当然也可以应用于单文件组件方式构建的 Vue.js 项目。下面就把前文的购物车案例改造为单文件组件方式。

（1）初始化项目。使用 Vue CLI 脚手架工具，创建一个默认的项目。在用 vue create 命令创建项目的时候，选择手动配置的方式，因为可以直接把 Vuex 配置在默认的项目中。

```
1    Vue CLI v4.5.12
2    ? Please pick a preset:
```

< 161 >

```
3    Default ([Vue 2] babel, eslint)
4    Default (Vue 3 Preview) ([Vue 3] babel, eslint)
5    > Manually select features
```

可以看到如下所示的配置项，每一行的开头用星号表示是否需要这一项配置，用空格键可以选中或取消选中。

```
1    Vue CLI v4.5.12
2    ? Please pick a preset: Manually select features
3    ? Check the features needed for your project: ……
4    >(*) Choose Vue version
5     (*) Babel
6     ( ) TypeScript
7     ( ) Progressive Web App (PWA) Support
8     ( ) Router
9     ( ) Vuex
10    ( ) CSS Pre-processors
11    (*) Linter / Formatter
12    ( ) Unit Testing
13    ( ) E2E Testing
```

用上下键和空格键选中第 6 项 Vuex，并取消默认选中的第 8 项 "Linter/Formatter"（这一项表示对代码格式进行自动调整，暂时可以不管它）。然后按 Enter 键，进行下一步配置，再选择 Vue.js 的版本，保持默认的 Vue2 即可，接下来都保持默认选项。这样选择完毕以后，就会开始自动在目录中创建项目。

创建项目后，可以看到项目的目录结构如图 11.14 所示。

图 11.14　项目的目录结构

刚才在选择项目配置时选中了 Vuex 选项，因此在创建的项目中，在 src 目录下增加了一个 store 子目录，里面有一个 index.js 文件，该文件初始的内容如下。

```
1    import Vue from 'vue'
2    import Vuex from 'vuex'
3
4    Vue.use(Vuex)
5
6    export default new Vuex.Store({
7      state: {
8      },
9      mutations: {
10     },
```

< 162 >

```
11    actions: {
12    },
13    modules: {
14    }
15  })
```

本案例的完整代码可以参考本书配套资源文件"第 11 章/shopping-cart"。

可以看到，脚手架工具已经帮忙搭好了创建 store 的基本结构，这时打开 src 目录下的 main.js，即项目的入口文件。保持项目中文件名都用小写字母，因此把 App.vue 改为 app.vue，并把 main.js 中对 App.vue 的引用改为 app.vue，代码如下。

```
1   import Vue from 'vue'
2   import app from './app.vue'
3   import store from './store'
4
5   Vue.config.productionTip = false
6
7   new Vue({
8     store,
9     render: h => h(app)
10  }).$mount('#app')
```

可以看到，在创建根实例的时候，已经做好了 store 的"注入"，我们可以直接使用它。

（2）创建产品组件。接下来删掉 components 目录下的 HelloWorld.vue 文件。在 components 目录中先创建一个 product.vue 文件，然后把 product 组件项目的部分移动到 product.vue 文件中，并将原来以字符串方式定义的 template 改为独立的 template 部分。在 script 中使用 export 语句导出组件的定义，不需要<style>标记部分，代码如下。

```
1   <template>
2     <p :name="name">
3       {{name}}
4       <button @click="addToCart">加入购物车</button>
5     </p>
6   </template>
7
8   <script>
9     export default {
10      props:['name'],
11      methods: {
12        addToCart(){
13          this.$store.commit("addToCart", this.name);
14        }
15      }
16    }
17  </script>
```

（3）创建购物车组件。在 components 目录中创建一个 cart.vue 文件，同样将 cart 组件的代码移到 cart.vue 文件中，代码如下。

```
1   <template>
2     <div class="cart">
3       <ul>
4         <li v-for="item in $store.getters.products" :key="item.name">{{item}}</li>
5       </ul>
```

< 163 >

```
6        <button @click="checkOut">确定下单</button>
7      </div>
8    </template>
9
10   <script>
11     export default{
12       methods: {
13         checkOut(){
14           this.$store.commit("checkOut");
15         }
16       }
17     };
18   </script>
```

把和购物车样式相关的 CSS 代码放到<style>标记部分，CSS 代码请自行查看本书配套资源文件。

（4）创建整体页面。修改 app.vue 文件，需要把原来的根实例改造为根组件，把原来的 HTML 结构移到 app 组件的<template>标记部分中，代码如下。

```
1    <template>
2      <div id="app">
3        <header><p>购物车中商品数量: {{cartCount}}</p></header>
4        <div class="product-list">
5          <product name="华为 Mate40 Pro"></product>
6          <product name="iPhone 12 pro"></product>
7          <product name="小米 11 Ultra"></product>
8          <product name="vivo S9"></product>
9        </div>
10       <cart></cart>
11     </div>
12   </template>
```

接着，在 app.vue 的<script>标记部分，先引入上面已经写好的 product 和 cart 组件，然后导出 app 组件。这里要注意，因为原来这里是 Vue 根实例，因此把 store 对象注入了这里，而现在 store 对象已经被注入了 main.js 中定义的根实例，这里就不再需要注入 store 对象了，修改以后的代码如下。

```
1    <script>
2      import product from './components/product.vue'
3      import cart from './components/cart.vue'
4
5      export default {
6        el: '#app',
7        components:{product, cart},
8        computed: {
9          cartCount(){
10           return this.$store.getters.products.length;
11         }
12       }
13     }
14   </script>
```

同样把关于页面全局的 CSS 样式代码放到<style>标记部分，CSS 代码请自行查看本书配套资源文件。

这时，在命令提示符窗口进入项目目录，然后执行命令 npm run serve，启动开发服务器，在浏览器中观察效果，购物车最终效果如图 11.15 所示，可以看到和原来的效果一样。但是这种方式的结构更

< 164 >

清晰，HTML 代码也会有编辑器检查。

图 11.15　购物车最终效果

2．Action 与 Mutation

在上面的例子中，我们了解了当在组件中需要读取或者修改状态时，不应该直接读取 state 变量，而应该使用 getters 和 mutations 中定义的方法来访问。

我们使用 mutation 来提交对状态的修改。在 Vuex 中，还提供了 action 这个概念。action 类似于 mutation，也用于改变 store 中的数据状态，它们的不同点如下。

- action 提交的是 mutation，而不是直接变更状态。
- action 可以包含任意异步操作，而 mutation 不能包含异步操作。

因此，在一般的开发中，如果需要对 state 进行修改，大多数情况下使用 store.commit()方法，提交 mutation 就可以了。

但是如果需要以异步操作修改 store 中的数据状态，就必须在 actions 中提交 mutation。什么是异步操作呢？仍以购物车案例来说明这个概念。

在上述代码的 checkOut()方法中，我们实际上没有真正做任何操作就直接清空了购物车。而在实际项目中，checkOut()还需要真正去执行一系列的下单操作，一个正常的下单流程大致如下。

- 把当前购物车的物品暂存到一个临时变量中。
- 下单操作一般需要调用服务器端的 API，可能需要等几秒，因此在页面上通过样式变化，提示用户正在下单。
- 清空购物车。
- 通过 AJAX 调用服务器端的购物 API，提供两个回调函数，分别处理操作成功和操作失败的情况。
    - 如果成功，在页面上显示一个特殊样式，表示下单成功。
    - 如果失败，在页面上显示另一个特殊样式，告知用户下单失败，同时应该恢复购物车里的列表。
    - 无论成功还是失败，几秒后清除特殊样式，恢复正常样式。

上述流程中就有如下好几处异步操作。

- 用 AJAX 方式调用远程服务器的 API，需要一段时间之后才会得到返回的结果，这是一个异步操作。
- 得到 API 返回的结果无论成功还是失败，都会给出相应的样式提示用户，但是这个样式维持几秒后会恢复为正常样式，这又是一个异步操作。

由于用到了异步调用，因此这个流程不能放在 mutations 中，而必须放在 actions 中。

（1）改造 store 对象。下面来改造对 store 对象进行设定的代码，首先在 state 中增加一个 status 变量，这个 status 变量用于记录购物车所处的状态，一共有如下 4 种状态。

< 165 >

- ordinary：平常的状态。
- waiting：向服务器发起下单请求，正在等待结果。
- success：下单成功。
- error：下单失败。

接下来在 store 对象的 state 中增加一个 status 属性，默认值为 ordinary，并在 getters 中增加一个获取 status 属性值的方法，代码如下所示。本案例的完整代码可以参考本书配套资源文件"第 11 章 /shopping-cart-action"。

```
1   state:{
2     products: [],
3     status: 'ordinary'
4   },
5   getters:{
6     products(state){
7       return state.products;
8     },
9     status(state){
10      return state.status;
11    }
12  },
```

（2）改造 cart 组件。改造 cart 组件的<script>标记部分，由于 checkOut()方法从 mutation 变成了 action，因此不能用原来的 commit()方法了，而要改用 dispatch()方法，另外增加一个计算属性 status，取自 store 的 getters 中的 status，代码如下所示。

```
1   <script>
2     export default{
3       methods: {
4         checkOut(){
5           this.$store.dispatch("checkOut");
6         }
7       },
8       computed: {
9         status(){
10          return this.$store.getters.status;
11        }
12      }
13    };
14  </script>
```

在 cart 组件的<template>标记部分中，将<div>标记的 class 属性绑定到计算属性 status 上。这样一系列的操作就可以实现：在确定下单过程中，随着状态的变化，购物车<div>标记的 class 属性总有一个与状态一致的类名（ordinary、waiting、success、error 这四者之一）。

```
1   <template>
2     <div class="cart" :class="status">
3       <ul>
4         <li v-for="item in $store.getters.products" :key="item.name">{{item}}</li>
5       </ul>
6       <button @click="checkOut">确定下单</button>
7     </div>
8   </template>
```

< 166 >

在 CSS 中分别设定背景色，简单地通过背景色区分状态就可以了。平常是浅灰色的，提交下单请求以后变成浅紫色，等结果返回来，如果下单成功则变成浅绿色，如果下单失败则变成浅红色，过 2 秒又恢复为浅灰色，代码如下所示。

```
1   .success{
2     background-color: #ddd;
3   }
4
5   .success{
6     background-color: #dfd;
7   }
8
9   .error{
10    background-color: #fdd;
11  }
12
13  .waiting{
14    background-color: #bbf;
15  }
```

（3）增加结账 action。接下来到了最关键的部分，actions 部分的 checkOut() 方法的代码如下，在这个方法中给出每一步的详细注释。

```
1   actions:{
2     //确定下单方法
3     checkOut(context) {
4       // 先把当前购物车的商品备份
5       const savedProducts = context.getters.products;
6       // 然后清空购物车
7       context.commit("clear");
8       // 将 status 属性值设置为 waiting
9       context.commit("setStatus", "waiting");
10      // 模拟通过 AJAX 调用服务器端的购物 API，提供两个回调函数，分别处理下单成功和下单失败的情况
11      shoppingApi.buy(
12        savedProducts,
13        // 如果下单成功
14        () => {
15          //将 status 属性值设置为 "success"
16          context.commit("setStatus", "success");
17          //2 秒后恢复 status
18          setTimeout(() => {
19            context.commit("setStatus", "");
20          }, 2000);
21        },
22        // 如果下单失败
23        () => {
24          //恢复购物车中的商品列表
25          context.commit("recover", savedProducts);
26          //将 status 属性值设置为 "error"
27          context.commit("setStatus", "error");
28          //2 秒后恢复普通 status
29          setTimeout(() => {
```

< 167 >

```
30              context.commit("setStatus", "");
31            }, 2000);
32          }
33        )
34      }
35    }
```

涉及异步操作的程序逻辑往往会涉及一级或者多级的回调函数，对于非常复杂的多级回调，称其为"回调地狱"，以形容其复杂性。如果使用新的 promise 等方式可以大大简化异步逻辑的代码，但是上面的代码还是传统的写法，回调层级不多，并不难理解。

将调用几个改变 products 商品列表的操作都封装在 mutations 部分，代码如下。

```
1    mutations: {
2      //加入购物车
3      addToCart(state, name){
4        if(!state.products.includes(name))
5          state.products.push(name);
6      },
7      //清除购物车
8      clear(state){
9        state.products=[];
10     },
11     //恢复购物车
12     recover(state, products){
13       state.products = products
14     },
15     //设置购物车提交状态
16     setStatus(state, status){
17       state.status = status;
18     }
19   }
```

此外，还有一个重要的逻辑是下单操作，也就是 shoppingApi.buy()方法，代码如下所示。

```
1    let shoppingApi = {
2      buy(products, successCallback, errorCallback){
3        let timeout = Math.random()*3000;
4        let successOrError= Math.random();
5        setTimeout(() => {
6          //模拟下单成功和下单失败的概率各占一半
7          if(successOrError > 0.5)
8            successCallback();
9          else
10           errorCallback();
11       }, timeout);
12     }
13   };
```

这里只是演示异步操作，我们并没有真的去请求服务器上的 API，而是用 JavaScript 的定时器函数模拟了这个过程。首先产生一个 3 000 以内的随机数，用来模拟等待 API 的返回时间，即等待的毫秒数。然后产生一个 50%概率的随机数，用来模拟下单成功或下单失败。

shoppingApi 对象中有一个 buy()方法，带有如下 3 个参数。

- **products**：表示购物车中的商品列表，因为是模拟，所以实际这里并没有真正用它。

< 168 >

- successCallback：表示下单成功了要调用的回调函数。
- errorCallback：表示下单失败了要调用的回调函数。

产生随机数以后，调用 setTimeout() 函数，延迟 timeout 指定的时长后，根据随机变量 successOrError，调用下单成功或下单失败二者中的一个回调函数。

还需要说明的一点是，在 checkOut() 方法从一个 mutation 变成一个 action 之后，第一个参数仍然是上下文变量 context，实际上它和 mutation 中的第一个参数 state 是一样的，接下来的逻辑请读者仔细看代码中给出的详细注释。

到这里，就可以把这个程序完整地组装在一起了。

通过这个案例，可以清晰地理解异步操作及使用 actions 进行操作的方法。在浏览器中观察结果：购物车虚线方框中，默认是灰色的背景，当加入一些商品，单击"确定下单"按钮后，购物车方框的背景色变为浅紫色，购物车列表清空，一两秒后，随机地下单成功或失败，如果下单失败，购物车列表恢复，同时背景变成浅红色，如果下单成功，购物车背景变成浅绿色，再过两秒，浅红色或浅绿色背景恢复成默认的浅灰色。

这样就比较完整地模拟了一个购物车应用实际运行的过程。希望读者能够通过这个案例，透彻地理解 Vuex 的核心原理，理解 action、mutation、state、getters 这几个关键对象的含义和用法，充分理解数据的流向和调用关系。

本章小结

本章中讲解了 Vue.js 中的两个重要插件，分别为 Vue Router 和 Vuex，掌握这两个插件之后，可以有条理地制作出更复杂的网站。

Vue Router 是 Vue.js 中的路由插件，本章从安装开始，一步一步讲解了如何使用 Vue Router，包括配置路由表、动态路径参数、命名路由、编程式导航、重定向和别名。接着介绍了进阶用法，举例说明了导航守卫和路由元信息的作用。最后比较了 hash 模式和 history 模式的区别。

知识点讲解

Vuex 是一个专门集中管理整个应用状态的插件。首先通过一个简单的"商品加入购物车"案例讲解了 store 模式的基本原理，然后使用单文件组件的方式构建整个应用——商品加入购物车，使读者更深入地掌握 Vuex。希望读者能够真正学会使用 Vuex 插件，此插件在中大型案例中都会用到。

习题 11

一、关键词解释

路由　命名路由　动态路由匹配　路由参数　编程式导航　重定向　别名　导航守卫　路由元信息　history 模式　store 模式　Vuex　State　Action　Mutation

二、描述题

1. 请简单描述一下动态路由传参有哪几种方式，它们的区别是什么。
2. 请简单描述一下如何实现重定向，什么时候使用重定向。
3. 请简单描述一下什么时候使用别名。
4. 请简单描述一下导航守卫的前置守卫有几个参数，它们的含义分别是什么。
5. 请简单描述一下 Vuex 的作用。
6. 请简单描述一下 Vuex 中的核心部分分别是什么，它们的作用是什么。

< 169 >

三、实操题

需求 1：在第 9 章习题部分实操题的基础上，使用 Vue Router 插件将单个页面扩展成多个页面，具体要求如下。

- 添加本章中提到的顶部和底部样式，使页面变成一个完整的产品列表页，实现题图 11.1 所示的效果。
- 添加两个页面，分别为产品详情页（见题图 11.2）和联系我们（见题图 11.3）。

题图 11.1　产品列表页　　　　　　　　　　　　题图 11.2　产品详情页

- 产品详情页的输入框可以修改添加到购物车的数量，单击"添加购物车"按钮，显示产品 id 和产品数量，如题图 11.4 所示。

题图 11.3　联系我们　　　　　　　　　　　　题图 11.4　显示产品 id 和产品数量

产品详情页的接口地址如下：

https://eshop.geekfun.website/api/v1-csharp/product/:id

需求 2：在第 9 章习题部分实操题的基础上，结合 Vuex 插件实现"添加购物车"的功能，购物车列表页的效果如题图 11.5 所示，具体要求如下。

（1）右上角显示购物车的产品数量，单击产品详情页中的"添加购物车"按钮，右上角的产品数量随之变化。

（2）新增一个购物车页面，并且在菜单中添加一个进入购物车页面的入口。

（3）购物车页面有如下功能：

- 显示要购买的产品列表，列表中展示的信息包括删除图标、产品图片、名称、价格、数量和总价（当前产品的总价）。
- 数量对应一个输入框，默认显示的数值为在产品详情页添加的产品数量，但其可以修改。
- 列表下方展示所有产品的总价。

< 170 >

- 修改产品的数量或者删除产品，右上角购物车的数量和下方的总价都会随之变化。

题图 11.5　购物车列表页

（4）刷新页面，购物车中的数据不会清空。

注意，通过产品 id 查询可得，对应的产品信息用于展示购物车列表页的接口地址如下：

https://eshop. geekfun.website/api/v1-csharp/product/listByIds?productIds=id1,id2

< 171 >

第二篇

Bootstrap 程序开发

第 12 章　Bootstrap 基础

本书前半部分讲解了 Vue.js 的相关知识，学习 Vue.js 时，页面结构和样式的代码都要用户自己手动编写。如果使用 CSS 框架来做这件事，学习 Vue.js 就会节省很多时间，Bootstrap 就是其中优秀的代表。从本章开始介绍 Bootstrap，它是全球最受欢迎的前端框架和开源项目之一，用于构建响应式、移动设备优先的网站。本章的思维导图如下。

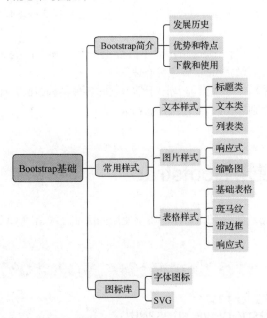

本章导读

12.1　Bootstrap 简介

知识点讲解

Bootstrap 是由美国 Twitter（推特）公司的设计师 Mark Otto（马克·奥托）和 Jacob Thornton（雅各布·桑顿）主导开发的，是基于 HTML5、CSS3、JavaScript 的简洁、直观、功能强大的前端开发框架，使用它可以快速、优雅地构建网页和网站。2011 年 8 月，推特公司将其开源。至今，Bootstrap 发布了以下几个重大版本。

- Bootstrap v2，主要将响应功能添加到整个框架。
- Bootstrap v3，重写了该库，使其默认采用移动优先方法进行响应。
- Bootstrap v4，再次重写了该库，将 Less 迁移到 Sass，并且向 CSS 的 flexbox 迁移。目的是通过更新的 CSS 属性、更少的依赖和新技术，推动开发社区向前发展。
- Bootstrap v5，最新版本，通过尽可能少的更改来改进 v4 版本。主要改进了现有功能和组件，删除了对 IE 及旧版浏览器的支持，删除了对 jQuery 的依赖，并采用了 CSS 的自定义属性等对未来更友好的技术。

本书使用的是 Bootstrap v5，它支持所有主流平台的主流浏览器，如果需要支持 IE，请使用 v3 或 v4 版本。Bootstrap 框架有如下特点。

- 响应式设计。Bootstrap 的 CSS 样式是基于响应式布局而构建的，遵循移动设备优先的原则。它提供了一套响应式栅格系统及响应式工具类，各组件也支持响应式，让开发人员可以快速上手响应式布局的设计。
- 工具类优先。Bootstrap v5 引入了工具类优先的理念，预置了大量的工具类来帮助设置颜色、尺寸、布局等样式，开发人员不必为各种 CSS 类的命名而苦恼。
- 丰富的组件。Bootstrap 提供了功能强大的组件库，例如按钮、菜单导航、卡片、模态框等。开发人员可以选取合适的组件快速搭建页面，并且可以根据实际需要进行定制。
- 学习曲线平缓。Bootstrap 的学习门槛不高，只需要具备 HTML5、CSS3 和 JavaScript 的基础知识即可。Bootstrap 有完善的中文和英文文档，遇到问题时非常方便查找。
- CSS 预编译。Bootstrap 基于 Sass 构建，能够方便地和前端工程化流程结合起来，更适合实际项目。Sass 是 CSS 预处理器，可以使用更便捷的语法和特性编写代码，使 CSS 样式代码更容易维护和扩展。
- 易于与其他框架结合使用。Bootstrap v5 不依赖 jQuery 框架，但仍然可以和 jQuery 框架一起使用，也可以和非常流行的 Vue.js 框架结合使用。

在学习 Bootstrap 的过程中，我们不应局限于学习它的各种类和组件，还要学习它的类命名规则、组件划分方法、框架设计原则等，以养成良好的编码习惯。

12.2 下载并使用 Bootstrap

通过官网下载 Bootstrap，如图 12.1 所示，本书使用的版本是最新版 v5.0.0-beta3。

图 12.1 下载 Bootstrap

说明

Bootstrap v5 当前还没发布正式版本，一般正式版本发布前会先发布 alpha 和 beta 的测试版本，用于收集反馈意见并进行修改，等到稳定后发布正式版本。本书使用的 beta3 版本是最后一个测试版本，和正式版本的差别不大。

Bootstrap 提供了如下多种使用方式供开发者选择。
- 下载预编译的文件，可直接使用。
- 下载源代码文件，然后手动编译。

< 174 >

- 不下载，直接使用 CDN。

如果不需要了解 Bootstrap 的源代码，则可以直接下载预编译的文件。下载预编译的文件后会得到压缩包 bootstrap-5.0.0-beta3-dist.zip，解压后的文件结构如下所示。

```
1   bootstrap/
2   ├── css/
3   │   ├── bootstrap-grid.css
4   │   ├── bootstrap-grid.css.map
5   │   ├── bootstrap-grid.min.css
6   │   ├── bootstrap-grid.min.css.map
7   │   ├── bootstrap-grid.rtl.css
8   │   ├── bootstrap-grid.rtl.css.map
9   │   ├── bootstrap-grid.rtl.min.css
10  │   ├── bootstrap-grid.rtl.min.css.map
11  │   ├── bootstrap-reboot.css
12  │   ├── bootstrap-reboot.css.map
13  │   ├── bootstrap-reboot.min.css
14  │   ├── bootstrap-reboot.min.css.map
15  │   ├── bootstrap-reboot.rtl.css
16  │   ├── bootstrap-reboot.rtl.css.map
17  │   ├── bootstrap-reboot.rtl.min.css
18  │   ├── bootstrap-reboot.rtl.min.css.map
19  │   ├── bootstrap-utilities.css
20  │   ├── bootstrap-utilities.css.map
21  │   ├── bootstrap-utilities.min.css
22  │   ├── bootstrap-utilities.min.css.map
23  │   ├── bootstrap-utilities.rtl.css
24  │   ├── bootstrap-utilities.rtl.css.map
25  │   ├── bootstrap-utilities.rtl.min.css
26  │   ├── bootstrap-utilities.rtl.min.css.map
27  │   ├── bootstrap.css
28  │   ├── bootstrap.css.map
29  │   ├── bootstrap.min.css
30  │   ├── bootstrap.min.css.map
31  │   ├── bootstrap.rtl.css
32  │   ├── bootstrap.rtl.css.map
33  │   ├── bootstrap.rtl.min.css
34  │   └── bootstrap.rtl.min.css.map
35  └── js/
36      ├── bootstrap.bundle.js
37      ├── bootstrap.bundle.js.map
38      ├── bootstrap.bundle.min.js
39      ├── bootstrap.bundle.min.js.map
40      ├── bootstrap.esm.js
41      ├── bootstrap.esm.js.map
42      ├── bootstrap.esm.min.js
43      ├── bootstrap.esm.min.js.map
44      ├── bootstrap.js
45      ├── bootstrap.js.map
46      ├── bootstrap.min.js
47      └── bootstrap.min.js.map
```

从文件结构中可以看出，它包含 css 和 js 两个文件夹，其中 bootstrap.* 是经过编译的文件，bootstrap.min.* 是压缩后的文件，bootstrap.*.map 是源代码的映射文件，MAP 文件可以与某些浏览器的开发者工具协同使用。虽然预编译的 Bootstrap 提供了众多的 CSS 和 JS 文件，但最重要的是如下几个：

< 175 >

bootstrap.css 和 bootstrap.min.css，包含了全部的样式；bootstrap.bundle.js 和 bootstrap.bundle.min.js，是集成的 JS 文件，包括组件依赖的 Popper 库。其他文件只包含部分功能，这里不做具体介绍。下面介绍如何引入 Bootstrap，使用 Bootstrap 的页面模板。本案例的源代码请参考本书配套资源文件"第 12 章\template.html"。

```
1    <!doctype html>
2    <html lang="zh-CN">
3    <head>
4      <!-- 必需的 meta 标记 -->
5      <meta charset="utf-8">
6      <meta name="viewport" content="width=device-width, initial-scale=1">
7
8      <!-- Bootstrap 的 CSS 文件 -->
9      <link rel="stylesheet" href="../dist/css/bootstrap.min.css">
10
11     <title>Hello, Bootstrap!</title>
12   </head>
13   <body>
14     <h1>Hello, Bootstrap!</h1>
15
16     <!-- Bootstrap 所需的 JS 文件 -->
17     <script src="../dist/js/bootstrap.bundle.min.js"></script>
18
19   </body>
20   </html>
```

从模板中可以看出，引入了两个核心文件 bootstrap.min.css 和 bootstrap.bundle.min.js，这样就可以使用 Bootstrap 的全部功能。还需要注意以下几点。

- HTML5 声明，Bootstrap 要求文档类型（doctype）是 HTML5。
- 设置视口（viewport），这是让网页支持响应式布局的关键设置。
- 盒子模型，Bootstrap 将全局的 box-sizing 从 content-box 调整为 border-box，目的是确保 padding 的设置不会影响计算元素的最终宽度，有助于弹性布局。

准备好 Bootstrap 的页面模板后，我们就可以开始进行 Bootstrap 的学习了。

12.3 常用样式

案例讲解

在 Web 开发中，为了使各浏览器的表现一致，通常会对浏览器的默认样式进行重置，并提供全局的基准样式。Bootstrap 也是这么处理的，例如它删除了<body>标记的默认外边距，并将字体大小设置为 1 rem。字体和边距使用 rem 作为单位，更便于缩放，以响应设备，一般浏览器默认的 1 rem 大小是 16 px。本节将介绍 Bootstrap 常用的文本样式、图片样式和表格样式。

12.3.1 文本样式

Bootstrap 常用的文本样式分为三大类：标题类、文本类和列表类，在博客或一大段文字的排版中经常用到，下面分别进行介绍。

< 176 >

1．标题类

标题是网页中比较醒目的文字，通常使用<h1>～<h6>标记表示，Bootstrap 对这些标题标记的默认样式进行了覆盖。示例如下，请参考本书配套资源文件"第 12 章\heading.html"。

```
1    <h1>h1 一级标题</h1>
2    <h2>h2 二级标题</h2>
3    <h3>h3 三级标题</h3>
4    <h4>h4 四级标题</h4>
5    <h5>h5 五级标题</h5>
6    <h6>h6 六级标题</h6>
```

标题样式的效果如图 12.2 所示。六级标题的字体大小是 1rem（16px），标题每增加一级，字体大小会增大 0.25 rem 或 0.5 rem，具体如表 12.1 所示。

图 12.2　标题样式的效果

此外，Bootstrap 还提供了".h1"".h2"".h3"".h4"".h5"".h6" 6 个类来设置字体大小，分别对应各级标题的字体大小。

有时网页中还会用到副标题，Bootstrap 中副标题在标题标记中使用<small>标记表示，示例如下，请参考本书配套资源文件"第 12 章\heading-small.html"。

```
1    <h2>
2       二级标题
3       <small class="text-muted">副标题</small>
4    </h2>
5    <h3>
6       三级标题
7       <small class="text-muted">副标题</small>
8    </h3>
```

<small>标记的字体大小是 0.875 倍的主标题的字体大小，会相对标题的字体大小发生变化。".text-muted"类可以使副标题的颜色变浅，在浏览器中的效果如图 12.3 所示。

图 12.3　副标题样式的效果

< 177 >

如果希望标题更加突出，可以使用一系列的 display 类设置标题样式，代码如下所示，请参考本书配套资源文件"第 12 章\heading-display.html"。

```
1  <h1 class="display-1">Display 1</h1>
2  <h1 class="display-2">Display 2</h1>
3  <h1 class="display-3">Display 3</h1>
4  <h1 class="display-4">Display 4</h1>
5  <h1 class="display-5">Display 5</h1>
6  <h1 class="display-6">Display 6</h1>
```

display 类能让标题更大，".display-6"类的字体大小是 2.5rem，相当于一级标题的字体大小，标题每增加一级，则字体大小增加 0.5rem，具体如表 12.1 所示。display 样式在浏览器中的效果如图 12.4 所示。

图 12.4　display 样式的效果

下面总结一下标题类的字体大小，如表 12.1 所示。

表 12.1　标题类的字体大小

类或标记	字体大小	换算
.display-1	5rem	80px
.display-2	4.5rem	72px
.display-3	4rem	64px
.display-4	3.5rem	56px
.display-5	3rem	48px
.h1, h1, .display-6	2.5rem	40px
.h2, h2	2rem	32px
.h3, h2	1.75rem	28px
.h4, h4	1.5rem	24px
.h5, h5	1.25rem	20px
.h6, h6	1rem	16px

2．文本类

段落是文本的重要组成部分，用<p>标记表示。Bootstrap 重置了段落标记的外边距，上外边距设置为 0，下外边距设置为 1 rem，这使得文字更易阅读。

如果想突出显示重要的段落，可以给<p>标记使用 ".lead" 类，示例如下所示，请参考本书配套资

< 178 >

源文件"第 12 章\lead.html"。

```
1    <h2>标题</h2>
2    <p>这是一个常规段落。这是一个常规段落。</p>
3    <p class="lead">
4      这是一个主要段落。它从常规段落中脱颖而出。
5    </p>
6    <p>这是一个常规段落。这是一个常规段落。</p>
```

在浏览器中的效果如图 12.5 所示。

图 12.5　突出段落样式的效果

对于很多常用的内联文本中的元素，例如下画线、强调、加粗、斜体、缩略语、快引用等，Bootstrap 也提供了美观的样式，示例如下，请参考本书配套资源文件"第 12 章\text.html"。

```
1    <p>可以使用 mark 标记来 <mark>强调</mark> 文本。</p>
2    <p><del>此行文本应视为已删除的文本。</del></p>
3    <p><u>这行文本将显示为带下画线。</u></p>
4    <p><strong>此行显示为粗体文本。</strong></p>
5    <p><em>此行显示为斜体文本。</em></p>
6    <p><abbr title="HyperText Markup Language">缩略语：HTML</abbr></p>
7    <blockquote class="blockquote">
8      <p>-- 来自 Bootstrap</p>
9    </blockquote>
```

上述代码展示了不同元素在页面中的使用效果，如图 12.6 所示。

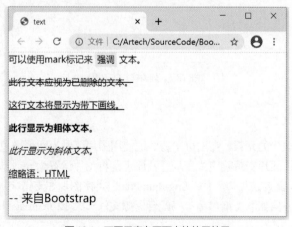

图 12.6　不同元素在页面中的使用效果

< 179 >

以上只是文本样式的简单用法，更多的设置将在后文介绍，如颜色设置等。

3．列表类

对于列表元素，Bootstrap 提供了两种排版样式，一种是".list-unstyled"类，它去掉默认样式，移除左边距；另一种是".list-inline"类，它将列表设置为内联样式，需要结合".list-inline-item"类使用。使用方法如下，请参考本书配套资源文件"第 12 章\list.html"。

```
1   <h2>前端基础</h2>
2   <ul class="list-unstyled">
3     <li>HTML5</li>
4     <li>CSS3
5       <ul>
6         <li>flexbox</li>
7         <li>grid</li>
8       </ul>
9     </li>
10    <li>JavaScript</li>
11   </ul>
12   <hr>
13   <h2>前端框架</h2>
14   <ul class="list-inline">
15     <li class="list-inline-item">Bootstrap</li>
16     <li class="list-inline-item">Tailwind</li>
17     <li class="list-inline-item">Semantic UI</li>
18   </ul>
```

运行代码，效果如图 12.7 所示。注意".list-unstyled"类只能移除直接子级的默认样式，嵌套列表中的默认样式不会被移除，需要手动处理。

图 12.7 列表样式的效果

12.3.2 图片样式

图片是网页中不可缺少的元素，在网页中巧妙地使用图片可以为网页增色不少。通过 Bootstrap 所提供的".img-fluid"类让图片支持响应式布局，其原理是将图片设置为 max-width: 100%;height: auto，以便随父元素一起缩放。此外还可以使用".img-thumbnail"类使图片在支持响应式布局的同时具有 1 px 宽度的圆角边框。使用方法如下，请参考本书配套资源文件"第 12 章\image.html"。

```
1   <div style="width: 300px; margin-bottom: 10px;
2     border: 1px solid #000; padding: 5px;">
```

< 180 >

```
3      <img src="1.jpg" alt="眺望">
4    </div>
5
6    <div style="width: 300px; float: left;">
7      <img src="1.jpg" class="img-fluid" alt="眺望">
8    </div>
9
10   <div style="width: 300px; float: right;">
11     <img src="1.jpg" class="img-thumbnail" alt="眺望">
12   </div>
```

在浏览器中的效果如图 12.8 所示。可以看到，如果不使用 ".img-*" 类，图片会超出父元素的边界。

图 12.8　图片样式的效果

✎ 说明

　　如果想让图片变成圆形，例如头像的显示，可以结合边框工具类 ".rounded-circle" 一起使用。这将在本书后续章节中介绍。

12.3.3　表格样式

　　表格作为传统的 HTML 元素，一直受到网页设计者们的青睐。使用表格表示数据、制作调查表等应用在网络中屡见不鲜。Bootstrap 提供了多种优雅的表格样式，而且可以让表格支持响应式布局，非常实用。

　　基本的表格用法是在 table 元素上使用 ".table" 类。下面是一个成绩表格，请参考本书配套资源文件 "第 12 章\table.html"。

```
1    <table class="table">
2      <caption>期中考试成绩单</caption>
3      <thead>
4        <tr>
5          <th>姓名</th> <th>物理</th> <th>化学</th> <th>数学</th> <th>总分</th>
6        </tr>
7      </thead>
8      <tbody>
9        <tr><th>牛小顿</th> <td>32</td> <td>17</td> <td>14</td> <td>63</td></tr>
```

< 181 >

```
10        <tr><th>伽小略</th> <td>28</td> <td>16</td> <td>15</td><td >59</td></tr>
11        <tr><th>薛小谔</th> <td>26</td> <td>22</td> <td>12</td> <td>60</td></tr>
12        <tr><th>海小堡</th> <td>16</td> <td>22</td> <td>16</td> <td>54</td></tr>
13        <tr><th>波小尔</th> <td>25</td> <td>11</td> <td>12</td><td >48</td></tr>
14        <tr><th>狄小克</th> <td>15</td> <td>8</td> <td>9</td> <td>32</td></tr>
15    </tbody>
16  </table>
```

基本的表格样式的效果如图 12.9 所示。

图 12.9　基本的表格样式的效果

如果想实现斑马纹效果，可以使用 “.table-striped” 类，代码如下，请参考本书配套资源文件 “第 12 章\table-striped.html”。

```
1  <table class="table table-striped">
2    ……
3  </table>
```

页面的斑马纹效果如图 12.10 所示。

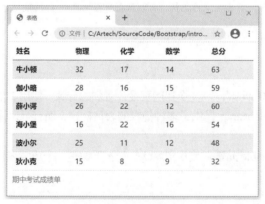

图 12.10　斑马纹效果

使用 “.table-bordered” 类能够给表格和单元格添加边框，代码如下，请参考本书配套资源文件 “第 12 章\table-bordered.html”。

```
1  <table class="table table-striped table-bordered">
2    ……
3  </table>
```

带边框的表格效果如图 12.11 所示。

< 182 >

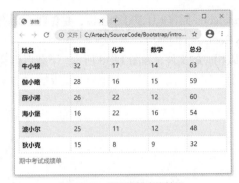

图 12.11　带边框的表格效果

Bootstrap 给网页带来了响应式的能力，表格也不例外，使用 ".table-responsive" 类可以让表格支持响应式布局，注意这个类不是应用在 table 元素上的，而是作为 table 元素的父元素，使用方法如下，请参考本书配套资源文件 "第 12 章\table-responsive.html"。

```
1   <style>
2     th { min-width: 120px; }
3   </style>
4
5   <div class="table-responsive text-nowrap">
6     <table class="table table-striped table-bordered">
7       ......
8     </table>
9   </div>
```

".table-responsive" 类能使表格水平滚动，".text-nowarp" 类的作用是让表格中的文字不换行显示。因为成绩单表格的每个单元格的宽度很小，这里将每列的宽度设置为 120 px，此时将浏览器窗口调整到最小，响应式表格样式如图 12.12 所示。

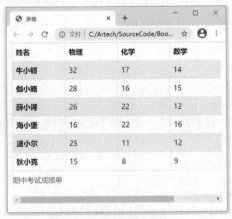

图 12.12　响应式表格样式

12.4　图标库

知识点讲解

在网站中使用风格一致的图标，能够让用户更明确地了解网站的意图，提高"亲密度"。从 Bootstrap v4 开始，图标库从 Bootstrap 中分离出来，成为一个单独的项目 "Bootstrap Icons"，独立发展，目前其

< 183 >

最新的版本是 v1.4.1。Bootstrap Icons 拥有近 1 300 个图标，是免费、高质量的开源图标库，可以在任何项目中使用，不局限于使用 Bootstrap 的项目。

从 Bootstrap Icons 官网下载相应的文件，如图 12.13 所示。下载后得到压缩包 ICONS-1.4.1.zip，解压后的目录结构如图 12.14 所示。

图 12.13　下载图标库　　　　　　　　　　　图 12.14　图标库文件的目录结构

其中 fonts 文件夹中包含相应的字体文件 bootstrap-iczons.woff 和 bootstrap-icons.woff 2，以及使用字体图标需要的样式文件 bootstrap-icons.css。使用字体图标的方式非常简单，只需要将 bootstrap-icons.css 文件引入 HTML 中，然后将相应的图标类 "bi-*" 加到<i>标记中，示例如下，请参考本书配套资源文件 "第 12 章\icons.html"。

```
1   <!DOCTYPE html>
2   <html lang="zh-CN">
3   <head>
4     <meta name="viewport" content="width=device-width, initial-scale=1">
5     <link rel="stylesheet" href="../dist/css/bootstrap.min.css">
6     <link rel="stylesheet" href="../dist/bootstrap-icons.css">
7     <title>icons</title>
8   </head>
9   <body class="p-3 text-center">
10    <i class="bi-chat-dots"></i>
11    <i class="bi-chat-dots-fill"></i>
12    <i class="bi-chat-dots-fill text-primary"></i>
13    <i class="bi-chat-dots-fill fs-2"></i>
14    <button class="btn btn-primary">
15      按钮
16      <i class="bi-chat-dots-fill"></i>
17    </button>
18  </body>
19  </html>
```

既然是字体文件，我们就能够给它设置大小和颜色等样式，消息图标在浏览器中的效果如图 12.15

< 184 >

所示。这里需要注意 bootstrap-icons.css 文件和字体文件的相对路径与下载文件夹中的相对路径保持一致。

图 12.15　消息图标的效果

除了可以使用字体图标外，还可以使用 SVG，下载的文件中包含了所有图标对应的 SVG，使用示例如下。

```
<img src="/icons/chat-dots.svg" alt="chat" class="text-primary">
```

本章小结

本章介绍了 Bootstrap 的发展历史及其优势和特点，并且讲解了如何下载和使用 Bootstrap，然后通过一些简单的案例带领读者了解了 Bootstrap 常用的文本样式、图片样式和表格样式，最后说明了图标库的使用方法。可以发现，Bootstrap 容易上手，能够提升前端开发的效率。

习题 12

一、关键词解释

CSS 框架　Bootstrap　Sass　浏览器默认样式　rem　border-box　字体图标

二、描述题

1. 请简单描述一下 Bootstrap 框架的特点。
2. 请简单描述一下 Bootstrap 提供的文本样式分为几大类，分别是什么，对应的设置方式都有哪些。
3. 请简单描述一下如何设置图片支持响应式布局。
4. 请简单描述一下本章介绍的美化表格的类名有哪些，如何让表格支持响应式布局。
5. 请简单描述一下如何使用 Bootstrap 的字体图标。

三、实操题

使用本章讲解的相关知识，实现题图 12.1 所示的页面效果。

题图 12.1　页面效果

< 185 >

第13章

CSS 原子化与工具类

在 Bootstrap v3 中有一些辅助类，例如 ".pull-left" 类和 ".pull-right" 类可以使任意元素向左或向右浮动。这些类已经符合一定的原子化理念，但 v3 版本没有大规模地提供工具类。从 v4 版本开始，Bootstrap 引入了 CSS 原子化与工具类的理念，提供了完善的工具类体系，本章将介绍它的发展历史、理念、规则，以及应用方法。本章的思维导图如下。

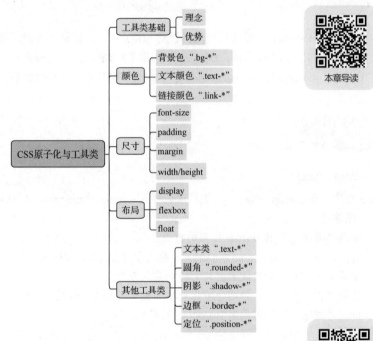

本章导读

13.1 CSS 原子化的理念

知识点讲解

每个被广泛使用的技术都有自己的一套理念和哲学，它是技术的"灵魂"。从历史角度考察 CSS，其占据主流的"组件化"思想。在软件开发领域，"组件化"几乎是一个永恒的基础哲学命题，因为在该领域中组件化是提升开发效率、可维护性的基石。因此，CSS 诞生以后产生的各种以 CSS 为核心的 UI 层框架就把"组件化"当作一个重点。

基于这种思想，把各种常用的网页样式需求提炼和抽象出来，为开发人员提供各种"开箱即用"的组件，成为一种深入人心的做法。例如，假设页面上有一个"提示框"元素，可以给它起一个名字，叫作 alert-box，然后定义好它的 CSS 类，代码如下。

```
1  <div class="alert-box">
2    some content
```

```
3    </div>
4    .alert-box{
5      position: relative;
6      font-size: 14px;
7      color: red;
8      /*其他*/
9    }
```

　　有了这个预先定义好的 CSS 类，以后在同一个项目中所有用到这个样式的地方，都可以直接在某个 HTML 元素上使用这个 alert-box 组件了，这确实是非常高效的做法。不但如此，更重要的是使用了组件的方式以后，在需要多名开发人员共同完成的大规模项目中，他们也都可以使用同一套预先定义好的组件库，可以大大提高代码的一致性，这样对于后期的维护就会非常有帮助。如果需要修改这个样式，只要修改一次，所有使用这个样式的页面就都跟着修改了。如果不这样做，一个项目中的多名开发人员"各自为战"，如果要修改一个相同的样式，就会复杂得多。

　　事实上，早期的 Bootstrap 预先定义好了大量的 CSS 类和复杂的组件，用户只要按照约定的结构编写 HTML，并配合相应的 CSS 类就可以产生精致的、具有充足设计感的网页，这给开发人员带来了极大的便利。

　　但是，随着时间的推移，人们逐渐发现，基于组件化 CSS 的设计哲学仅仅是"看起来很美好"。实际开发中，尤其是项目规模扩大之后，隐藏的种种问题会逐渐暴露出来，给开发人员带来相当大的困扰，主要有以下几点。

- CSS 中所有的样式都是有全局作用的，只能通过复杂的选择器实现作用范围的具体化，以致于容易重名或者不经意间错误地覆盖了规则。
- CSS 的缺点包括复杂的规则重叠、代码的冗余和膨胀、难以消除无用代码。
- 组件化开发中，需要大量的具有准确语义、易于理解和记忆的名称，这对于在开发团队内部保证命名规则的一致性变得非常困难。

　　这些原因使得对 CSS 代码的管理和维护变得非常困难。结果是基于组件的 CSS 项目只在开始的时候减轻了复杂度，随着项目的推进，组件化反而会增加项目开发的复杂度。

　　由此，近年在 CSS 工程领域出现了一种新的 CSS 理念——原子化。原子化与组件化正好相反，例如上面的例子中，alert-box 组件被拆解为一组独立的微型 CSS 类，代码如下。

```
1    <div class="fs-1 p-2 text-red">
2      some content
3    </div>
4
5    <style>
6      .fs-1{ font-size:2.5rem; }
7      .p-1{ padding: 2rem; }
8      .text-red{ color:red; }
9      /*其他*/
10   </style>
```

　　可以看到，基于原子化理念，根据直观的命名规则构造出一套 CSS 类，每一个 CSS 类包含非常精简的 CSS 规则，然后直接用于 HTML 中。这些原子化的 CSS 类被称为工具类。在实际的开发中，这些原子化的工具类都是经过精心设计的。

　　CSS 原子化的理念在 2013 年被提出，经过了几年的发展，逐步被业界接受。目前出现了一些彻底的原子化 CSS 框架，例如 Tailwind 框架。另一些就是像 Bootstrap 这样的传统框架，也引入了原子化的工具类，但是仍然保留了组件的概念。

< 187 >

　　Bootstrap v3 是典型的基于组件的框架，在 v4 版本中正式引入基于原子化思想的工具类体系，并且遵循了"工具类优先"的理念，倡导使用精心设计好的工具类，例如 d-flex、p-2、mb-3、fs-1、bg-dark 等，它们可以直接在 HTML 中组合使用，以此来快速构建出设计的网页。第一眼看上去，这些工具类的名字颇为古怪，有点像"密码"，但是一旦掌握了命名的习惯和规则，就非常容易使用，几乎不需要额外的学习，开发效率也会变得非常高。

　　使用原子化的工具和直接通过内联样式使用 CSS 有什么区别呢？实际上使用工具类比内联样式具有以下一些重要的优点。

- 基于"约束"的设计。使用内联样式，每个属性值都可以使用。而使用工具类，只能从预定义的类中选择，这使得构建统一的 UI 更加容易。
- 响应式的设计。在内联样式中不能使用媒体查询，但可以使用响应式工具类来构建完全响应式的页面。

不仅如此，工具类还在很大程度上解决了上面提到的 CSS 开发过程中的以下几个痛点。

- 类命名的困难。如果使用自定义的类，往往需要进行"语义化"的命名，命名本身就比较困难，而且随着代码的增长会变得难以维护。
- CSS 文件小。使用工具类，几乎不用添加 CSS 类，文件大小不会随着页面的增加而线性增长。
- 维护更容易。工具类在 HTML 中使用，因此它只对当前的局部产生影响，不会影响全局。

　　在正式学习 Bootstrap 提供的工具类之前，先通过一个简单的例子体验一下工具类的用法。假设现在要设计图 13.1 所示的一个用于在线教学网站的课程卡片。

图 13.1　课程卡片

　　如果用传统的做法，先确定 HTML 结构，然后创建一个类似于"course-card"的名字，再定义一组 CSS 规则集合。在每个需要显示这个课程卡片的地方，放置相同的 HTML 结构。

　　使用工具类的思路则完全不同，开发人员根本不用新增 CSS 样式类，代码如下所示，请参考本书配套资源文件"第 13 章\card.html"。

```
1   <div class="rounded-top border w-25 position-relative">
2     <img src="images/1.jpg" class="img-fluid rounded-top" alt="...">
3     <div class="p-3">
4       <a href="#" class="fs-5 text-dark d-block mb-3 text-decoration-none stretched-
        link">户外风景摄影课程</a>
5       <div class="d-flex justify-content-between align-items-baseline">
6         <span class="text-danger">￥99.00</span>
7         <small class="text-secondary">39人学过</small>
8       </div>
9   </div>
```

< 188 >

先来解释一下上述代码中出现的 CSS 样式类，这些样式类都是 Bootstrap 提供的工具类，因此具有很好的一致性。上述代码中，依次出现了如下工具类。

- rounded-top：上侧使用圆角，相当于设定了 border-radius 属性。
- border：相当于设定了 border 属性。
- w-25：相当于设定了 width 为 25%。
- position-relative：相当于设定了 position 的值为 relative。
- img-fluid：用来设置响应式图片，表示设置了 max-width: 100%;，height: auto;。
- p-3：相当于设定了 padding 的值为 1rem。
- fs-5：相当于设定了 font-size 的值为 1.25rem。
- text-dark：相当于设定了 color 的值为#212529。
- d-block：相当于设定了 display 的值为 block。
- mb-3：相当于设定了 margin-bottom 的值为 1rem。
- text-decoration-none：相当于设定了 text-decoration 的值为 none。
- stretched-link：表示链接以使其包含块整体可被单击。
- d-flex：相当于设定了 display 的值为 flex。
- justify-content-between：相当于设定了 justify-content 的值为 space-between。
- align-items-baseline：相当于设定了 align-items 的值为 baseline。
- text-danger：相当于设定了 color 的值为#dc3545。
- text-secondary：相当于设定了 color 的值为#6c757d。

> ⚠️ 注意
>
> 高效使用工具类的前提是，开发人员已经能够比较熟练地使用基本的 CSS 样式对页面进行设置。如果没有真正掌握 CSS 的基本知识，建议读者先把它掌握好，否则学习 Bootstrap 会比较困难。

理解了上述代码的含义，读者自然会想到，如果这样写好了一个课程卡片，如何复用这些样式呢？在一个项目中，每次出现课程卡片都需要重写一次吗？复制、粘贴显然不是正确的方法。这时有两种思路，一种是组件化的思路，在上面的基础上再次封装为一个组件。在实际使用过程中，随着前端 JavaScript 开发框架的不断发展成熟，还可以采用第二种思路，即抽取出通用的 HTML 结构，通过前端框架封装成一个组件。例如，使用目前非常流行的前端框架 Vue.js，就非常容易实现前端代码的封装和复用。例如将上述课程卡片封装成如下组件。

```
1   Vue.component('course-card', {
2     props: ['course'],
3     template: `
4       <div class="rounded-top border position-relative">
5         <img src="{{ course.image }}" class="img-fluid rounded-top" alt="...">
6         <div class="p-3">
7           <a href="#" class="fs-5 text-dark d-block mb-3 text-decoration-none
            stretched-link">{{ course.name }}</a>
8           <div class="d-flex justify-content-between align-items-baseline">
9             <span class="text-danger">{{ course.price }}</span>
10            <small class="text-secondary">{{ course.num }}人学过</small>
11          </div>
12        </div>
13      `
14  })
```

< 189 >

上面的代码中，通过 Vue.js 创建了一个名为 course-card 的组件，然后在项目的 HTML 中，可以直接将它当作一个新的 HTML 标记使用。

```
1  <body>
2  <header></header>
3  <section>
4      <course-card course="data.lesson01"></course-card>
5      <course-card course="data.lesson03"></course-card>
6      <course-card course="data.lesson03"></course-card>
7  </section>
8  </body>
```

这样<course-card>就可以像一个原生的 HTML 标记一样使用，从而把复杂的细节隐藏了，这样 HTML 结构一目了然，特别清晰易懂。当然，这也要求开发人员掌握 Vue.js 等框架的使用方法。由此可以看出，在当下的 Web 前端开发领域已经拥有了非常成熟的工具体系，如果读者希望成为一名合格的开发工程师，就需要把相关的知识和技能都掌握扎实。

13.2 Bootstrap 的工具类规则

知识点讲解

前面介绍过，工具类是原子化的 CSS 类，一个 CSS 类只做一件事，且通常只包含一个属性，例如".d-flex"表示 display:flex。Bootstrap 能提供的工具类非常多，其命名规则通常如下，也存在一些特殊情况，后面会具体介绍。

```
.{属性缩写}-{值}
```

例如，在 CSS 中有一个最基本的 padding（内边距）属性，它的缩写是 p，因此其对应于如下的一组工具类。

```
1  .p-0   /* 表示 padding: 0      */
2  .p-1   /* 表示 padding: 0.25rem */
3  .p-2   /* 表示 padding: 0.5rem  */
4  .p-3   /* 表示 padding: 1rem    */
5  .p-4   /* 表示 padding: 1.5rem  */
6  .p-5   /* 表示 padding: 3rem    */
```

也就是说，Bootstrap 把 padding 属性的值分成 6 级，最小的是 p-0，padding 属性的值是 0，其他依次增大，最大的 p-5 对应的是 3rem。

CSS 的常用属性如表 13.1 所示。

表 13.1　CSS 的常用属性

属性	缩写
font-size	fs
font-weight	fw
font-style	fst
padding	p
padding-top	pt
margin	m
display	d

< 190 >

因此，开发人员根本不需要记住所有的工具类，一方面根据规则，自己很容易就知道了，另一方面，在编写代码时 VSCode 等编辑器都会有智能提示，只需要了解规则即可。深入掌握以后，甚至可以根据规则来为不同的项目扩展工具类。

此外，另一类常见的工具类名称如下所示，名称中带有"断点"（breakpoint）。

```
.{属性缩写}-{断点}-{值}
```

有断点的类又称为响应式工具类，断点的值包括 xs、sm、md、lg、xl 和 xxl 这 6 个，对应于不同的设备的大小。Bootstrap 将浏览器窗口的宽度从小到大分成 6 级，每一级都有一个名字，这个名字非常直观，就像我们买衣服时看到的尺寸标识，xs 是最小号，sm 是小号，md 是中号，lg 是大号，xl 是特大号，xxl 是超大号。

通过使用响应式工具类，可以让同一个页面在不同的浏览器中自动选择指定的样式。

并不是所有的属性都有响应式工具类，最常用的响应式工具类是 margin 和 padding，例如上面演示了 "p-*" 工具类，如果加上断点的名字，就变成了响应式工具类。例如下面的代码中，<div>标记为 padding 属性设置了一组工具类。

```
1    <div class="p-1 p-md-2 p-xl-4">
2        ......
3    <div>
```

上述代码中的样式很直观，p-1 表示如果不指定断点，使用 1 级 padding 属性，p-md-2 表示如果浏览器的宽度大于或等于中号宽度，使用 2 级 padding 属性，即对于大于或等于中号的设备，它会覆盖掉前面 p-1 的设置；同理，p-xl-4 表示如果是大于或等于特大号的设备，使用 4 级 padding 属性。所以最终的结果是，最小和小号设备使用 1 级 padding 属性，中号和大号设备使用 2 级 padding 属性，特大和超大号设备使用 4 级 padding 属性。

> **说明**
>
> 可以看出，Bootstrap 使用"移动优先"的规则，即如果不指定断点，就当作是最小的设备，如果希望在大一些的设备上使用不同的样式，则需要进行针对性的设置。

上面介绍了工具类的基本规则和使用方法，下面按照不同的属性对常用的工具类进行讲解。

13.3 颜色

Bootstrap 定义了一套主题色，可以针对文本、背景和链接设置相应的颜色，规则如下。

```
1    .text-{color}    /* 设置文本颜色 */
2    .bg-{color}      /* 设置背景颜色 */
3    .link-{color}    /* 设置链接颜色 */
```

color 的取值有 primary、secondary、success、danger、warning、info、light 和 dark。以背景色为例，代码如下，各种背景色如图 13.2 所示，源代码请参考本书配套资源文件"第 13 章\color.html"。

```
1    <div class="bg-primary text-white">.bg-primary</div>
2    <div class="bg-secondary text-white">.bg-secondary</div>
3    <div class="bg-success text-white">.bg-success</div>
4    <div class="bg-danger text-white">.bg-danger</div>
```

< 191 >

```
5    <div class="bg-warning text-dark">.bg-warning</div>
6    <div class="bg-info text-dark">.bg-info</div>
7    <div class="bg-light text-dark">.bg-light</div>
8    <div class="bg-dark text-white">.bg-dark</div>
```

```
.bg-primary
.bg-secondary
.bg-success
.bg-danger
.bg-warning
.bg-info
.bg-light
.bg-dark
```

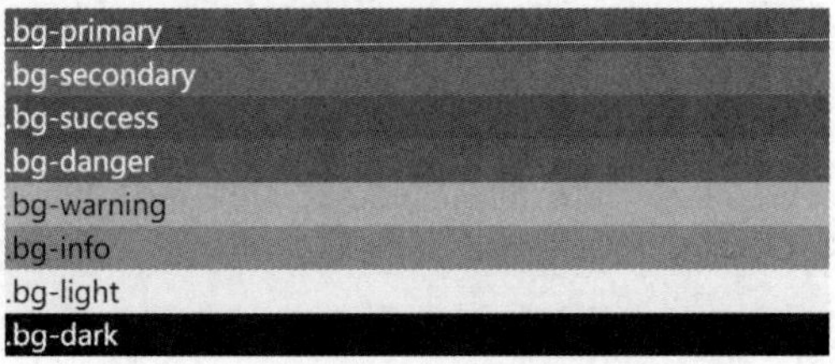

图 13.2　各种背景色

颜色的命名规则贯穿整个 Bootstrap，它使用语义化的名称，包括主色（primary）、次色（secondary）及各种提示色，分别代表不同的情景，包括操作成功（success）、危险操作（danger）、警告（warning）、信息（info）、浅色（light）和深色（dark）。

在后续讲解组件的过程中还会遇到，例如按钮组件和警告框组件，也使用了相同的颜色体系。

此外，链接的颜色 link-*还针对 ":hover" 和 ":focus" 状态做了设置。背景色还有两个常用的工具类，即白色背景和透明背景，其定义如下。

```
1    .bg-white {
2      background-color: #fff!important;
3    }
4    .bg-transparent {
5      background-color: transparent!important;
6    }
```

用于文本的颜色还有几个额外的工具类，包括浅色文字（text-muted）、白色文字（text-white）、50%透明黑色（text-black-50）及 50%透明白色（text-white-50），相应的颜色值的定义如下。

```
1    .text-muted {
2      color: #6c757d!important;
3    }
4    .text-white {
5      color: #fff!important;
6    }
7    .text-black-50 {
8      color: rgba(0,0,0,.5)!important;
9    }
10   .text-white-50 {
11     color: rgba(255,255,255,.5)!important;
12   }
```

说明

　　Bootstrap 的工具类中都会加上 "!important"，以防止被其他样式覆盖。

13.4　尺寸

尺寸工具类是按等级来划分的，一般分为 0～5 这 6 个等级。

< 192 >

需要特别注意的是，尺寸的单位是 rem，它是 CSS3 中为适配多终端的响应式设计引入的新单位，其含义是相对于页面中根元素（HTML 元素）的字体大小的倍数。当前主流的浏览器通常默认 1rem 是 16px。

使用 rem 作为尺寸单位以后，针对不同设备，只要设置了各自 HTML 元素的字体大小，整个页面的所有属性就都可以以它为基准来计算和设置大小，特别适用于多终端的响应式页面。

13.4.1　font-size

字体大小属性 font-size 的缩写是 fs，有 6 个等级，单位是 rem，如下所示。

```
1    .fs-1    /* 2.5rem   */
2    .fs-2    /* 2rem     */
3    .fs-3    /* 1.75rem  */
4    .fs-4    /* 1.5rem   */
5    .fs-5    /* 1.25rem  */
6    .fs-6    /* 1rem     */
```

13.4.2　padding 和 margin

上面以内边距 padding 为例讲解了工具类的命名规则，下面把内边距 padding 和外边距 margin 放在一起做一个完整的讲解，它们的工具类的使用格式如下。

```
1    {property}{sides}-{size}
2    {property}{sides}-{breakpoint}-{size}
```

其中 property 的取值如下。
- m，表示 margin。
- p，表示 padding。

sides 的取值如下。
- t，表示 margin-top 或 padding-top。
- b，表示 margin-bottom 或 padding-bottom。
- s，start 的缩写，表示 margin-left 或 padding-left。
- e，end 的缩写，表示 margin-right 或 padding-right。
- x，同时设置-left 和-right。
- y，同时设置-top 和-bottom。
- 无，用于在元素的四周设置 margin 或 padding。

size 的取值如下。
- 0，表示消除 margin 或 padding。
- 1，表示 0.25rem。
- 2，表示 0.5rem。
- 3，表示 1rem。
- 4，表示 1.5rem。
- 5，表示 3rem。
- auto，表示 margin:auto。

根据以上规则，可以产生大量的工具类，这里不一一介绍，仅举几个具体的例子。

```
1    .pt-3    /* 3 级 padding-top，即 1rem */
2    .px-1    /* 1 级水平方向的 padding，即 padding-left 和 padding-right，0.25rem */
```

< 193 >

```
3    .ms-auto      /* margin-left, auto  */
4    .mb-5         /* 5 级 margin-bottom, 3rem  */
5    .pb-md-3      /* 针对中号以上的设备，设定 3 级 padding-bottom，即 1rem  */
6    .py-lg-1      /* 针对大号以上的设备，设定 1 级竖直方向的 padding, 0.25rem  */
```

说明

这里比较特殊的是水平方向的表示方法，Bootstrap 没有使用我们习惯的 left 和 right，而是使用 start 和 end，这是因为 Bootstrap 还支持 RTL（从右向左，right-to-left）的排版，阿拉伯文、希伯来文是从右向左书写的。在 RTL 中，start 表示 right，end 表示 left。要让网页支持 RTL，需要在<html>标记上设置 <html lang="ar" dir="rtl">。

13.4.3 width 和 height

宽度工具类使用的单位是百分比，形如 ".w-{value}"，具体的定义方式如下。

```
1    .w-25 {
2      width: 25%!important;
3    }
4    .w-50 {
5      width: 50%!important;
6    }
7    .w-75 {
8      width: 75%!important;
9    }
10   .w-100 {
11     width: 100%!important;
12   }
13   .w-auto {
14     width: auto!important;
15   }
```

高度工具类和宽度工具类类似，包括 ".h-25"".h-50"".h-75"".h-100" 和 ".h-auto"。此外，还可以设置最大宽度和最大高度，如下所示。

```
1    .mw-100 {
2      max-width: 100%!important;
3    }
4    .mh-100 {
5      max-height: 100%!important;
6    }
```

13.5 布局

布局是网页开发中的重要环节，CSS3 引入了弹性盒子布局（flexbox）方式以后，Bootstrap v4 开始不再使用浮动定位方式进行页面布局，改为使用弹性盒子布局方式。

因此，请读者务必掌握弹性盒子布局的基本原理和方法之后，再学习使用 Bootstrap 的相关工具类。

< 194 >

13.5.1　display

使用 ".d-flex" 工具类可以将元素设置为弹性盒子布局，即 "display: flex;"。下面先介绍一下 display 属性相关的工具类。它的缩写是 d，相应的工具类使用以下格式命名。

```
1    .d-{value}
2    .d-{breakpoint}-{value}
```

value 的取值就是 display 属性的值，包括 none、inline、inline-block、block、grid、table、table-cell、table-row、flex、inline-flex。

在响应式设计中，有时需要控制元素在不同设备上显示和隐藏，这可以通过响应式工具类的组合来实现。

要隐藏元素，可以使用 ".d-none" 工具类。如果希望针对某类设备隐藏元素，可使用 ".d-{断点}-none"。

可以通过组合 ".d-{断点}-none" 和 ".d-{断点}-block"，实现针对不同设备选择性地显示和隐藏某个元素。例如 ".d-none .d-md-block .d-xl-none" 表示仅在中型 md 设备上显示该元素，其他尺寸的设备则隐藏。".d-flex" 工具类的具体用法如表 13.2 所示。

表 13.2　".d-flex" 工具类的具体用法

屏幕尺寸	类
都隐藏	.d-none
仅在 xs 上隐藏	.d-none、.d-sm-block
仅在 sm 上隐藏	.d-sm-none、.d-md-block
仅在 md 上隐藏	.d-md-none、.d-lg-block
仅在 lg 上隐藏	.d-lg-none、.d-xl-block
仅在 xl 上隐藏	.d-xl-none、.d-xxl-block
仅在 xxl 上隐藏	.d-xxl-none
都显示	.d-block
仅在 xs 上显示	.d-block、.d-sm-none
仅在 sm 上显示	.d-none、.d-sm-block、.d-md-none
仅在 md 上显示	.d-none、.d-md-block、.d-lg-none
仅在 lg 上显示	.d-none、.d-lg-block、.d-xl-none
仅在 xl 上显示	.d-none、.d-xl-block、.d-xxl-none
仅在 xxl 上显示	.d-none、.d-xxl-block

13.5.2　flexbox

传统的 CSS 布局方式主要依赖于浮动和定位属性，对于复杂的页面结构，需要复杂的 HTML 结构配合。为此 CSS3 新增了一种弹性盒子的布局方式，它可以很好地解决这些问题，Bootstrap v4 开始大量使用了这种布局方式。

弹性盒子布局方式的设置选项比较多，本书就不详细讲解它的使用方法了，请读者参考相关书籍和资料。

弹性盒子布局方式可以实现非常丰富的布局方式，因此相关的属性比较多，从而相关的工具类也比较多，并且每个工具类都有对应的响应式工具类。

读者必须先弄懂 CSS3 中弹性盒子布局的原理和方法，才能使用相关的工具类，主要包括以下几个。

< 195 >

- 设为弹性盒子布局（display）。

`.d-{flex|inline-flex}`

- 设置布局方向（flex-direction）。

`.flex-{row|row-reverse|column|column-reverse}`

- 设置对齐方式（justify-content 和 align-items）。

```
1  .justify-content-{start|end|center|between|around|evenly}
2
3  .align-items-{start|end|center|baseline|stretch}
```

- 设置弹性（flex-grow 和 flex-shrink）。

`.flex-{grow|shrink}-{0|1}`

- 设置间距。

`.g-{0,1,2,3,4,5}`

- 设置顺序。

`.order-{0,1,2,3,4,5,first,last}`

此外，针对 flex-wrap、align-self 等属性也提供了相应的工具类，使用方法大同小异。下面使用这些工具类来实现一个响应式的导航菜单。

13.5.3 实例：制作导航菜单

导航菜单是网站最常用的组件之一，本节要创建一个基本的导航菜单，并能够针对手机端和 PC 端自适应地改变布局方式。在手机端上的显示效果如图 13.3 所示，可以看到基本的菜单是竖直排列的；在 PC 端上的显示效果如图 13.4 所示，此时变为从最左端开始排列，并且特殊的"登录/注册"菜单显示在最右端。

图 13.3 在手机端上的显示效果

图 13.4 在 PC 端上的显示效果

下面采用移动优先的原则，先实现手机端的效果。先创建 HTML 结构，并设置简单的样式，代码如下，请参考本书配套资源文件"第 13 章\nav-1.html"。

```
1  <body>
2    <nav>
3      <ul>
4        <li><a href="#">首页</a></li>
5        <li><a href="#">图书</a></li>
6        <li><a href="#">资源</a></li>
```

< 196 >

```
7              <li><a href="#">联系我们</a></li>
8              <li><a href="#">登录/注册</a></li>
9          </ul>
10      </nav>
11  </body>
```

此 HTML 结构非常简单，目前还没有用到任何工具类，此时在手机端中基础的菜单的效果如图 13.5 所示。

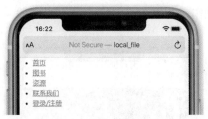

图 13.5　基础的菜单效果

然后添加相应的工具类，代码如下，请参考本书配套资源文件"第 13 章\nav-2.html"。

```
1  <nav class="bg-dark">
2    <ul class="d-flex flex-column list-unstyled text-center">
3      <li><a href="#" class="d-block p-3 text-decoration-none text-white">首页</a></li>
4      <li><a href="#" class="d-block p-3 text-decoration-none text-white">图书</a></li>
5      <li><a href="#" class="d-block p-3 text-decoration-none text-white">资源
         </a></li>
6      <li><a href="#" class="d-block p-3 text-decoration-none text-white">联系我们
         </a></li>
7      <li><a href="#" class="d-block p-3 text-decoration-none text-white">登录/注
         册</a></li>
8    </ul>
9  </nav>
```

可以看到，将 ul 元素设置为 flex，并且按竖直方向排列。这里用到了如下几个没讲过的工具类，通过名称很容易理解它们的含义。

- list-unstyled，表示 list-style: none 及 padding-left: 0。
- text-center，表示 text-align: center!important。
- text-decoration-none，表示 text-decoration: none!important。

此时基础的导航菜单就设置好了，在手机端的菜单效果如图 13.6 所示。

图 13.6　使用工具类后的菜单效果

< 197 >

有些地方还需要调整，比如在菜单之间增加横线及增加 hover 效果，这时使用 Bootstrap 的工具类并不方便，可以写少量如下的 CSS 代码，请参考本书配套资源文件"第 13 章\nav-3.html"。

```
1  nav a:hover {
2    background: #0d6efd; /* primary color */
3  }
4  nav ul li:not(:last-child) a {
5    border-bottom: 1px solid #6c757d; /* secondary color */
6  }
```

此时手机端的导航菜单就制作完成了，显示效果如图 13.7 所示。

图 13.7　在手机端上的显示效果

如果在 PC 端浏览，需要将主轴方向改为横向，然后将"登录/注册"菜单右对齐。此时需要使用响应式工具类，这里选取 md 断点，使用两个类 flex-md-row 和 ms-md-auto，用于当视口尺寸大于等于768px 时应用新的样式，具体改动如下，源代码请参考本书配套资源文件"第 13 章\nav-pc.html"。

```
1  <nav class="...">
2    <ul class="... flex-md-row">
3      <li><a href="#" class="...">首页</a></li>
4      <li><a href="#" class="...">图书</a></li>
5      <li><a href="#" class="...">资源</a></li>
6      <li><a href="#" class="...">联系我们</a></li>
7      <li class="ms-md-auto"><a href="#" class="...">登录/注册</a></li>
8    </ul>
9  </nav>
```

此外还需要去掉下边框，需要使用媒体查询"@media"指令，仍然选取 md 断点，代码如下。

```
1  @media (min-width: 768px) { /*md*/
2    nav a {
3      border-bottom: none !important;
4    }
5  }
```

此时在 PC 端上的显示效果如图 13.8 所示。

图 13.8　在 PC 端上的显示效果

< 198 >

可以看到，使用工具类能够快速构建页面，只需要编写极少量的 CSS 代码。

> **✎ 说明**
>
> 　　Bootstrap 不是纯工具类优先的框架，如果读者还想深入了解，可以学习非常流行的 CSS 框架 Tailwind CSS。它能够直接使用工具类设置 hover、focus 状态的样式。

13.5.4　float

浮动工具类没有使用缩写命名，它的规则如下。

```
1    .float-{start|end|none}
2    .float-{breakpoint}-{start|end|none}
```

清除浮动使用".clearfix"类。例如下面的例子，父元素内部包含两个 div 元素，一个向左浮动，另一个向右浮动。父元素使用".clearfix"类清除浮动，代码如下，请参考本书配套资源文件"第 13 章\float.html"。

```
1    <div class="bg-info clearfix"> <!--清除浮动-->
2      <div class="p-2 text-white bg-secondary float-start">向左浮动</div>
3      <div class="p-2 text-white bg-secondary float-end">向右浮动</div>
4    </div>
5
6    <div class="bg-info mt-3"> <!--未清除浮动-->
7      <div class="p-2 text-white bg-secondary float-start">向左浮动</div>
8      <div class="p-2 text-white bg-secondary float-end">向右浮动</div>
9    </div>
```

清除浮动和未清除浮动的对比效果如图 13.9 所示，可以看到，清除浮动后的父元素高度扩展了，和没有清除浮动（去掉 clearfix）的效果形成明显对比。

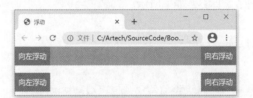

图 13.9　清除浮动和未清除浮动的对比效果

在 CSS3 中引入弹性盒子布局方式以后，使用浮动的机会大大减少了。最常用的布局方式是弹性盒子再配合使用定位属性。

13.6　其他工具类

除了前面介绍的工具类之外，Bootstrap 还提供了其他的工具类，限于篇幅本书不详细介绍，只进行简单的说明。

1. 文本工具类（text-*）

文本工具类如表 13.3 所示。

< 199 >

表 13.3　文本工具类

CSS 属性	文本工具类
text-align	.text-{start|center|end}
text-wrap	.text-{wrap|nowrap}
text-decoration	.text-decoration-{none|underline|line-through}
text-transform	.text-{lowercase|uppercase|capitalize}
word-wrap 和 word-break	.text-break
font-weight	.fw-{normal|light|lighter|bold|bolder}
font-style	.fst-{normal|italic}

2. 圆角工具类（border-radius）

它的规则如下。

```
1    .rounded-{size}
2    .rounded-{top|end|bottom|start}
```

size 的取值如下。

- 0，表示无圆角。
- 1，表示 border-radius:.2rem。
- 2，表示 border-radius:.25rem。
- 3，表示 border-radius:.3rem。
- circle，表示 border-radius:50%，用于制作圆形。
- pill，表示 border-radius:50rem，用于制作胶囊样式。

此外 ".rounded-top" 分别表示设置上方的两个角为圆角，即设置 border-top-left-radius 和 border-top-right-radius。依次类推，".rounded-start" 表示设置左边框的两个角为圆角。

3. 阴影工具类（box-shadow）

Bootstrap 提供了 4 个阴影工具类，如下所示。

```
1    .shadow-none {
2      box-shadow: none!important;
3    }
4    .shadow {
5      box-shadow: 0 .5rem 1rem rgba(0,0,0,.15)!important;
6    }
7    .shadow-sm {
8      box-shadow: 0 .125rem .25rem rgba(0,0,0,.075)!important;
9    }
10   .shadow-lg {
11     box-shadow: 0 1rem 3rem rgba(0,0,0,.175)!important;
12   }
```

如下所示，利用圆角和阴影工具类创建不同的样式，该案例的源代码请参考本书配套资源文件 "第 13 章\box.html"。

```
1    <body class="p-3 text-white">
2      <div class="shadow-none p-3 mb-3 bg-info rounded-bottom">shadow-none, rounded-
         bottom</div>
3      <div class="shadow-sm p-3 mb-3 bg-primary rounded-3">shadow-sm, rounded-3</div>
4      <div class="shadow p-3 mb-3 bg-success rounded">shadow, rounded</div>
5      <div class="shadow-lg p-3 bg-secondary rounded-pill">shadow-lg, rounded-pill</div>
```

< 200 >

```
6     </body>
```

圆角和阴影效果如图 13.10 所示。

图 13.10　圆角和阴影效果

4．边框工具类（border）

边框工具类在设置图像、按钮时非常有用。可以使用边框工具类设置所有边框为"1px solid #dee2e6"，相应地".border-{top|end|bottom|start}"分别用于设置上/右/下/左的单个边框。

此外，".border-0"用于去掉所有边框，即将边框设为 0。".border-{top|end|bottom|start}-0"用于去掉对应的单个边框。还可以使用".border-{color}"类设置边框的颜色，color 的取值和前面介绍的颜色体系一致。

5．定位工具类（position）

定位工具类的用法如下所示。

```
.position-{static|relative|absolute|fixed|sticky}
```

13.7　动手练习：创建嵌套的留言组件

留言或者评论是很多网站都有的功能，图 13.11 所示为留言布局示意图，左侧方块表示用户头像，右侧两个长方形表示姓名和留言内容。这里需要实现可以嵌套的留言结构，即可以层级方式显示回复。本例将使用 Bootstrap 提供的工具类来实现这种效果。

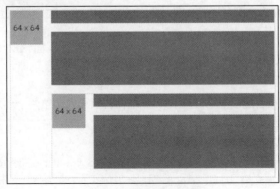

图 13.11　留言布局示意图

< 201 >

> 🖊 说明
>
> 　由于还没有介绍表单元素的设置方法，因此这个案例使用设置特定背景色的 div 元素代表具体元素。本案例的目的是希望读者能够理解使用工具类和弹性盒子的原理，以方便地实现可以嵌套和扩展的 HTML 结构。如果读者真正理解了这个案例，对 CSS 的理解会深入很多。

13.7.1 搭建框架

不考虑嵌套的情况，先搭建基础的 HTML 结构，代码如下。

```
1  <body>
2    <div>
3      <img src="images/64.gif">
4      <div>
5        <h5> </h5>
6        <p></p>
7      </div>
8    </div>
9  </body>
```

13.7.2 用工具类布局

下面开始布局，具体设置如下。

```
1  <body class="container">
2    <div class="d-flex align-items-start border">
3      <img src="images/64.gif" class="img-fluid me-3">
4      <div class="flex-grow-1">
5        <h5 class="fs-5 bg-secondary mb-3"> </h5>
6        <p class="bg-secondary minh-1"></p>
7      </div>
8    </div>
9  </body>
```

上述代码中使用 flex 工具类布局，并且使用 me-3 和 mb-3 设置外边距，以及使用 bg-secondary 设置背景色。此外，还用到了一个自定义的类 ".minh-1"，表示 "min-height:6.25rem"，这是为了让留言内容有一个最小高度，便于展示。基础的留言布局如图 13.12 所示。

本步骤的源代码请参考本书配套资源文件 "第 13 章\media-1.html"。

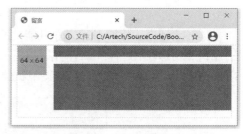

图 13.12　基础的留言布局

13.7.3 头像放右侧

如果想将用户头像放在右侧，不用修改 HTML 结构，只需要调整两个地方，具体如下所示。

```
1  <body class="container">
2    <!-- 增加了 flex-row-reverse -->
3    <div class="d-flex align-items-start border flex-row-reverse">
4      <img src="images/64.gif" class="img-fluid ms-3"> <!-- 将 me-3 改为 ms-3 -->
5      <div class="flex-grow-1">
```

< 202 >

```
6       <h5 class="fs-5 bg-secondary mb-3"> </h5>
7       <p class="bg-secondary minh-1"></p>
8     </div>
9   </div>
10  </body>
```

可以看到，增加了类".flex-row-reverse"使得排列方向改为从右往左，并且将头像的右外边距改为左外边距。用户头像在右侧的留言布局如图 13.13 所示。

图 13.13　用户头像在右侧的留言布局

本步骤的源代码请参考本书配套资源文件"第 13 章\media-2.html"。

13.7.4　实现布局的嵌套

留言一般都会有人回复，因此这种布局通常是嵌套的。其实不用再修改任何样式，只需要嵌套 HTML 即可，非常灵活，其代码如下。

```
1   <body class="container">
2     <div class="d-flex align-items-start border">
3       <img src="images/64.gif" class="img-fluid me-3">
4       <div class="flex-grow-1">
5         <h5 class="fs-5 bg-secondary mb-3"> </h5>
6         <p class="bg-secondary minh-1"></p>
7
8         <!-- 嵌套 -->
9         <div class="d-flex align-items-start border">
10          <img src="images/64.gif" class="img-fluid me-3">
11          <div class="flex-grow-1">
12            <h5 class="fs-5 bg-secondary mb-3"> </h5>
13            <p class="bg-secondary minh-1"></p>
14            <!-- 可继续嵌套 -->
15          </div>
16        </div>
17      </div>
18    </div>
19  </body>
```

嵌套的留言布局如图 13.14 所示。本案例中只嵌套了一层，读者可以自行尝试多层嵌套。

这个案例利用了弹性盒子布局灵活的特性，通过使用弹性盒子，可以非常简洁地实现一些看起来很复杂的效果。本案例的完整源代码请参考本书配套资源文件"第 13 章\media-3.html"。

< 203 >

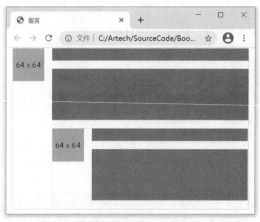

图 13.14　嵌套的留言布局

本章小结

　　本章首先介绍了工具类的概念和优势，然后重点讲解了 Bootstrap 中工具类的体系，包括颜色、尺寸、布局。它们有着相似的命名规则，用户也可以根据这种规则定义适合自己使用的工具类。最后通过一个案例展示了工具类的使用方法。

习题 13

一、关键词解释

组件化　原子化　工具类　断点　响应式工具类

二、描述题

1. 请简单描述一下相比于内联样式，工具类有哪些优势。
2. 请简单描述一下响应式工具类的断点包含哪几个值。
3. 请简单描述一下文本、背景和链接设置相应颜色的规则分别是什么，颜色类型有哪些。
4. 请简单描述一下 Bootstrap 默认的尺寸单位是什么。
5. 请简单描述一下本章中设置布局的方式有哪几种。
6. 请简单描述一下本章介绍的其他工具类还有哪些，对应的属性分别是什么含义。

三、实操题

根据本章所学内容，实现题图 13.1 所示的页面效果。

题图 13.1　页面效果

< 204 >

第 **14** 章 Bootstrap 的栅格布局

Bootstrap 最初能被广大前端开发人员喜欢，重要的一点就是 Bootstrap 提供了一套非常好用的基于栅格的页面布局系统。开发人员不需要从零开始一点点编写复杂的 CSS 样式代码，就可以实现很复杂的页面结构。此后，Bootstrap 又经过不断改进和完善，最新版的 Bootstrap v5 为前端开发人员提供了一套响应式、移动优先的栅格布局系统。本章的思维导图如下。

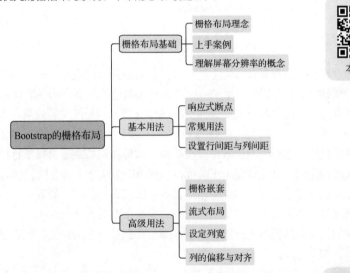

本章导读

14.1 栅格布局基础

知识点讲解

本节先来讲解一些与栅格系统相关的技术背景和基础知识，包括栅格布局理念的来源及 Bootstrap 布局的基本原理。

14.1.1 栅格布局理念

在网页出现之前，报纸就开始发展并承担起向大众传递信息的使命。经过长时间的发展，报纸已经成为世界上最成熟的大众传媒载体之一。网页与报纸在视觉上有很多类似的地方，因此进行网页的布局和设计时，可以把报纸作为非常好的参考和借鉴。

报纸的排版通常都是基于一种被称为"栅格"的方式进行的。传统的报纸通常使用的是 8 列设计，图 14.1 所示的这份报纸就是典型的 8 列设计，相邻的列之间会有一定的空白缝隙。图 14.2 所示是现在更为流行的 6 列设计，例如《北京青年报》等报纸的大部分关于新闻时事的版面都是 6 列设计，而文艺副刊等版面则使用更灵活的布局方式。读者可以找几份身边的报纸，仔细看一看它们是如何分列布局的，思考一下不同的布局方式会给读者带来怎样的阅读感受。

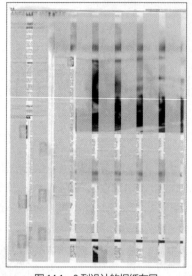

图 14.1 8 列设计的报纸布局

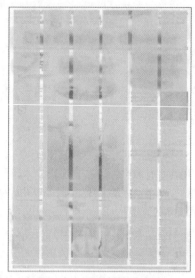

图 14.2 6 列设计的报纸布局

如果仔细观察更多的报纸，实际上还可以找到其他列数的设计方式。但是总体来说，报纸的列数通常比网页的列数多，这是因为报纸的一个页面在横向上容纳文字的字数远远超过网页。

这里仔细分析一下阅读报纸和阅读网页的动作差异，以及产生的效果。人们通常会手持报纸，其每一个版面分为 6 列，每一列大约有 15 个汉字。在阅读时，看一行文字基本不用横向移动眼球，目光只聚焦于很窄的范围，这样的阅读效率是很高的，这种布局特别适合报纸这样的"快餐"性媒体。而由于报纸宽度是固定的，又比较宽（正文可容纳近 100 个文字），因此通常都会分很多栏。

网页的宽度比报纸小得多，因此通常不会有报纸那么多的列。研究一下就可以发现，现在网页的布局形式越来越复杂和灵活了，这是因为相关的技术在不断发展和成熟。

总之，我们仍可以从报纸的排版中学到很多多年积累下来的经验，核心思想是借鉴"网格"的布局思想，其具有如下优点。

- 使用基于网格的设计可以使大量页面保持很好的一致性，这样无论是在一个页面内还是在网站的多个页面之间，都可以保持统一的视觉风格，这显然是很重要的。
- 均匀的网格以合理的比例将网页划分为一定数目的等宽列，这样在设计中会产生很好的均衡感。
- 使用网格可以帮助设计者把标题、标志、内容和导航目录等各种元素合理地分配到适当的区域，这样可以为内容繁多的页面创建出一种潜在的秩序，或者称为"背后"的秩序。报纸的读者通常并不会意识到这种秩序的存在，但是这种秩序实际上起着重要的作用。
- 使用网格不但可以约束网页的设计，从而产生一致性，而且具有高度的灵活性。在网格的基础上，通过跨越多列等手段，可以创建出各种变化的方式，这样既保持了页面的一致性，又具有风格的变化。
- 网格可以大大提高整个页面的可读性。在任何文字载体上，一行文字的长度与读者的阅读效率和舒适度有直接关系。如果一行文字过长，读者在换行的时候，眼睛必须剧烈运动，以找到下一行文字的开头，这样既打断了读者的思路，又使眼睛和脖子的肌肉紧张，疲劳感明显增加。通过使用网格，可以把一行文字的长度限制在适当的范围，读者阅读起来既方便又舒适。

把报纸排版中的概念和 CSS 的术语进行对比，如图 14.3 所示。

< 206 >

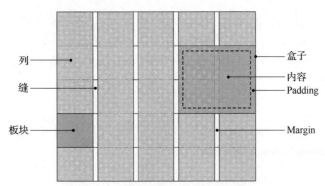

图 14.3　报纸排版概念与 CSS 的术语对比

使用网格进行设计的灵活性在于，设计时可以灵活地将若干列在某些位置进行合并。例如图 14.4 的左图中，通常将最重要的一则新闻称为"头版头条"，放在非常显著的位置，并且横跨 8 列中的 6 列。其余的位置，在需要的地方也可以横跨若干列，这样的版式就明显地打破了统一的网格带来的呆板效果。在图 14.4 的右图中，同样将重要的内容横跨多列。

14.1.2　上手案例

在详细讲解 Bootstrap 的栅格布局之前，我们先动手

图 14.4　报纸排版中，列可以灵活地组合

制作一个简单的案例，体验一下其基本概念和方法。在这个案例中，将制作一个图 14.5 所示的软件开发公司的网站首页。这个页面没有使用任何图片，除了 Bootstrap 提供的样式，没有添加任何额外的样式，只用了非常精简的 HTML 代码，就实现了一个相当精致的页面。

图 14.5　软件开发公司的网站首页

可以看到，这个页面分为页头、主体和页脚 3 个部分，中间的主体部分从上到下又分为 3 个部分，上面是主体区域，包括网站的宣传语，如果是在真正的网站上，这里常常是一个可以循环播放大幅图

< 207 >

片的区域。在它的下面，是水平排列的 3 个 div 元素，每个 div 元素展示公司的一个特点，再下面的部分是公司的两行业务介绍，每行分为左右两栏，左边是标题，右边是内容。

现在完全使用 Bootstrap 的工具类和栅格布局来制作这个网页，不添加额外的样式类，看看这样一个网站是如何实现的。

1．准备空白页面

准备一个空白页面，引入 Bootstrap 的 CSS 文件，代码如下所示。本案例的源代码请参考本书配套资源文件"第 14 章\hands-on\hands-on-1.html"。

```
1   <!doctype html>
2   <html lang="zh-CN">
3   <head>
4     <meta charset="utf-8">
5     <meta name="viewport" content="width=device-width, initial-scale=1, shrink-to-fit=no">
6     <link href="../bootstrap.min.css" rel="stylesheet">
7     <title>软件开发公司首页案例</title>
8   </head>
9   <html>
10    <body>
11    </body>
12  </html>
```

2．页头和页脚

添加页头和页脚部分，代码如下所示。本案例的源代码请参考本书配套资源文件"第 14 章\hands-on\hands-on-2.html"。

```
1   <body >
2     <header class="py-2 bg-dark">
3       <div class="container">
4         <strong class="text-white">Artech Software Studio</strong>
5       </div>
6     </header>
7     <footer class="py-5 bg-light">
8       <div class="container">
9         <p class="float-end"><a href="#">返回顶部</a></p>
10        <p>&copy; 2008-2021 Artech, Inc. &middot; <a href="#">Privacy</a> &middot; <a href="#">Terms</a></p>
11      </div>
12    </footer>
13  </body>
```

添加上述代码后，页头和页脚效果如图 14.6 所示。

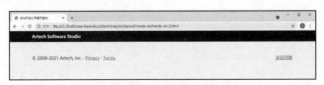

图 14.6　页头和页脚效果

可以看到，使用 HTML5 新增的语义化元素 header 和 footer，分别使用 py-2 和 py-5 工具类设置了竖直方向的 padding 属性，以及 bg-dark 和 bg-light，使页头部分为深色背景，使页脚部分为浅色背景。

< 208 >

> **⚠ 注意**
>
> 如果对 py-2 和 py-5 这样的工具类还不熟悉，请学习或复习本书第 13 章的内容，务必熟练掌握了工具类的使用方法之后，再来学习本章的内容。

接下来在 header 和 footer 元素中，分别加入了一个 div 元素，并设定了 class="container"，这个 container 类是 Bootstrap 为了实现栅格布局而定义的一个非常重要的类，是每个栅格布局的最外一层，也称为"容器元素"。一个页面中可以包含多个使用了 container 类的 HTML 元素，它们各自可以形成栅格布局，并且它们之间不会相互影响。

使用了 container 类的 HTML 元素就会自动产生适当的固定宽度，在不同的设备上宽度也会不同。读者亲自试验一下就会看到，如果改变浏览器窗口的宽度，从最窄到最宽，页面都能正常显示。这就是 Bootstrap 的响应式的优点。

在页头、页脚的容器元素中，由于没有再分为几行或分列，因此其中的元素使用的都是普通的 Bootstrap 工具类。页头部分使用 class="text-white"将文字设置为白色，显示了公司名称。页脚部分使用 class="float-end"将文字移到了最右端。

3．主体部分

理解了页头、页脚两个部分之后，在 header 和 footer 元素之间，添加一个 main 元素，它也是 HTML5 新增的语义化元素。先在 main 元素的内部制作出主体部分，新增加的代码如下所示。本案例的源代码请参考本书配套资源文件"第 14 章\hands-on\hands-on-3.html"。

```
1    <main>
2      <div class="container text-center py-5">
3        <div class="row py-lg-4">
4          <div class="col-md-8 mx-auto">
5            <h1 class="fw-light">网络连接世界 软件定义未来</h1>
6            <p class="lead text-muted">我们为企业定制开发适合业务需要的软件，帮助他们将非凡
                的远见和创意，付诸实践，助力他们的高速成长，成为行业中的领导者。</p>
7            </p>
8            <p>
9              <a href="#" class="btn btn-primary my-2">深入了解</a>
10             <a href="#" class="btn btn-secondary my-2">成功案例</a>
11           </p>
12         </div>
13       </div>
14     </div>
15   </main>
```

网页主体上面部分的效果如图 14.7 所示。

图 14.7　网页主体上面部分的效果

< 209 >

可以看到，main 元素中的 div 元素也被设置了 container 类，说明内部也会使用栅格布局，这个部分就出现新的与栅格布局相关的元素了。首先在栅格容器 div 里加入一个 div 元素，这个 div 元素使用了 row 这个 Bootstrap 定义的类，表示这个 div 元素会成为栅格容器 div 中的一行。一个容器中可以有多行，每行都需要一个 div.row 元素。

接下来需要在 div.row 元素中再嵌入一个 div 元素，在 div.row 元素内部的每个 div 元素将一行分为若干列，每列用一个 div 元素。这个案例的代码中使用了 col-md-8 这个类，说明它是一个响应式类，其作用就是如果大于或等于中号设备时，这个 div 元素占 12 列中的 8 列。注意，Bootstrap 默认将栅格中的一行分为 12 列。

与第 13 章介绍的一致，Bootstrap 遵循移动优先的原则，因此这个 div 元素在最小设备和小号设备上没有指定列宽，意味着将占满 12 列。

由于占了 12 列中的 8 列，还有 4 列的宽度剩余，因此后面又用了 mx-auto 工具类，表示水平方向的 margin 为 auto，即居中对齐。

这样做的效果是，当在比较窄的浏览器窗口中，这一列会比较宽，占满整个宽度，而在比较宽的浏览器窗口中，内容只会占据 8/12 的宽度。

上面代码中的剩余部分就与布局无关了，希望读者能理解本案例中出现的工具类。

4. 公司特色部分

接下来要制作的是页面中部的 3 个水平并列的区域，代码如下所示。本案例的源代码请参考本书配套资源文件"第 14 章\hands-on\hands-on-4.html"。

```
1    <div class="py-4 bg-light">
2      <div class="container">
3        <div class="row gx-5">
4          <div class="col-lg-4 my-5" >
5            <h3 class="fw-light text-center mb-4">沟通协作</h3>
6            <p>只有舒适而精准的协作，才能创作出赏心悦目的作品。良好的沟通是成功的基础，我们有众
                多长期合作，超过 10 年的服务经验，一切源于坦诚务实的沟通和理解。</p>
7            <p class="text-center"><a class="btn btn-secondary" href="#" role=
                "button">了解详情 »</a></p>
8          </div>
9          ......
10       </div>
11     </div>
12   </div>
```

页面主体中间部分的效果如图 14.8 所示。

图 14.8　页面主体中间部分的效果

< 210 >

为了给这个部分整体加上一直到窗口左右两端的灰色背景，在栅格容器 div 的外面再套一层 div 元素，用工具类 bg-light 设置背景色。

接着在栅格容器 div 中，加入一个 class="row"类的行。注意还有一个 gx-5 的类名，它用于设置比默认值更宽的列间隔。接下来依次是 3 个完全相同结构的 div 元素，都添加了 col-lg-4 类名，表示对宽屏设备每一行占 12 份中的 4 份，也就是 3 列平均占满整个宽度。

内部的样式依然使用工具类实现，这里不再赘述。

5．公司业务部分

制作页面主体的下面部分，代码如下。本案例的源代码请参考本书配套资源文件"第 14 章\hands-on\hands-on-5.html"。

```
1     <div class="container">
2       <div class="row py-4 my-4">
3         <div class="col-md-5">
4           <p>REDEFINING THE WORLD</p>
5           <h2 class="fw-light mb-5">通过软件重新定义未来</h2>
6         </div>
7         <div class="col-md-7">
8           <p>今天，所有行业都离不开信息技术的支撑和驱动。每个行业的佼佼者，内在都是一家领先的
              软件和数据公司。今天，软件定义一切，软件能力是每一个企业的核心竞争力，所有生意值得重
              做一遍，我们和您一起通过软件重新定义世界。</p>
9           <p>我们将是您的最佳软件合作伙伴，实际上我们不像一家公司，更像一支乐队，您也参与其中，
              只有高效而精准的协作，才能创作出赏心悦目的作品。</p>
10        </div>
11      </div>
12      <hr>
13      ……
14    </div>
```

页面主体下面部分的效果如图 14.9 所示。

图 14.9　页面主体下面部分的效果

< 211 >

　　至此，相信读者已经可以看懂这几行代码了。同样是最外层的栅格容器 div，里面一层是行 div 元素，再里面一层把这一行分为了两列，左边的占 5 份，右边的占 7 份，同样占满了整个宽度。注意这里使用的仍然是响应式的类名 col-md-5 和 col-md-7，表示只有在中号或大于中号的屏幕上，才会这样分配宽度。如果是小号的屏幕，没有指定宽度，就表示每一列都占满整行。

　　因此，可以观察到在浏览器屏幕最窄的情况下，内容会占满屏幕，原来左右并列的内容，自动变成上下排列，用户阅读起来依然非常流畅。移动端的页面展示效果如图 14.10 所示。

图 14.10　移动端的页面展示效果

　　通过上面的例子，为读者演示了制作一个简单、基本的使用 Bootstrap 栅格布局的页面。主要包括以下几个基本要点。

- 外层一定要有一个 class 属性值为 container 的容器元素，通常是 div 元素。
- 容器元素中，通过使用 class 属性值为 row 的元素设置行元素。
- 每一行内部再分为若干列，每列可以指定宽度在 12 份中占几份。
- 必要时还可以通过 gx 指定列之间的水平距离。

　　希望读者能自己把这个案例看懂。除了栅格布局部分，对于出现的其他工具类，也希望读者能认真地弄懂。这样就可以在理解 Bootstrap 栅格布局的基本原理和方法之后，针对相关内容进行深入细致的学习。

　　这里再介绍一下，如何方便地在 Chrome 浏览器中模拟不同的设备查看一个网页。

　　打开浏览器的开发者工具（按 Ctrl+Shift+I 组合键），然后单击开发者工具的菜单栏最左侧的第 2 个图标（图 14.11 中数字 1 所示的位置），在页面顶端出现设备选择的下拉列表框（图 14.11 中数字 2 所示的位置），如图 14.11 所示。这时就可以根据需要来切换设备了。

　　可以看到，Chrome 浏览器的开发者工具中已经提供了常见的一些设备型号，选中一个型号以后，旁边会显示其逻辑分辨率，还可以设置显示的比例。最右边有个按钮，可以切换设备的方向，模拟竖屏观看或者横屏观看。

　　如果下拉列表中没有包含所需的设备，可以选择最上面一项 Resposive，可以自己设定逻辑分辨率。关于逻辑分辨率的概念，会在 14.1.3 小节中介绍。

< 212 >

图 14.11　Chrome 浏览器中模拟设备

14.1.3　理解屏幕分辨率的概念

前面讲解了从报纸排版的经验中，人们吸取了栅格布局的思想，发展出了适合网页的栅格布局方法，并通过一个上手案例，初步体验了使用栅格布局的基本方法。

当然，网页的布局并不完全等同于报纸的布局，它有着自己的特点。世界上有各种各样的电子设备，比如手机、平板和笔记本电脑等，它们的屏幕尺寸各不相同，视口尺寸也不同。随着越来越多的屏幕尺寸的出现，响应式网页设计的概念出现了，它是一系列允许网页更改其布局和外观以适应不同的屏幕宽度和分辨率的方法。

因此，这里必须要对当今的"屏幕"作一些介绍。现在电子设备无处不在，屏幕也千差万别，对于前端开发人员及设计师来说，一定要对屏幕的一些参数进行比较深入的学习。

在移动设备没有出现之前，人们通常在计算机上访问网站，当时出现了"分辨率"这一个概念。它就是显示器真实的物理分辨率。分辨率是用像素数量来衡量的。

十几年前主流显示器的分辨率是 1 024 像素×768 像素，是指在整个屏幕的水平方向显示 1 024 个像素、垂直方向显示 768 个像素。分辨率的水平像素和垂直像素的总数总是成一定比例的，一般为 4：3、16：9 等。每个显示器都有自己的最高分辨率，并且可以兼容其他较低的显示分辨率，所以一个显示器可以设置多种不同的分辨率。

近十年来随着移动设备的普及，也导致分辨率的变化极大，同时出现了高分辨率显示屏（简称高分屏）。在高分屏上一个像素变得特别小，如果仍然都按照像素大小来做设计，那么一个页面显示在一个普通的屏幕上或者显示在一个高分屏上，二者将差别极大。

因此，"分辨率"这个概念就区分为"物理分辨率"和"逻辑分辨率"这两个概念。

* 物理分辨率的含义就是原来的分辨率，是由真正设备上的物理像素量决定的。我们在宣传广告上看到的分辨率通常都是物理分辨率，它表示设备的技术水准。
* 逻辑分辨率是将若干像素合起来，当作一个像素看待而得到的分辨率，它的目的是使各种设备的分辨率有大致相当的可比性，从而可以进行统一的设计。我们在做 Web 开发的时候，通常只关心逻辑分辨率。

以一台 iPhone 12 为例，它的屏幕尺寸是 6.1 英寸，物理分辨率为 1 170 像素×2 532 像素，逻辑分辨率为 390 像素×844 像素，二者之间的比例是 3：1，一个逻辑像素的长度等于 3 个物理像素的长度（面

< 213 >

积为 9 倍）。它的物理像素密度高达 458 像素/英寸，而逻辑像素密度为 153 像素/英寸。

再如一台 2015 款的 MacBook Air 13 英寸的笔记本电脑，它的物理分辨率和逻辑分辨率都是 1 440 像素×900 像素，二者之间的比例是 1∶1，它的像素密度只有 128 像素/英寸。

由此可以知道，一部尺寸小得多的手机，它的实际像素数要比尺寸大很多的笔记本电脑的像素数多得多。

这时如果制作一个页面，就要求能够同时适应这些不同的设备。在页面设计和软件开发时都使用逻辑分辨率，尽管不同设备的物理分辨率可能相差极大，但是逻辑分辨率是接近的，因此仍可以很方便地在基本相同的尺度上进行设计和开发。实际上，在网页设计和软件开发中，我们真正关心的是逻辑分辨率，而不是物理分辨率。

> **说明**
>
> 对于设计师来说，仍然需要理解物理分辨率的含义，这样在输出设计图的时候，可以根据设备的物理分辨率输出高分辨率的设计图。设计师通常会对一个设计方案按照不同的物理分辨率输出不同的效果图，供客户审核。此外，虽然设计时的尺度基于逻辑分辨率，但是对于要显示在页面上的图像，例如页面上的 Logo 图片等，也需要根据设备的物理分辨率输出为高清图像，否则在高分屏上就会显得非常模糊。

通常来说，物理分辨率和逻辑分辨率都呈整倍数的关系。以 iPhone 为例，表 14.1 所示为从第 1 代到第 12 代 iPhone 的所有屏幕的逻辑分辨率及其与物理分辨率之间相差的倍数。

表 14.1　iPhone 的所有屏幕的逻辑分辨率及其与物理分辨率之间相差的倍数

iPhone 历代屏幕	逻辑分辨率/像素	与物理分辨率相差的倍数
3.5 英寸	320×480	1
4 英寸	320×568	2
4.7 英寸	375×667	2
5.4 英寸	375×812	~2.9
5.5 英寸	414×736	~2.6
5.8 英寸	375×812	3
6.1 英寸（2018～2019）	414×896	2
6.1 英寸（2020）	390×844	3
6.5 英寸	414×896	3
6.7 英寸	428×926	3

可以看到，只有两种（iPhone 6～8 的 plus 版，以及 iPhone 12 的 mini 版）屏幕很特殊，它们的物理分辨率与逻辑分辨率不是相差整数倍。所以这里引入第 3 个概念"渲染分辨率"，也就是说，它们是先按照 3 倍"渲染"图像，然后缩小一点显示到实际的物理屏幕上。因此，仍然按照 3 倍输出设计图即可。

总结一下，我们购买设备的时候，更关心物理分辨率，而在 Web 开发过程中，通常更关心逻辑分辨率。在进行 CSS 设置的时候，也都是按照逻辑分辨率进行的，因此后面提到的所有像素都是基于逻辑分辨率来说的。也就是说，对于 iPhone 12 这样的手机，它的宽度仍然看作是 390 像素即可，不用考虑它实际的物理分辨率。

事实上，在做 Web 开发时，桌面端比手机端更复杂，因为手机的逻辑分辨率通常都是固定的，用户也不用自行修改。而对计算机来说，目前有大量的低分屏和高分屏并存，设计时都需要考虑，另外，

< 214 >

对于计算机，用户通常会选择不同的分辨率，导致实际存在的分辨率相差很大。

比较简单的做法是按照 1 200 像素宽度考虑桌面端的效果，原来的 Bootstrap 也默认把这个宽度作为最大的页面宽度进行考虑。在最新版本的 Bootstrap 中增加了一个更宽的 1 400 像素屏幕宽度，开发时可以根据实际情况决定。

除了最小的手机和最大的计算机之外，处在中间的就是一些平板设备了，它们有比较典型的两个尺寸：768 像素和 1 024 像素，前者是 iPad 竖屏使用时的宽度，后者是 iPad 横屏使用时的宽度。

因此，从实用角度来讲，通常考虑以下几种情况即可。

- 小于 768 像素宽度的都当作手机对待。
- 从 768 像素开始考虑使用 iPad 竖屏观看时的效果。
- 从 1 024 像素开始考虑 iPad 或者 iPad Pro 竖屏效果或者一些老旧的计算机。
- 从 1 200 像素开始则作为正常的计算机，如果从 1 400 像素开始则考虑更大的计算机，或者一些特殊的大屏设备。

有了以上概念以后，在 14.2 节中我们来看 Bootstrap 具体是如何处理的。

14.2 基本用法

案例讲解

本节讲解 Bootstrap 栅格布局的基本使用方法，它能满足在实际工作中遇到的大多数设计需要。在 14.3 节中，将介绍一些不一定经常遇到，但是如果遇到了也需要掌握的方法。

14.2.1 响应式断点

断点是响应式设计中的重要概念。由于设备的宽度差别很大，因此 Bootstrap 预定义了若干常用的特征点。可以对不同的宽度应用不同的样式，以达到响应式的目标。它内部是通过使用 CSS 的媒体查询（media query）功能来实现的。

我们通常说的"浏览器窗口"这个说法不太严谨，严格说应该叫"视口"。

视口表示当前正在查看的区域。对 Web 浏览器来讲，它通常是指浏览器窗口，但不包括浏览器的菜单栏等部分，也就是真正显示网页的部分。网页可能很长，视口是当前可见的内容。与视口相关的几个因素包括：屏幕的大小、浏览器是否处于全屏模式、是否通过浏览器对页面放大或缩小。例如，在 Chrome 浏览器中，按 F11 功能键就可以切换是否以全屏模式显示，按 Ctrl++或 Ctrl+-组合键可以放大或缩小内容。放大内容可以理解为放大逻辑像素的大小，也就相当于缩小视口的大小。

概括地说，视口可以理解为当前可见的文档部分。Bootstrap 布局遵循以下原则。

- 断点是响应式设计的基础。开发人员可以使用断点来控制如何在特定视口上调整布局。
- 使用媒体查询按断点构建 CSS。媒体查询是 CSS 的一项功能，可以根据一组浏览器和操作系统的参数有条件地应用样式。
- 移动设备优先。Bootstrap 的原则是在默认情况下，使用最少的样式设置，使布局在最小的设备上工作，然后通过使用更多的断点，针对较大的设备调整设计。这样可以优化 CSS，缩短渲染时间，并为访问者提供更好的体验。

Bootstrap 包含 5 个默认断点，把设备分成 6 类，用于构建响应式布局，表 14.2 所示为响应断点的设置。这些响应断点的名称务必牢记。这些宽度数值是 Bootstrap 根据设备情况预设的值，绝大多数情况下，不需要调整它们。

< 215 >

表 14.2　响应断点的设置

断点	CSS 类中缀	宽度
特小	无	<576px
小	sm	≥576px
中	md	≥768px
大	lg	≥992px
特大	xl	≥1 200px
超大	xxl	≥1 400px

选择断点的目的是更好地容纳 12 列的容器。需要注意的是，断点代表的是常见设备尺寸的集合，并非专门针对某个特定的设备。这些断点为几乎所有设备提供了一致的基础，它是从小到大，逐步应用的。

表 14.2 的第 2 列中的这些名称通常不会独立使用，而是用在预设的一些类名中，用于指定样式专用于相应的设备上。

> **注意**
>
> 特小号设备没有名称，这是因为 Bootstrap 遵循移动优先的原则，不指定时就当作手机对待，因此特小号设备没有指定的名称，在后面会具体看到实际用法。

14.2.2　常规用法

Bootstrap 的栅格布局系统使用"容器""布局行"及"布局列"来布局和对齐内容。Bootstrap 内部使用 CSS 的弹性盒子方式布局构建，具有完全的响应能力。在大多数设计中，我们希望得到的结果是在手机上和计算机上有各自的布局方式。

因此，Bootstrap 引入了"响应式列布局"的概念。如果希望页面中使用相同的 HTML 结构，但是在不同设备上的布局有所区别，则可以灵活地使用响应式布局类，它实际上不是一个 CSS 样式类，而是一系列的 CSS 样式类，形式如下。

```
col-{断点名}-{12 份中占所占份数}
```

断点名可以选择 sm、md、lg、xl、xxl 这几个中的一个，注意以下几点。

- 举例来说，col-lg-3 表示这一列在大号以及更大号的设备上占 12 份中的 3 份。
- 对一行中的各个列，可以同时使用多个设置，例如"col-6 col-md-4 col-lg-3"，表示从移动设备开始，最小号设备上这个布局列占 12 份中的 6 份（一行可以放下两个这样的布局列），然后到中号设备时，变为占 4 份（一行可以放下 3 个这样布局列），再增大到大号设备时，变为占 3 份（一行可以放下 4 个这样的布局列）。
- 如果没有选择任何一个断点名，例如设置为 col-6，表示从手机开始的所有设备上占 6 份，直到被指定断点的设定改变。

掌握了上述的基本概念之后，现在来实现一个简单的案例，演示一个极为常见的开发需求。

假设在一个电商网站上，每页显示 12 种商品，使用卡片式布局，每种商品显示为一个长方形的卡片。本案例希望在不同宽度的设备上实现，每一行显示不同数量的产品卡片。如果手机屏幕很窄，每行只显示两个商品；iPad 竖屏观看时，每行显示 3 个商品；再大一些时，比如 iPad 横屏观看时，每行

< 216 >

显示 4 个商品；再到计算机上，每行显示 6 个商品。不同设备的显示效果如图 14.12 所示。

图 14.12　不同设备的显示效果

可以看到，对于这样的效果，如果用 CSS 的媒体查询手动实现，还是非常烦琐的，而且这仅仅是一个非常简单的页面。如果是一个复杂页面，而且包含了很多不同的元素，如果还需这样灵活地根据设备自适应显示，就更困难了。

如果使用 Bootstrap 的栅格布局来实现就非常简单了，代码如下所示。本案例的完整源代码请参考本书配套资源文件"第 14 章\layout-1.html"。

```
1   <div class="container mt-5 fs-4">
2     <div class="row g-5">
3       <div class="col-6 col-md-4 col-lg-3 col-xl-2 text-center">
4         <div class="p-3 rounded border border-primary border-2">Prod ABCD</div>
5       </div>
6       <div class="col-6 col-md-4 col-lg-3 col-xl-2 text-center">
7         <div class="p-3 rounded border border-primary border-2">Prod ACBD</div>
8       </div>
9       ……
10    </div>
11  </div>
```

可以看到，最外层<div>标记使用了 container 类，使之成为布局容器，里面一层<div>标记使用了 row 类，使之成一个布局行，里面放入了 12 个 div，对应图中的 12 个产品卡片。

请注意，这里每个产品卡片实际上有两层<div>标记，在外层<div>标记上设置 col-*样式用于布局，内层<div>标记设置卡片的边框和 padding。

12 组卡片的 div 元素从左上角开始排列，到合适的位置就会换行，依次显示。在实际工作中，这些卡片中的数据都是从服务器获取的，然后循环生成，非常方便。

现在我们主要关注产品卡片<div>标记的 CSS 类，可以看到依次使用了 col-6、col-md-4、col-lg-3、col-xl-2 这 4 个响应式列对应的类。正如前面介绍的，这 4 个 CSS 样式类对应了 4 种不同设备上的效果。

- 在手机和 sm 设备上使用 col-6，表示一个卡片占 6 份，因此每两个卡片一行。
- 到 md 设备（例如竖屏观看时的 iPad），改为 col-md-4，即一个卡片占 4 份，每行可以放下 3 个卡片。
- 再到 lg 设备（例如横屏观看时的 iPad，或者竖屏观看时的 iPad pro），改为 col-md-3，即一个卡片占 3 份，每行可以放下 4 个卡片。
- 再增大设备，到 xl 或者 12l（图中没有显示）的屏幕上，一行可以显示 6 个卡片，一共显示两行。

相信通过这个例子，读者已经了解 Bootstrap 响应式布局最核心的方法了，使用该布局方法可以方便地让布局元素自由地合理排列。

< 217 >

> 📝 说明
>
> 在上面的列元素上还使用了 mt-5 工具类，目的是设置一个比较宽的 margin，fs-4 是为了使读者能看清楚，因此设置比较大的字体。还有 rounded、border、border-primary、border-2 都是常用的工具类，在第 13 章已经进行了介绍，如果不熟悉，请读者复习第 13 章的内容。

上面的代码中，在 row 类的后面使用了一个 g-5 类，这个看起来不起眼的类实际上非常重要，它的作用是设置各个卡片之间的间隔，我们将在 14.2.3 小节中详细介绍。

14.2.3 设置行间距与列间距

在实际的项目中，开发人员往往需要根据网页设计师的意图设置行/列间距，这时可以在 row 类上使用如下 3 组样式类来实现。

- ".gx-*" 类可以设置水平间距。
- ".gy-*" 类可以设置垂直间距。
- ".g-*" 类可以同时设置相同的水平间距和垂直间距。

"*" 代表的间距可以设置为 0~5 这 6 级，具体如表 14.3 所示。

表 14.3　行/列间距的等级

等级	间距	示例
0	0rem	.gx-0, .gy-0, .g-0
1	0.25rem	.gx-1, .gy-1, .g-1
2	0.5rem	.gx-2, .gy-2, .g-2
3	1rem	.gx-3, .gy-3, .g-3
4	1.5rem	.gx-4, .gy-4, .g-4
5	3rem	.gx-5, .gy-5, .g-5

默认情况下，栅格系统的水平间距是 1.5rem，垂直间距是 0rem。

这里真正需要认真理解的是，为什么在 14.2.2 小节的产品卡片案例中，每个卡片还需要多嵌套一层 div 元素，而不是直接把卡片内容写到上一层的 div 元素中呢？

我们来通过 Chrome 浏览器的开发者工具观察一下设置了行/列间距（g-5）以后的页面结构，如图 14.13 所示。

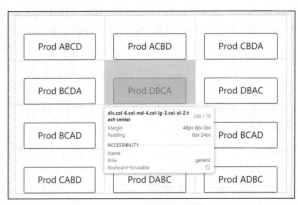

图 14.13　查看行/列间距

< 218 >

在 14.2.2 小节的例子中，我们使用了 g-5 类，表示行间距和列间距都是 3rem，基准的 1rem 等于 16 像素，因此 3rem 就等于 48 像素。

图 14.13 所示是使用 Chrome 浏览器的开发者工具查看的效果，从中可以看出，Bootstrap 使用 margin 实现的行间距正是 48 像素，而列间距是通过 padding 实现的，分在每个卡片的左右两边是 24 像素。图中的虚线是弹性盒子布局方式的分隔线。

因此需要记住，列间距以 padding 方式分布在卡片两边，行间距以 margin 方式出现在卡片的上侧，最上一行卡片是没有 margin 的。图 14.13 中最上一行的 3 个产品卡片之所以有 margin，是因为它们是用 mt-5 工具类实现的，而不是 g-5 类。

> **注意**
>
> 这里说的"行"和前面说的通过 row 类定义行的布局行，是不同的两个概念。row 类定义的布局行，里面包含的元素在实际页面中可能会折行，显示为多行效果，但是仍属于一个布局行。
>
> 在上面的代码中，只有一个布局行，但是包含了 12 个产品卡片，一行显示不下时会换行。

从图 14.13 中可以清楚地看到，如果要给每个卡片设置边线，就必须嵌入一层 div 元素，否则，如果边线设置在 col-*元素上，边线会在 margin 和 padding 之间，左右相邻的产品卡片之间就不会产生间距了。因此，必须再嵌入一层 div 元素，给它设置边线，才能产生我们希望的间距效果。

基于同样的道理，在使用 Bootstrap 布局时，需要特别注意的是两端的对齐问题，特别是有边线的时候。例如在上面例子的基础上，不改变产品卡片的阵列，而是在它的上面再增加一个通栏的布局行。通栏的意思就是占满 12 列，并且给它加上边线，代码如下所示。本案例的完整源代码请参考本书配套资源文件"第 14 章\layout-2.html"。

```
1    <div class="container mt-5 fs-4">
2      <div class="row mb-3">
3        <div class="col-12 rounded border border-primary border-2">
4            这是一个通栏的行
5        </div>
6      </div>
7      <div class="row g-5">
8        <div class="col-6 col-md-4 col-lg-3 col-xl-2 text-center">
9          <div class="p-3 rounded border border-primary border-2">Prod ABCD</div>
10       </div>
11       ......
12     </div>
13   </div>
```

相差像素的展示效果如图 14.14 所示，可以看到，这个通栏行区域的左右边线和下面的卡片阵列的左右边线错开了一些，这很难看，通常设计师不会这样设计页面。作为开发人员，一个像素不差地还原设计师的设计是基本功。

为什么会出现相差像素的问题呢？这是因为 Bootstrap 会给 container 容器的 div 元素自动地预设左右两端各 0.75rem 的 padding。最左侧卡片的左边线与通栏区域的内容的左边界对齐，但是由于上面通栏区域的边线设在了 row 类上，因此边线在 padding 的外边，导致边线没有对齐。

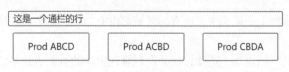

图 14.14　相差像素的展示效果

< 219 >

因此，解决方法仍然是再嵌套一层 div 元素，然后把边线设置到这个内层的 div 元素上，代码如下所示。本例的完整源代码请参考本书配套资源文件 "第 14 章\layout-3.html"。

```
1   <div class="container mt-5 fs-4">
2     <div class="row mb-3">
3       <div class="col-12">
4         <div class="rounded border border-primary border-2">
5           这是一个通栏的行
6         </div>
7       </div>
8     </div>
9     <div class="row g-5">
10      <div class="col-6 col-md-4 col-lg-3 col-xl-2 text-center">
11        <div class="p-3 rounded border border-primary border-2">Prod ABCD</div>
12      </div>
13      ......
14    </div>
15  </div>
```

解决相差像素后的效果如图 14.15 所示，可以看到页面最左侧和最右侧的边线对齐了。

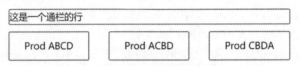

图 14.15 解决相差像素后的效果

现在回忆一下本章开头的上手案例，并没有对其做任何额外的处理，没有嵌入额外的 div 元素，但是页面也很整齐，如图 14.16 所示。图 14.16 中加了两条竖线，可以看到左右边线对得非常整齐。

图 14.16 左右边线的对齐效果

二者的区别在哪里呢？上手案例中，所有的区域都没有边线，而上面产品卡片的案例中，每个区域都有自己的边线。

如果为上手案例中的区域也加上边线，就会发现呈现出来的页面也是不整齐的。初学者在这里很容易遇到问题。

< 220 >

　　总结一下，在实际工作中，按照 Bootstrap 约定的方法构建 HTML 结构，container、row、col-*都不要缺少。如果希望区域带有边线，就再嵌套一层 div 元素，在这一层 div 元素上设置边线，页面就会整齐了，而不要在外层容器上设置边线。

> ✎ 说明
>
> 　　Bootstrap 默认的列间距是 1.5rem，每一列的两侧会有一半（即 0.75rem）的 padding。同时，Bootstrap 会让 row 的左右各有间隔宽度一半的负 margin，从而抵消掉左右两端的半个 padding。这样，同一个 container 中的多个布局行如果设置了不同的行间距，左右两端的边线仍然是对齐的。但是如果要加边线，必须嵌套一层 div 元素，把边线设置到这一层 div 元素上，而不能在 col-*这些 div 元素上设置边线。

　　了解了上面的方法后，已经可以实现实际工作中的大部分页面了。下面再介绍几个在特殊情况下可能需要使用的方法。

14.3　高级用法

知识点讲解

14.3.1　栅格嵌套

　　Bootstrap 支持嵌套的栅格布局，即在一个布局列元素中嵌套布局行元素，从而创建出更复杂的布局。

　　下面实现一个简单的例子。首先，制作一个简单的栅格布局页面，将一个布局行分为 9∶3 的 2 列，代码如下所示。

```
1   <body>
2     <div class="container">
3       <div class="row">
4         <div class="col-md-9">
5             <!-- 等待插入嵌套的栅格布局 -->
6         </div>
7         <div class="col-md-3">
8           Side Bar
9         </div>
10      </div>
11    </div>
```

　　接着，在左边的列中嵌套两个布局行，分别包含 6∶6 的 2 列，以及 4∶4∶4 的 3 列，增加的代码如下。

```
1   <div class="row">
2     <div class="col-md-6">
3       Top News
4     </div>
5     <div class="col-md-6">
6       Top News
7     </div>
8   </div>
9   <div class="row">
10    <div class="col-md-4">
11        Story
```

< 221 >

```
12    </div>
13    <div class="col-md-4">
14      Story
15    </div>
16    <div class="col-md-4">
17      Story
18    </div>
19  </div>
```

嵌套的栅格布局效果如图 14.17 所示。本例的完整源代码请参考本书配套资源文件"第 14 章\
layout-4.html"。

图 14.17　嵌套的栅格布局效果

这个布局也是很常见的，例如一些新闻类网站，最右边有一个同高的侧边栏，左边的主内容区域
可以按照不同的行，各自划分为不同的几个分区。

⚠️ 注意

　　这个案例中，所有的布局列都仅设置了 col-md-*，其作用就是从中号开始，为所有的设备都用指定的布
局；对于 md 以下的两种设备，都按照手机对待，效果就是所有的布局列都堆叠排列，如图 14.18 所示。这在
手机上阅读时也是非常适当的。

图 14.18　布局列堆叠排列

14.3.2　流式布局

在前面的案例中，我们已经知道了 container 类的作用和重要性，也就是栅格布局的最外一层容器。
实际上 Bootstrap 提供了如下 3 种不同的容器。

- ".container"，默认容器，也就是前面介绍的容器。它的特点是在不同的设备上，都会分别有一
  个自动预设的最大宽度。
- ".container-fluid"，流式容器，不考虑任何断点，在所有设备上都是从左往右一直顶到浏览器窗
  口的左右两端。
- ".container-{断点}"，响应式容器，是以上两种容器的结合，也就是指定一个断点，小于该断
  点时按照流式容器处理，大于或等于指定断点以后，按照默认容器处理。

表 14.4 所示为每个响应式容器的 max-width 值，以及与默认容器和流式容器的比较。

< 222 >

表 14.4　响应式容器

容器类型	特小 <576px	小 ≥576px	中 ≥768px	大 ≥992px	特大 ≥1 200px	超大 ≥1 400px
.container	100%	540px	720px	960px	1 140px	1 320px
.container-sm	100%	540px	720px	960px	1 140px	1 320px
.container-md	100%	100%	720px	960px	1 140px	1 320px
.container-lg	100%	100%	100%	960px	1 140px	1 320px
.container-xl	100%	100%	100%	100%	1 140px	1 320px
.container-xxl	100%	100%	100%	100%	1 140px	1 320px
.container-fluid	100%	100%	100%	100%	100%	100%

在实际工作中，大多数页面都会有一个固定宽度，较少遇到完全伸展到按照浏览器窗口左右边界的布局形式，特别是在比较大的设备上更是很少见到。因此，通常用默认容器就可以了。这里不再举例说明。

14.3.3　设定列宽

在栅格布局中，确定一个布局列的宽度是实际工作中很重要的一件事，前面我们介绍了通过 col-- 的方式，可以设定一个布局列的宽度是 12 份中的几份，这是通常的做法。

此外，还有如下两种情况在实际开发中也会遇到。

- 等宽列：一个布局行中，其他列的宽度已经确定，剩余的宽度被几个等宽列平均分配。
- 自动列：根据其中包含的内容的宽度，来决定这个列的宽度。

1. 整行等宽列

如果想让每列的宽度相同，可以直接给每列使用类“.col”。例如，下面的容器中包含两行，每列的宽度相同。本例的完整源代码请参考本书配套资源文件“第 14 章\layout-5.html”。

```
1    <div class="container">
2      <div class="row">
3        <div class="col">两等分</div>
4        <div class="col">两等分</div>
5      </div>
6      <div class="row">
7        <div class="col">三等分</div>
8        <div class="col">三等分</div>
9        <div class="col">三等分</div>
10     </div>
11   </div>
```

等宽列在手机和计算机上的效果如图 14.19 所示。

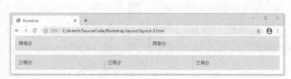

图 14.19　等宽列在手机和计算机上的效果

< 223 >

✏️ 说明

　　学习过 CSS 中弹性盒子布局知识的读者，可以理解这里的关键是 ".row" 的 display 被定义为 flex，相应地 ".col" 设置了 flex: 100%;，它表示 ".col" 的基准宽度 flex-basis 是 0，扩张因子 flex-grow 是 1（纯数值，无单位，表示权重）。这意味着每列的扩张因子都相等，即将每一行平均分配给每一列，因此列是等宽的。

2．部分等宽列

　　除了在一个布局行中所有列都是等宽列之外，更为实用的是设置某一列（或几列）的宽度，然后把剩余的宽度平均分配给其余列。例如下面的代码中，两个布局行都包含 3 列，其中各有一列设置了宽度，其余两列平均分配剩余的宽度。本例的完整源代码请参考本书配套资源文件 "第 14 章\layout-6.html"。

```
1    <div class="container">
2      <div class="row">
3        <div class="col">1 of 3</div>
4        <div class="col-6">2 of 3 (col-6)</div>
5        <div class="col">3 of 3</div>
6      </div>
7      <div class="row">
8        <div class="col">1 of 3</div>
9        <div class="col-5">2 of 3 (col-5)</div>
10       <div class="col">3 of 3</div>
11     </div>
12   </div>
```

　　设置某一列的宽度在手机和计算机上的效果如图 14.20 所示。注意同级的 ".col" 列会自动调整其大小，平分剩余的空间，仍然是等宽的。

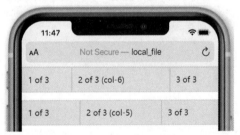

图 14.20　设置某一列的宽度在手机和计算机上的效果

✏️ 说明

　　这里的关键是 ".col-6" 的定义 flex: 0 0 auto;with: 50%;，其意味着 ".col-6" 占这一行 50% 的宽度，不扩张也不收缩。剩余的宽度平均分配给每个 ".col" 列。同样地，".col-5" 的宽度占 41.666 667%（5/12）。

3．自动宽度列

　　除了可以被动地分配剩余的宽度之外，Bootstrap 还支持自动宽度列，这种列的宽度是根据它所包含的内容决定的。使用的类名是 ".col-{断点名称}-auto"。先看一个简单的例子，代码如下。本例的完整源代码请参考本书配套资源文件 "第 14 章\layout-7.html"。

```
1    <div class="container bg-info">
2      <div class="row">
```

< 224 >

```
3        <div class="col col-lg-2">Left</div>
4        <div class="col col-md-auto">自动宽度</div>
5        <div class="col col-lg-2">Right</div>
6     </div>
7   </div>
```

可以看到这个栅格中只有一个布局行，里面有左、中、右 3 列。在最小设备和小号设备上，3 列
都是 col 类产生作用，因此，看到的效果是 3 列平均分配整行宽度。当设备增大到中号时，col-md-auto
类产生作用，因此中间列的宽度变小，仅容纳里面的内容，即"自动宽度"这 4 个字的宽度。而左右
两列仍然是等宽列，平均分配剩余的宽度。设备继续增大，到大号设备时，左右两列的 col-lg-2 类产生
作用，这时这两列的宽度占 12 份中的 2 份，因此宽度变小，露出了外层容器由 bg-info 工具类产生的
背景色。

自动宽度列的效果如图 14.21 所示。

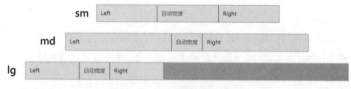

图 14.21　自动宽度列的效果

> ✏️ 说明
>
> 　这里的关键是".col-md-auto"的定义 flex: 0 0 auto;with: auto;，它表示基准宽度 flex-basis 是 auto，不扩
> 张也不收缩，auto 表示宽度是其内容的自动宽度。

14.3.4　列的偏移与对齐

有的时候，我们可能希望某个布局列水平偏移一定的距离。Bootstrap 提供了两种方法来偏移列：
使用响应式".offset-*"类或者使用 margin 工具类。偏移类可以准确地指定偏移的列数，而工具类对于
偏移宽度可变的快速布局更方便。

1.　使用偏移类

使用".offset-{断点名称}-{偏移量}*"类将列向右移动。这些类可使列往右偏移相应的列数，例如
".offset-md-4"类在 md 断点处将列往右偏移 4 列，而不带断点的".offset-3"类将在所有尺寸下将列往
右偏移 3 列，示例如下。本例的完整源代码请参考本书配套资源文件"第 14 章\layout-8.html"。

```
1   <div class="container">
2     <div class="row">
3       <div class="col-md-4">.col-md-4</div>
4       <div class="col-md-4 offset-md-4">.col-md-4 .offset-md-4</div>
5     </div>
6     <div class="row">
7       <div class="col-md-3 offset-md-3">.col-md-3 .offset-md-3</div>
8       <div class="col-md-3 offset-md-3">.col-md-3 .offset-md-3</div>
9     </div>
10    <div class="row">
11      <div class="col-md-6 offset-3">.col-md-6 .offset-3</div>
12    </div>
13  </div>
```

< 225 >

使用偏移类的效果如图 14.22 所示。md 适用于中等以上屏幕，请读者观察代码中出现的 ".offset-md-*" 类与图中偏移位置的对应关系。

代码中倒数第三行，实际上是使一个占 6 份宽度的列居中的方法，在实际页面开发中经常遇到。

图 14.22　使用偏移类的效果

2. 使用工具类

除了可以使用 offset-*类实现列的偏移之外，还可以使用 margin 工具类。下面介绍 3 个关于 margin 工具类的实现。

- mx-auto，给某个指定的列水平方向的左右分别设置自动 margin。
- ms-auto，给某个指定的列左边设置自动 margin。
- me-auto，给某个指定的列右边设置自动 margin。

> **说明**
>
> 第 13 章介绍过，之所以使用 ms（margin start）和 me（margin end），而不是 left 和 right，是为了支持 RTL，即从右向左书写的语言，start 表示开始，end 表示结束。在汉语、英语及绝大多数语言中，ms 表示左边，me 表示右边。

可以把设置为 auto 的 margin 理解为一个"弹簧"，如果两个列之间存在一个"弹簧"，它就会把它两侧的元素尽可能远地弹开。

下面看一个简单的案例，代码如下所示。本例的完整源代码请参考本书配套资源文件"第 14 章\layout-9.html"。

```
1   <div class="container">
2     <div class="row">
3       <div class="col-md-4">.col-md-4</div>
4       <div class="col-md-4 ms-auto">.col-md-4 .ms-auto</div>
5     </div>
6     <div class="row">
7       <div class="col-md-3 ms-md-auto">.col-md-3 .ms-md-auto</div>
8       <div class="col-md-3 ms-md-auto">.col-md-3 .ms-md-auto</div>
9     </div>
10    <div class="row">
11      <div class="col-auto me-auto">.col-auto .me-auto</div>
12      <div class="col-auto">.col-auto</div>
13    </div>
14  </div>
```

使用工具类的效果如图 14.23 所示。margin 工具类也支持响应式布局，".ms-auto" 在所有尺寸下都将元素设置为 margin-left:auto，而 ".ms-md-auto" 只针对 md 断点进行相应设置。

图 14.23　使用工具类的效果

< 226 >

📝 说明

　　现在回顾一下本章开头的上手案例，其主体部分使用的正是 col-md-8 和 mx-auto 这两个类，实现了在小号设备上占满整个宽度，在 md 及以上设备上占 12 份中的 8 份，且居中显示。

　　学完了本节就会知道，如果不用 mx-auto 工具类，用 offset-md-2 类也可以实现完全相同的效果。

　　使用 offset-*类和 margin 工具类都可以实现列的偏移，某些特殊情况的偏移实际上就是"对齐"，上面就介绍了让某个列在一行中居中对齐的方法。

　　此外，Bootstrap 还提供了一个预定义的专门的工具类"justify-content-*"来实现列的对齐。当把这个类应用于一个 row 元素上时，其中包含的列就会按照指定的方式对齐。需要注意的是，描述方向的时候，也不能使用 left 和 right，而要用 start 和 end。

　　下面举一个简单的案例，代码如下所示。本例的完整源代码请参考本书配套资源文件"第 14 章\layout-10.html"。

```
1   <div class="container">
2     <div class="row justify-content-start">
3       <div class="col-4">左对齐</div>
4       <div class="col-4">左对齐</div>
5     </div>
6     <div class="row justify-content-center text-center">
7       <div class="col-4">居中对齐</div>
8       <div class="col-4">居中对齐</div>
9     </div>
10    <div class="row justify-content-end text-end">
11      <div class="col-4">右对齐</div>
12      <div class="col-4">右对齐</div>
13    </div>
14    <div class="row justify-content-around">
15      <div class="col-4">均匀分布</div>
16      <div class="col-4">均匀分布</div>
17    </div>
18    <div class="row justify-content-between">
19      <div class="col-4">两端对齐</div>
20      <div class="col-4 text-end">两端对齐</div>
21    </div>
22  </div>
```

　　各种不同的对齐方式在浏览器中的效果如图 14.24 所示。

图 14.24　各种不同的对齐方式在浏览器中的效果

< 227 >

✎ 说明

现在再次回顾本章开头的上手案例，如果主体部分使用 justify-content-md-center，也可以得到完全相同的效果，区别是这个类要用到布局行上，而不是布局列上。

本章小结

本章主要讲解了 Bootstrap 的响应式布局体系，栅格布局系统的实现原理和实际应用，包括内置的 6 种断点、自动列布局、响应式列布局、列的对齐和偏移等。Bootstrap 的布局是基于 CSS3 的 flexbox 功能实现的，其他的一些组件也依赖 flexbox。

习题 14

一、关键词解释

栅格布局　分辨率　物理分辨率　逻辑分辨率　响应式设计　断点　嵌套布局　流式布局 flexbox

二、描述题

1. 请简单描述一下栅格布局的优点是什么。
2. 请简单描述一下分辨率分为哪两种，它们的区别是什么。
3. 请简单描述一下响应式断点将设备分成了几类，它们分别是什么。
4. 请简单描述一下设置行间距和列间距的类分别是什么。
5. 请简单描述一下 Bootstrap 的栅格布局中的基本要点是什么。
6. 请简单描述一下 Bootstrap 如何实现整行等宽列、部分等宽列和自动等宽列。
7. 请简单描述一下偏移类和 margin 工具类分别是什么，它们分别是如何使用的。

三、实操题

利用本章所讲的栅格布局，实现京东官网首页顶部和 banner 部分的布局结构，效果如题图 14.1 所示；使用色块代替相关部分，实现的布局效果如题图 14.2 所示。

题图 14.1　京东官网首页顶部和 banner 部分的布局结构

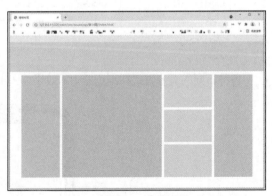

题图 14.2　布局效果

< 228 >

第15章 Bootstrap 的表单样式

本章将主要介绍 Bootstrap 的表单样式。表单在交互式网站上有很重要的应用，可以实现网上投票、网上注册、网上登录、网上发信和网上交易等功能。表单的出现使网页从单向的信息传递发展到能够与用户交互对话。通过本章的学习，读者可以掌握 Bootstrap 的表单知识，制作出易用且表现一致的表单。本章的思维导图如下所示。

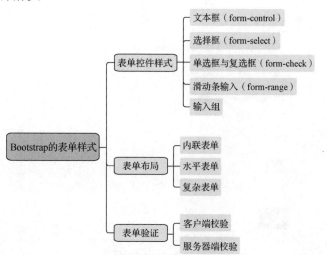

本章导读

15.1 表单控件样式

知识点讲解

Bootstrap 对表单相关的样式进行了一层抽象，使用预定义的类，可以在浏览器和设备之间提供更一致的表现。表单相关的 CSS 类名都以 ".form-" 开头。针对不同的表单控件，Bootstrap 提供了对应的类，下面分别进行介绍。

15.1.1 文本框

针对 `<input>` 标记和 `<textarea>` 标记，使用 ".form-control" 类。例如制作一个留言表单，包含邮箱和留言两个文本框（form-control），代码如下。本例的源代码请参考本书配套资源文件"第 15 章\input.html"。

```
1    <body class="p-3">
2      <form>
3        <div class="mb-3">
4          <label for="email" class="form-label">邮箱</label>
```

```
5       <input type="email" class="form-control" id="email" placeholder= "name@
        example.com">
6       <div id="emailHelp" class="form-text">您的邮箱不会被公开。</div>
7     </div>
8     <div class="mb-3">
9       <label for="content" class="form-label">留言</label>
10      <textarea class="form-control" id="content" rows="3">请输入</textarea>
11    </div>
12    <button type="submit" class="btn btn-primary">提交</button>
13   </form>
14 </body>
```

form-control 样式如图 15.1 所示。提交按钮使用了"btn btn-primary"设置样式，按钮的设置会在第 16 章中讲解。

图 15.1　form-control 样式

从图 15.1 中可以看到，文本框是圆角的，具有浅色边框，文字是浅色的，并且在焦点状态下四周有阴影。从源代码中可以看出，".form-control"类的主要设置如下。

```
1   .form-control {
2     display: block;
3     width: 100%;
4     padding: .375rem .75rem;
5     font-size: 1rem;
6     font-weight: 400;
7     line-height: 1.5;
8     color: #212529;
9     background-color: #fff;
10    background-clip: padding-box;
11    border: 1px solid #ced4da;
12    appearance: none;
13    border-radius: .25rem;  /*圆角*/
14    transition: border-color .15s ease-in-out,
15    box-shadow .15s ease-in-out;
16  }
17  .form-control:focus {  /*焦点状态*/
18    color: #212529;
```

< 230 >

```
19    background-color: #fff;
20    border-color: #86b7fe;
21    outline: 0;
22    box-shadow: 0 0 0 0.25rem rgba(13, 110, 253, 0.25);
23  }
24  .form-control::placeholder {  /*placeholder*/
25    color: #6c757d;
26    opacity: 1;
27  }
```

此外，<label>标记使用了".form-label"类，它的作用是设置 margin-bottom 为 0.5rem。提示信息使用".form-text"类，使字体变小，颜色变浅。

表单控件有 disabled 和 readonly 这两种常用的属性，Bootstrap 针对它们定制了样式。示例如下，本例的源代码请参考本书配套资源文件"第 15 章\input-state.html"。

```
1   <form>
2     <div class="mb-3">
3       <label for="email1" class="form-label">邮箱 disabled</label>
4       <input type="email" class="form-control" id="email1" placeholder= "disabled
        @example.com" disabled>
5     </div>
6     <div class="mb-3">
7       <label for="email2" class="form-label">邮箱 readonly</label>
8       <input type="email" class="form-control" id="email2" placeholder="readonly@
        example.com" readonly>
9     </div>
10    <div class="mb-3">
11      <label for="email3" class="form-label">邮箱 readonly plaintext</label>
12      <input type="email" class="form-control-plaintext" id="email3"
13        placeholder="plaintext@example.com" readonly>
14    </div>
15  </form>
```

disabled 和 readonly 样式如图 15.2 所示。

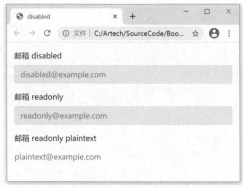

图 15.2　disabled 和 readonly 样式

关于控件的大小，Bootstrap 也考虑到了，并提供了".form-control-sm"和".form-control-lg"类来设置小一号和大一号的样式。但要注意，这两个类不能单独使用，需要和".form-control"类组合使用，用法如下。

```
1   <input class="form-control form-control-lg" type="text" placeholder="大一号">
```

< 231 >

```
2    <input class="form-control" type="text" placeholder="正常大小">
3    <input class="form-control form-control-sm" type="text" placeholder="小一号">
```

除了 text 类型的文本框，file 和 color 类型的文本框也可以使用 ".form-control" 类来设置样式，同样支持 disabled 属性和大小设置。示例如下，本例的源代码请参考本书配套资源文件"第 15 章\file.html"。

```
1    <form>
2      <div class="mb-3">
3        <label for="file" class="form-label">单文件选择</label>
4        <input class="form-control" id="file" type="file">
5      </div>
6      <div class="mb-3">
7        <label for="fileMultiple" class="form-label">多文件选择</label>
8        <input class="form-control" id="fileMultiple" type="file" multiple>
9      </div>
10     <div class="mb-3">
11       <label for="fileDisabled" class="form-label">禁用样式</label>
12       <input class="form-control" id="fileDisabled" type="file" disabled>
13     </div>
14     <div class="mb-3">
15       <label for="fileSm" class="form-label">小一号</label>
16       <input class="form-control form-control-sm" id="fileSm" type="file">
17     </div>
18     <div class="mb-3">
19       <label for="fileLg" class="form-label">大一号</label>
20       <input class="form-control form-control-lg" id="fileLg" type="file">
21     </div>
22     <div class="mb-3">
23       <label for="color" class="form-label">选择颜色</label>
24       <input class="form-control form-control-color" id="color" type="color"
       value="#fff">
25     </div>
26   </form>
```

注意 color 类型的控件还使用了 ".form-control-color" 类。file 和 color 控件样式如图 15.3 所示。

图 15.3　file 和 color 控件样式

< 232 >

15.1.2　选择框

针对\<select\>标记，需要使用 ".form-select" 类，其用法和 ".form-control" 类一致，也支持 disabled 属性和大小设置。下面的例子是一个联动的两级输入，第一级选择申请的职位，第二级选择擅长的技能，代码如下。本例的源代码请参考本书配套资源文件"第 15 章\select.html"。

```
1   <form>
2     <div class="mb-3">
3       <label for="single" class="form-label">申请的职位</label>
4       <select class="form-select" id="single">
5         <option selected>--请选择--</option>
6         <option value="front">前端开发</option>
7         <option value="back">后端开发</option>
8       </select>
9     </div>
10    <div class="mb-3">
11      <label for="multiple" class="form-label">擅长的技能</label>
12      <select class="form-select" id="multiple" multiple>
13      </select>
14    </div>
15  </form>
16
17  <script src="jquery-3.6.0.min.js"></script>
18  <script>
19    $(function(){
20      let $first = $('#single'), $second = $('#multiple');
21      let data = {
22        "front": ["CSS", "Bootstrap", "jQuery", "Vue.js"],
23        "back": ["Java", "Python", "SQL", "C#"]
24      }
25      $first.change(function(){
26        let val = $first.val();
27        if (val) {
28          $second.empty();
29          $.each(data[val], function(index, value) {
30            $second.append(`<option value="${value}">${value}</option>`);
31          })
32        }
33      })
34    })
35  </script>
```

从代码中可以看到，使用了 jQuery 框架来处理选择框（form-select）的变动事件，改变职位后，第二级选择框的选项跟着变化。两级联动输入如图 15.4 所示，左图是初始状态，右图是选中状态。

图 15.4　两级联动输入

< 233 >

15.1.3　单选框与复选框

在 Bootstrap 中，使用".form-check"类、".form-check-input" 类和".form-check-label" 类来设置单选框和复选框（form-check）的样式。代码如下，本例的源代码请参考本书配套资源文件"第 15 章\checkbox.html"。

```
1   <div class="form-check">
2     <input class="form-check-input" type="checkbox" value="" id="checkbox">
3     <label class="form-check-label" for="checkbox">
4       Default checkbox
5     </label>
6   </div>
7   <div class="form-check">
8     <input class="form-check-input" type="checkbox" value="" id="checkedbox" checked>
9     <label class="form-check-label" for="checkedbox">
10      Checked checkbox
11    </label>
12  </div>
13  <div class="form-check">
14    <input class="form-check-input" type="radio" id="radio">
15    <label class="form-check-label" for="radio">
16      Default radio
17    </label>
18  </div>
19  <div class="form-check">
20    <input class="form-check-input" type="radio" id="checkedradio" checked>
21    <label class="form-check-label" for="checkedradio">
22      Default checked radio
23    </label>
24  </div>
```

checkbox 和 radio 样式如图 15.5 所示。

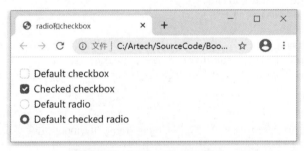

图 15.5　checkbox 和 radio 样式

对于 checkbox，Bootstrap 还提供了 switch 样式，只需要将".form-switch"类和".form-check"类组合在一起即可实现。switch 样式在设置选项页面时经常使用，非常流行。使用示例如下，本例的源代码请参考本书配套资源文件"第 15 章\switch.html"。

```
1   <div class="form-check form-switch">
2     <input class="form-check-input" type="checkbox" id="checked" checked>
3     <label class="form-check-label" for="checked">新消息通知</label>
4   </div>
5   <div class="form-check form-switch">
6     <input class="form-check-input" type="checkbox" id="switch">
```

< 234 >

```
7    <label class="form-check-label" for="switch">振动提醒</label>
8  </div>
```

switch 样式如图 15.6 所示。

图 15.6　switch 样式

上面的样式中，单选框或复选框都是竖直排列的，但这些控件经常需要在行内显示，例如图 15.7 所示的京东网站的商品筛选栏。

图 15.7　商品筛选栏

行内的布局也非常简单，只需要加一个 ".form-check-inline" 类即可，用法如下。

```
1  <div>体育爱好: </div>
2  <div class="form-check form-check-inline">
3    <input class="form-check-input" type="checkbox" id="inline1" value="1">
4    <label class="form-check-label" for="inline1">足球</label>
5  </div>
6  <div class="form-check form-check-inline">
7    <input class="form-check-input" type="checkbox" id="inline2" value="2">
8    <label class="form-check-label" for="inline2">篮球</label>
9  </div>
10 <div class="form-check form-check-inline">
11   <input class="form-check-input" type="checkbox" id="inline3" value="3" disabled>
12   <label class="form-check-label" for="inline3">排球 (disabled)</label>
13 </div>
```

15.1.4　滑动条输入

滑动条输入可以通过 ".form-range" 类针对 type="range"的 input 元素实现，用法非常简单。示例如下，本例的源代码请参考本书配套资源文件 "第 15 章\range.html"。

```
1  <div class="mb-3">
2    <label for="range" class="form-label">价格区间</label>
3    <input type="range" class="form-range" min="0" max="5" step="1" id="range">
4  </div>
5  <div>
6    <label for="range" class="form-label">适宜温度 (禁用状态)</label>
7    <input type="range" class="form-range" id="range" disabled>
8  </div>
```

range 样式如图 15.8 所示。

< 235 >

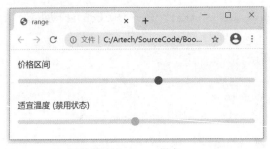

图 15.8　range 样式

15.1.5　输入组

输入组是指将输入项和按钮、图标或文本组合起来，在网页中也经常用到，比如搜索引擎的搜索框。在 Bootstrap 中，需要使用".input-group"类将输入组的各组成部分包裹起来。示例如下，本例的源代码请参考本书配套资源文件"第 15 章\group.html"。

```
1   <div class="input-group mb-3">
2     <input type="text" class="form-control">
3     <button class="btn btn-primary" type="button">搜索</button>
4   </div>
5   <div class="input-group mb-3">
6     <input type="text" class="form-control">
7     <i class="bi-search input-group-text"></i>
8   </div>
9   <div class="input-group mb-3">
10    <span class="input-group-text" id="basic-addon3">https://example.com/users/</span>
11    <input type="text" class="form-control">
12  </div>
```

".input-group"类的主要作用是将元素设置为 flexbox，输入组样式如图 15.9 所示。

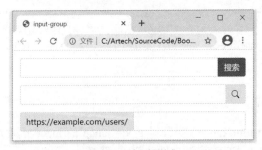

图 15.9　输入组样式

因为是弹性盒子布局，所以可以将各种类型的元素和文本框组合起来使用，如下拉菜单、链接等，或者将多个元素组合起来。这里不再逐一介绍，读者可以自行试验。

表单控件样式涉及的类比较多，下面总结成一个表格，如表 15.1 所示，供读者查询。

表 15.1　表单控件样式类

控件类型	Bootstrap 类
text、file、color 等类型的 input、textarea	.form-control; .form-control-{sm|lg}； .form-control-color

< 236 >

续表

控件类型	Bootstrap 类
select	.form-select； .form-select-{sm|lg}
radio、checkbox	div.form-check； input.form-check-input； label.form-check-label； .form-switch； form-check-inline
range	.form-range
输入组	.input-group； input-group-text
label	.form-label
提示文字	.form-text

15.2　表单布局

案例讲解

常用的表单布局有如下 3 种。

- 内联表单：文本框和按钮都在一行中，例如网页头部的搜索表单。
- 水平表单：输入项少，每个输入项占满一行，一个个从上往下排列，例如网站常用的登录注册表单。
- 复杂表单：输入项非常多，通常创建复杂对象时使用，例如某教务系统的录入个人信息表单。

这 3 种表单的布局都可以使用栅格系统来实现。以登录表单为例，总共有 4 个输入项：用户名、密码、记住登录状态和登录按钮。内联表单的设置如下，本案例的完整代码请参考本书配套资源文件"第 15 章\inline.html"。

```
1    <form class="row g-3 align-items-center">
2      <div class="col-auto">
3        <input type="text" class="form-control" placeholder="用户名">
4      </div>
5      <div class="col-auto">
6        <input type="password" class="form-control" placeholder="密码">
7      </div>
8      <div class="col-auto">
9        <div class="form-check">
10         <input class="form-check-input" type="checkbox" id="checkbox">
11         <label class="form-check-label" for="checkbox">
12           Remember me
13         </label>
14       </div>
15     </div>
16     <div class="col-auto">
17       <button type="submit" class="btn btn-primary">登录</button>
18     </div>
```

< 237 >

```
19    </form>
```

代码中将行设置为 ".col-auto"，即每项的宽度都是自动宽度（auto），内联表单如图 15.10 所示。

图 15.10　内联表单

接下来将内联表单改为水平表单，代码如下，本案例的完整代码请参考本书配套资源文件 "第 15 章\horizontal.html"。

```
1    <form>
2      <div class="row mb-3">
3        <label for="name" class="col-sm-2 col-form-label">用户名</label>
4        <div class="col-sm-10">
5          <input type="text" class="form-control" id="name" placeholder="用户名">
6        </div>
7      </div>
8      <div class="row mb-3">
9        <label for="pwd" class="col-sm-2 col-form-label">密码</label>
10       <div class="col-sm-10">
11         <input type="password" class="form-control" id="pwd" placeholder="密码">
12       </div>
13     </div>
14     <div class="row mb-3">
15       <div class="col-sm-10 offset-sm-2">
16         <div class="form-check">
17           <input class="form-check-input" type="checkbox" id="checkbox">
18           <label class="form-check-label" for="checkbox">
19             Remember me
20           </label>
21         </div>
22       </div>
23     </div>
24     <div class="row mb-3">
25       <div class="col-sm-10 offset-sm-2">
26         <button type="submit" class="btn btn-primary">登录</button>
27       </div>
28     </div>
29   </form>
```

对于水平表单，其每个输入项和对应的标记在一行中，组合成栅格系统中的一个 ".row"，并且使用工具类 ".mb-3" 设置行的间距。<label>标记不使用 ".form-label" 类，而是使用 ".col-form-label" 类，目的是让它垂直居中。水平表单如图 15.11 所示。

复杂表单的布局方法类似，根据每个输入项占的列数来设置相应的 ".col-{num}" 类，在掌握栅格系统的布局后，非常容易实现。

图 15.11　水平表单

< 238 >

案例讲解

15.3　表单验证

　　表单是用户和网站发送交互数据的工具。用户输入的数据需要按一定的格式进行校验，例如注册时输入的邮箱必须符合邮箱格式。如果校验不通过，则需要提醒用户。Bootstrap 提供了相应的样式用于区分通过验证和未通过验证的输入项。数据校验分为客户端校验和服务器端校验。通常对于一个网站来说，这两种校验都要实现，前者可以提升用户体验，后者可以保证数据的有效性。下面分别介绍这两种校验的用法。

15.3.1　客户端校验

　　对于客户端校验，Bootstrap 利用 HTML5 新增的表单数据校验功能。在 HTML5 中可以给输入项使用如下属性来做数据校验。

- type：指定数据类型，如新增的 number、email、tel、range、url、date 等。
- required：表示是否为必填。
- minlength、maxlength：指定文本的最小和最大字符串长度。
- min、max：指定数值的最小值和最大值。
- pattern：指定输入数据需要遵循的正则表达式。

　　设置验证属性后，可以通过伪类 ":valid" 和 ":invalid" 来设置对应元素校验通过与未通过的样式。例如个人信息修改表单的验证方式如下，案例的完整代码请参考本书配套资源文件 "第 15 章\validate.html"。

```
1    <form class="row g-3" novalidate>
2      <div class="col-6">
3        <label for="phone" class="form-label">手机</label>
4        <input type="tel" class="form-control" id="phone" required pattern="^1[0-9]
         {10}$">
5        <div class="invalid-feedback">请输入手机号码</div>
6      </div>
7      <div class="col-6">
8        <label for="username" class="form-label">用户名</label>
9        <div class="input-group has-validation">
10         <span class="input-group-text">@</span>
11         <input type="text" class="form-control" id="username" required>
12         <div class="invalid-feedback">请输入用户名</div>
13       </div>
14     </div>
15     <div class="col-4">
16       <label for="province" class="form-label">省份</label>
17       <select class="form-select" id="province" required>
18         <option selected disabled value="">请选择</option>
19         <option>...</option>
20       </select>
21       <div class="invalid-feedback">请选择省份</div>
22     </div>
23     <div class="col-4">
```

< 239 >

```
24      <label for="city" class="form-label">城市</label>
25      <input type="text" class="form-control" id="city" required>
26      <div class="invalid-feedback">请输入城市</div>
27    </div>
28    <div class="col-4">
29      <label for="address" class="form-label">详细地址</label>
30      <input type="text" class="form-control" id="address" required>
31      <div class="invalid-feedback">请输入详细地址</div>
32    </div>
33    <div class="col-12">
34      <div class="form-check">
35        <input class="form-check-input" type="checkbox" value="" id="invalidCheck"
           required>
36        <label class="form-check-label" for="invalidCheck">
37          同意使用协议
38        </label>
39        <div class="invalid-feedback">请同意后提交</div>
40      </div>
41    </div>
42    <div class="col-12">
43      <button class="btn btn-primary" type="submit">提交</button>
44    </div>
45  </form>
46  <script src="jquery-3.6.0.min.js"></script>
47  <script>
48    $(function(){
49      $('form').bind('submit', function(){
50        let $this = $(this);
51        if (!$this[0].checkValidity()) {
52          $this.addClass('was-validated');
53          return false;
54        }
55      })
56    })
57  </script>
```

上面的代码首先在<form>标记上使用 novalidate 属性，用于阻止浏览器默认的验证行为。然后使用 jQuery 拦截表单的 submit 事件，并使用 HTML5 原生的表单验证方法 checkValidity()，如果没通过则在 <form> 标记上增加一个 Bootstrap 定义的 ".was-validated" 类，显示出相应的提示信息。提示信息都包含在<div class="invalid-feedback">...</div>中。表单的客户端检验效果如图 15.12 所示。

图 15.12　表单的客户端校验效果

15.3.2 服务器端校验

客户端校验中 ".was-validated" 类利用了伪类 ":valid" 和 ":invalid" 来显示提示信息。除此之外，还可以在 input 等元素上使用 ".is-valid" 和 ".is-invalid" 类来显示提示信息，这种方式适合通过服务器端校验或者其他插件校验后给出提示信息。将上面的例子做如下修改，案例的完整代码请参考本书配

< 240 >

套资源文件"第 15 章\validate-server.html"。

```
1    <form class="row g-3">
2      <div class="col-6">
3        <label for="phone" class="form-label">手机</label>
4        <input type="tel" class="form-control is-invalid" id="phone">
5        <div class="invalid-feedback">请输入手机号码</div>
6      </div>
7      <div class="col-6">
8        <label for="username" class="form-label">用户名</label>
9        <div class="input-group has-validation">
10         <span class="input-group-text">@</span>
11         <input type="text" class="form-control is-valid" id="username" value="Tom">
12         <div class="invalid-feedback">请输入用户名</div>
13       </div>
14     </div>
15     <div class="col-4">
16       <label for="province" class="form-label">省份</label>
17       <select class="form-select is-invalid" id="province">
18         <option selected disabled value="">请选择</option>
19         <option>...</option>
20       </select>
21       <div class="invalid-feedback">请选择省份</div>
22     </div>
23     <div class="col-4">
24       <label for="city" class="form-label">城市</label>
25       <input type="text" class="form-control is-invalid" id="city">
26       <div class="invalid-feedback">请输入城市</div>
27     </div>
28     <div class="col-4">
29       <label for="address" class="form-label">详细地址</label>
30       <input type="text" class="form-control is-invalid" id="address">
31       <div class="invalid-feedback">请输入详细地址</div>
32     </div>
33     <div class="col-12">
34       <div class="form-check">
35         <input class="form-check-input is-invalid" type="checkbox" value="" id=
         "invalidCheck">
36         <label class="form-check-label" for="invalidCheck">
37           同意使用协议
38         </label>
39         <div class="invalid-feedback">请同意后提交</div>
40       </div>
41     </div>
42     <div class="col-12">
43       <button class="btn btn-primary" type="submit">提交</button>
44     </div>
45   </form>
```

这里去掉了 input 和 select 元素上的校验属性，并且添加了相应的".is-valid"和".is-invalid"类，表单的服务器端校验效果如图 15.13 所示。

< 241 >

图 15.13　表单的服务器端校验效果

15.4　动手练习：创建一个结账页面

在网络上购买实物商品时，都需要在下单时填写地址，还可以使用优惠码、选择支付方式等，这是非常典型的表单应用。本节案例中制作一个电商网站的下单结账页面，页面中包含购物车中的商品信息，以及使用优惠码、支付方式和收货地址的表单，PC 端结账页面如图 15.14 所示。

PC 端结账页面是左右两栏的布局，移动端结账页面变为竖排，商品信息在前，表单在后，如图15.15 所示。

图 15.14　PC 端结账页面

图 15.15　移动端结账页面

作为练习，请读者编写代码实现上述效果，可以将前几章的知识和 Bootstrap 的表单框架结合起来运用。本例的完整源代码请参考本书配套资源文件"第 15 章\checkout.html"。

本章小结

本章介绍了 Bootstrap 中表单相关的样式，首先讲解了表单中各种控件样式的设置方法，包括文本

< 242 >

框、选择框、单选框、复选框、滑动条输入等；接着举例说明了内联表单、水平表单和复杂表单的布局方法；然后介绍了如何使用表单数据校验的提示样式；最后运用相关知识，制作了一个复杂的支付表单页面。Bootstrap 可以让表单的制作变得更加方便。

习题 15

一、关键词解释
表单　表单控件　输入框　下拉选择框　单选框　复选框　滑动条输入　输入组　表单验证

二、描述题
1. 请简单描述一下本章中介绍了 Bootstrap 的哪些控件。
2. 请简单描述一下 Bootstrap 对表单控件提供了哪些类。
3. 请简单描述一下常用的表单布局有哪几种，它们的含义分别是什么。
4. 请简单描述一下 Bootstrap 常用的表单数据校验方式有哪些。

三、实操题
根据本章所讲的内容，实现题图 15.1 所示的页面效果。
- 姓名对应的输入框是一个普通的输入框；年龄对应的输入框是一个只能输入数字的输入框；所属系别对应一个下拉框，默认效果如题图 15.1 所示。
- 所属系别对应的下拉框展开后的页面效果（及相关数据）如题图 15.2 所示。
- 姓名和年龄属于必填项，因此单击"提交"按钮后需要进行表单校验，效果如题图 15.3 所示。

题图 15.1　页面效果

题图 15.2　下拉框展开后的页面效果

题图 15.3　表单校验效果

< 243 >

第 16 章　Bootstrap 的常用组件

组件是可复用的对象，通常不同的网站或者一个网站内会有看似不同但结构相似的内容，可以将其抽取出来变成组件。组件的抽取，本质上是定义一套接口，将数据和方法进行封装，便于开发人员使用。我们需要考虑哪些组件是可变的，哪些组件是不可变的，可变部分封装成接口，使用时能够根据需求进行定制。Bootstrap 定义了很多组件，一般组件的颜色和大小都可以修改，不同组件还有自己特定的使用方式，有些组件还需要依赖 JavaScript 才能正常运行。本章将重点介绍 Bootstrap 的常用组件。本章的思维导图如下。

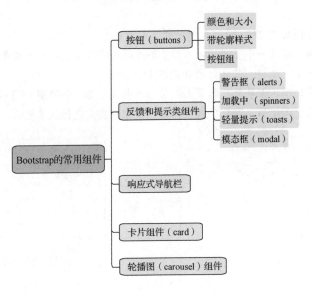

本章导读

16.1　按钮

知识点讲解

按钮（buttons）在网页中的使用频率很高，例如表单中的"提交"按钮、弹窗提示的"确认"按钮等。从需求的角度来看，按钮组件需要满足以下几点。

- 能设置不同的颜色，例如编辑个人信息表单中的"确认"和"取消"两个按钮，颜色不同，有主次关系。
- 能设置不同的大小，例如"下载"和"支付"按钮，要醒目，尺寸要大。
- 能设置不同的状态，例如表单中通过数据校验后"提交"按钮才能被单击，否则处于禁用状态。

针对上述需求，Bootstrap 都提供了相应的定制手段。按钮的基础用法是给<button>、<input>或<a>标记使用".btn .btn-{color}"类。例如不同颜色的按钮使用方式如下，完整案例代码请参考本书配套资源文件"第 16 章\btns.html"。

```
1    <button type="button" class="btn btn-primary">Primary</button>
2    <button type="button" class="btn btn-secondary">Secondary</button>
3    <button type="button" class="btn btn-success">Success</button>
4    <button type="button" class="btn btn-danger">Danger</button>
5    <button type="button" class="btn btn-warning">Warning</button>
6    <button type="button" class="btn btn-info">Info</button>
7    <input type="submit" class="btn btn-light" value="Light(input)">
8    <a role="button" class="btn btn-dark">Dark(a)</a>
```

".btn"类用于给按钮设置基本的样式，而".btn-{color}"类用于设置文字颜色、边框颜色和背景色，它的颜色体系和工具类中介绍的颜色体系是一致的，color 的值包括 primary、secondary、success、danger、warning、info、light 和 dark，之后的内容中都会用到。此外鼠标指针悬停到按钮上时，背景色会略微加深，并且单击后四周有阴影。不同颜色的按钮如图 16.1 所示。

图 16.1　不同颜色的按钮

要使用不同尺寸的按钮，需要在".btn .btn-{color}"类的基础上再增加".btn-{size}"类。Bootstrap 只提供两种尺寸".btn-sm"和".btn-lg"。示例如下。

```
1    <button type="button" class="btn btn-primary btn-sm">Primary Small</button>
2    <button type="button" class="btn btn-primary">Primary Normal</button>
3    <button type="button" class="btn btn-primary btn-lg">Primary Large</button>
```

不同尺寸的按钮如图 16.2 所示。

图 16.2　不同尺寸的按钮

对于按钮的状态，禁用状态使用".disabled"类，激活状态使用".active"类，代码如下。

```
1    <a role="button" class="btn btn-primary disabled">提交(a)</a>
2    <button type="button" class="btn btn-primary" disabled>提交</button>
3    <button type="button" class="btn btn-primary">提交</button>
4    <button type="button" class="btn btn-primary active">提交(active)</button>
```

注意，如果是<button>标记，使用 disabled 属性就可以设置为禁用状态的样式，不需要添加".disabled"类，其他标记则需要。不同状态的按钮如图 16.3 所示。

图 16.3　不同状态的按钮

除此之外，Bootstrap 还提供了一种无背景色但带有边框的按钮，Bootstrap 官网的下载按钮就使用了这种风格。它的使用规则是设置".btn .btn-outline-{color}"类，代码如下。

```
1    <button type="button" class="btn btn-outline-primary">Primary</button>
2    <button type="button" class="btn btn-outline-secondary">Secondary</button>
3    <button type="button" class="btn btn-outline-success">Success</button>
4    <button type="button" class="btn btn-outline-danger">Danger</button>
5    <button type="button" class="btn btn-outline-warning">Warning</button>
```

< 245 >

```
6    <button type="button" class="btn btn-outline-info">Info</button>
7    <button type="button" class="btn btn-outline-light">Light</button>
8    <button type="button" class="btn btn-outline-dark">Dark</button>
```

带边框的按钮如图 16.4 所示。鼠标指针在悬停状态下，此按钮的背景色变成了边框颜色。

图 16.4　带边框的按钮

16.2　反馈和提示类组件

知识点讲解

当用户做了某种动作或者系统需要通知用户时，网页会给出相应的反馈和提示。需要根据信息的重要程度及用户的使用习惯，给出不同形式的提示。下面分别介绍相关的组件及使用场景。

16.2.1　警告框

警告框（alerts）组件能够展示任意长度的文本及一个可选的"关闭"按钮。它适用于向用户显示警告的信息，通常比较醒目，始终展现，不会自动消失，用户可以单击"关闭"按钮关闭。创建一个警告框需要在 div 元素上使用 ".alert .alert-{color}" 类。如果要使用"关闭"按钮，需要引入相应的 JavaScript 文件。下面创建一个网站顶部公告，代码如下，完整案例代码参考本书配套资源文件"第 16 章\alert.html"。

```
1    <div class="alert alert-warning alert-dismissible text-center">
2      <i class="bi-exclamation-circle me-2"></i>本周六晚 11 点到 12 点网站将下线进行维护，
       请安排好时间处理相关业务。
3      <button type="button" class="btn-close" data-bs-dismiss="alert"></button>
4    </div>
5    <script src="../dist/js/bootstrap.bundle.min.js"></script>
```

本例选取了 ".alert-warning" 类来作为合适的情景样式，顶部公告如图 16.5 所示。

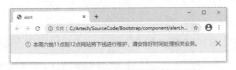

图 16.5　顶部公告

使用"关闭"按钮时需要注意以下几点。

- 确保引入了 JavaScript 文件。
- 添加 ".alert-dismissible" 类，它使得"关闭"按钮放置在警告框的右侧。
- 在"关闭"按钮上添加 data-bs-dismiss="alert" 属性，该属性会触发相关的 JavaScript 代码。

✏️ 说明

"data-bs-*" 是 Bootstrap 自定义的属性，在很多组件中都会用到，用于和 JavaScript 配合实现特定功能。

16.2.2　加载中

页面局部处于等待异步数据或正在渲染状态时，合适的加载动效会有效缓解用户的焦虑。Bootstrap

< 246 >

的加载中（spinners）组件能提供两种类型的效果，它是使用纯 CSS 实现的，利用了 transition 过渡属性。在 div 元素上使用 ".spinner-border" 或 ".spinner-grow" 类就能够实现加载动效，示例如下。完整案例代码请参考本书配套资源文件"第 16 章\spinners.html"。

```
1    <div class="spinner-border" role="status">
2      <span class="visually-hidden">Loading...</span>
3    </div>
4    <div class="spinner-grow" role="status">
5      <span class="visually-hidden">Loading...</span>
6    </div>
7    <div class="spinner-border text-primary" role="status">
8      <span class="visually-hidden">Loading...</span>
9    </div>
```

注意不同的颜色可以结合 ".text-{color}" 类实现。加载动效如图 16.6 所示。

图 16.6　加载动效

> ✎ 说明
>
> role="status" 和 span 元素有助于有视觉障碍的人更方便地阅读网页，适用于屏幕阅读器。Bootstrap 中 ".visually-hidden" 类的作用是使得某个元素在视觉上隐藏的同时，仍然能够被辅助技术（例如屏幕阅读器）识别。

16.2.3　轻量提示

轻量提示（toasts）是一种不打断用户操作的提示方式，通常在页面顶部、正中间或右下角等地方给出提示，一段时间后自动消失，用户也可以单击"关闭"按钮来取消提示，旨在模仿已被移动系统和桌面操作系统普及的推送通知。出于性能方面的考虑，轻量提示组件需要开发者自己使用 JavaScript 来初始化。下面的案例是在浏览器右下角给出一个消息提醒，代码如下。完整案例代码请参考本书配套资源文件"第 16 章\toasts.html"。

```
1    <div class="position-fixed bottom-0 end-0 p-3" style="z-index: 5">
2      <!-- 轻量提示 -->
3      <div class="toast" role="alert" aria-live="assertive" aria-atomic="true">
4        <div class="toast-header">
5          <img src="avatar.png" class="rounded me-2" style="width: 1.25rem;">
6          <strong class="me-auto">项目讨论</strong>
7          <small>1 分钟前</small>
8          <button type="button" class="btn-close" data-bs-dismiss="toast" aria-label=
             "Close"></button>
9        </div>
10       <div class="toast-body">
11          Tom 发来一条消息。
12       </div>
```

< 247 >

```
13      </div>
14    </div>
15
16    <script src="../dist/js/bootstrap.bundle.min.js"></script>
17    <script>
18      const list = document.querySelectorAll('.toast');
19      Array.prototype.forEach.call(list, function(a){
20        let toast = new bootstrap.Toast(a, { autohide: false });
21        toast.show()
22      })
23    </script>
```

最外层 div 元素用于将轻量提示定位到右下角，使用工具类 position-fixed bottom-0 end-0。接着才是轻量提示组件，它用元素\<div class="toast"\>包裹着具体内容，包含标题（toast-header）和消息内容（toast-body）。轻量提示组件默认是隐藏的，需要使用 JavaScript 来初始化。先用 document.querySelectorAll('.toast')选中所有轻量提示，然后通过迭代，使用 Bootstrap 提供的 Toast 对象来初始化。轻量提示消息如图 16.7 所示。

图 16.7 轻量提示消息

> 📝 说明
>
> document.querySelectorAll 返回一个 NoteList 对象，它不是一个数组（Array），而是一个类似数组的对象（Like Array Object），它仍然可以使用 forEach()迭代。但有些浏览器不兼容，没有实现 NodeList.forEach()，可以用 Array.prototype.forEach()来规避这一问题。

多个轻量提示消息可以叠加起来展示，这时可以使用 ".toast-container" 类作为多个轻量提示消息的容器，例如将上述单个消息改写成多个，代码如下。完整案例代码请参考本书配套资源文件 "第 16 章\toasts-multi.html"。

```
1     <div class="position-fixed bottom-0 end-0 p-3" style="z-index: 5">
2       <div class="toast-container">
3         <!-- 第一个轻量消息 -->
4         <div class="toast" role="alert" aria-live="assertive"aria-atomic="true">
5           <div class="toast-header">
6             <img src="avatar.png" class="rounded me-2" style="width: 1.25rem;">
7             <strong class="me-auto">项目讨论</strong>
8             <small>1 分钟前</small>
9             <button type="button" class="btn-close" data-bs-dismiss="toast"
10             aria-label="Close"></button>
11          </div>
12          <div class="toast-body">
13            Tom 发来一条消息。
14          </div>
```

< 248 >

```
15      </div>
16
17      <!-- 第二个轻量消息 -->
18      <div class="toast" role="alert" aria-live="assertive"
        aria-atomic="true">
19        ……
20      </div>
21    </div>
22  </div>
```

多个轻量提示消息的堆叠效果如图 16.8 所示。

图 16.8　多个轻量提示消息的堆叠效果

Toast 对象的构造函数接受两个参数，一个是对应的元素，另一个是可选参数，用法如下。

```
new bootstrap.Toast(element, options)
```

参数 options 有 3 个选项，具体说明如表 16.1 所示。

表 16.1　参数 options 的 3 个选项的具体说明（1）

选项名称	类型	默认值	描述
animation	Boolean	true	应用淡入淡出过渡效果
autohide	Boolean	true	显示后自动隐藏
delay	Number	5 000	延迟隐藏时间，单位是毫秒（ms）

这些选项可以通过数据属性或 JavaScript 对象来传递。上面的案例中是通过 JavaScript 对象来初始化的，对于数据属性，可以使用 "data-bs-{选项名称}" 属性来附加到 "div.toast" 元素上，如下所示。

```
1  <div class="toast" data-bs-autohide="false">
2  ……
3  </div>
```

Toast 对象有如下 3 个方法。

- show()：显示轻量提示消息。
- hide()：隐藏轻量提示消息，可以再次显示。
- dispose()：销毁轻量提示消息，销毁后不能再次显示。

Toast 对象还提供了如下几个事件。

- show.bs.toast：show() 方法调用实例方法时，立即触发此事件。
- shown.bs.toast：当轻量提示消息对用户可见时，要等待 CSS 过渡动画完成后才触发此事件。
- hide.bs.toast：hide() 方法调用实例方法后，立即触发此事件。

< 249 >

- **hidden.bs.toast**：当轻量提示消息结束向用户隐藏时，要等待 CSS 过渡动画完成后才触发此事件。例如可以利用事件来输出日志，代码如下。

```
1  let myToastEl = document.getElementById('myToast')
2  myToastEl.addEventListener('hidden.bs.toast', function () {
3    // do something
4  })
```

> **说明**
>
> 元素上的 "aria-*" 属性是为了让屏幕阅读器正确解读网页的意图。建议加上这些标记属性。

16.2.4 模态框

模态框（modal）会打断用户的操作，往往需要用户单击"确认"或"关闭"按钮才会消失。当需要用户处理事务，又不希望跳转页面以致打断工作流程时，可以使用模态框在当前页面打开一个浮层，承载相应的操作。或者当需要一个简洁的确认框询问用户时，也可以使用模态框附加相应的提示信息。

模态框需要引入 JS 文件，用于控制它的显示和隐藏，以及具体细节。例如创建一个"确认删除"模态框，代码如下。完整案例代码请参考本书配套资源文件"第 16 章\modal.html"。

```
1  <!-- 触发显示 Modal -->
2  <button type="button" class="btn btn-danger"
3   data-bs-toggle="modal" data-bs-target="#delModal">
4    删除
5  </button>
6
7  <!-- Modal -->
8  <div class="modal fade" id="delModal" tabindex="-1"
9       aria-labelledby="delModalLabel" aria-hidden="true">
10   <div class="modal-dialog">
11    <div class="modal-content">
12     <div class="modal-header">
13      <h5 class="modal-title" id="delModalLabel">确认删除</h5>
14      <button type="button" class="btn-close" data-bs-dismiss="modal" aria-
         label="Close"></button>
15     </div>
16     <div class="modal-body">
17      删除后不可恢复，请谨慎操作。
18     </div>
19     <div class="modal-footer">
20      <button type="button" class="btn btn-outline-secondary" data-bs-dismiss=
         "modal">取消</button>
21      <button type="button" class="btn btn-danger">删除</button>
22     </div>
23    </div>
24   </div>
25  </div>
26
27  <script src="../dist/js/bootstrap.bundle.min.js"></script>
```

本案例中包含一个"删除"按钮，单击该按钮后将弹出"确认删除"模态框，效果如图 16.9 所示。本案例中使用了"data-bs-*"属性来触发显示和隐藏模态框。"删除"按钮上使用了两个属性

< 250 >

data-bs-toggle="modal"和 data-bs-target="#delModal"，data-bs-toggle 用于激活模态框，data-bs-target 用于指定模态框的 ID，单击后显示对应的模态框。"关闭"按钮和"取消"按钮使用了属性 data-bs-dismiss="modal"，单击后关闭模态框。

图 16.9　"确认删除"模态框

除了数据属性，也可以通过 JavaScript 来控制模态框，Bootstrap 提供了 Modal 对象。例如将上述案例改为用 JavaScript 来显示模态框，代码如下。完整案例代码请参考本书配套资源文件"第 16 章\modal-js.html"。

```
1   <button type="button" class="btn btn-danger" id="delBtn">删除</button>
2
3   <!--省略模态框内容-->
4
5   <script src="../dist/js/bootstrap.bundle.min.js"></script>
6   <script>
7     document.getElementById('delBtn')
8       .addEventListener('click', function() {
9         let modelEl = document.getElementById('delModal');
10        let delModal = new bootstrap.Modal(modelEl, {
11          backdrop: 'static'
12        });
13        delModal.show();
14      })
15  </script>
```

可以看到和 Toast 对象的使用方式类似，也有相应的构造函数、方法和事件。本案例中初始化模态框时，传入了 backdrop 参数，static 表示单击浮层背景时，模态框不会隐藏，而默认状态下会隐藏，效果如图 16.10 所示。注意截图看不出这种效果，请读者在浏览器中实际操作体验一下。

图 16.10　单击非模态框区域不会隐藏

Modal 对象的构造函数接受两个参数，一个是对应的元素，另一个是可选参数，用法如下。

```
new bootstrap.Modal(element, options)
```

< 251 >

参数 options 有 3 个选项，具体说明如表 16.2 所示。

表 16.2　参数 options 的 3 个选项的具体说明（2）

选项名称	类型	默认值	描述
backdrop	Boolean 或字符串'static'	true	是否有浮层背景 'static'表示有浮层背景，但单击背景时模态框不会隐藏
keyboard	Boolean	true	按 Esc 键时关闭模态框
focus	Boolean	true	将焦点放在模态框上

Modal 对象具有以下常用方法。

- show()：显示模态框。
- hide()：隐藏模态框。
- toggle()：切换显示和隐藏。
- dispose()：销毁模态框。
- getInstance：静态方法，用于获取模态框实例，例如 bootstrap.Modal.getInstance(element)。

虽然 Bootstrap 不依赖于 jQuery 框架，但仍然可以和 jQuery 结合使用。如果 Bootstrap 在 Window 对象上检测到了 jQuery，它将把所有的 Bootstrap 插件添加到 jQuery 的插件系统中，使用起来非常方便。例如改为用 jQuery 来触发显示模态框，代码如下，效果完全一致。完整案例代码请参考本书配套资源文件"第 16 章\modal-jquery.html"。

```
1    <button type="button" class="btn btn-danger" id="delBtn">删除</button>
2
3    <!--省略模态框内容-->
4
5    <script src="../dist/jquery-3.6.0.min.js"></script>
6    <script src="../dist/js/bootstrap.bundle.min.js"></script>
7    <script>
8      $(function() {
9        $('#delBtn').click(function() {
10         $('#delModal').modal({ backdrop: 'static' }) //设置 options
11           .modal('show'); //调用 show()方法
12       })
13     })
14   </script>
```

16.3 响应式导航栏

案例讲解

导航栏（navbar）是网站必备的组成部分，用户依赖导航栏在各个页面中进行跳转。顶部导航栏需要用到 Bootstrap 的导航条（navbar）组件，如果有多级菜单，还需要用到下拉菜单（dropdowns）组件。导航条组件是响应式的，它通过折叠（collapse）组件和相应的 CSS 类来实现。下面结合个人博客导航栏的案例来简单介绍如何使用这些组件。个人博客导航栏在 PC 端上的效果如图 16.11 所示，它包含 Logo 和若干导航菜单，其中一个是下拉菜单，以及右侧的搜索表单。在手机端菜单会折叠起来，单击 ☰ 图标可以将其展开，如图 16.12 所示。下面我们分步实现。

< 252 >

图 16.11　PC 端的个人博客导航栏　　　　　　　图 16.12　手机端的个人博客导航栏

（1）使用基本的导航栏组件搭建基础结构，代码如下。本步骤的代码请参考本书配套资源文件"第 16 章\navbar-1.html"。

```
1   <nav class="navbar navbar-expand-md navbar-light bg-light">
2     <div class="container-fluid">
3       <a class="navbar-brand" href="#">Blog</a>
4       <button class="navbar-toggler" data-bs-toggle="collapse" data-bs-target=
        "#navContent">
5         <span class="navbar-toggler-icon"></span>
6       </button>
7       <div class="collapse navbar-collapse" id="navContent">
8         <ul class="navbar-nav me-auto">
9           <li class="nav-item">
10            <a class="nav-link active" href="#">首页</a>
11          </li>
12          <li class="nav-item">
13            <a class="nav-link" href="#">作品</a>
14          </li>
15          <li class="nav-item">
16            <a class="nav-link" href="#">日志</a>
17          </li>
18          <li class="nav-item">
19            <a class="nav-link" href="#">关于</a>
20          </li>
21        </ul>
22      </div>
23    </div>
24  </nav>
```

导航栏用到以下几个关键的类。

- 导航栏需要使用 ".navbar" 类，以及响应式折叠类 ".navbar-expand{-sm|-md|-lg|-xl|-xxl}"。
- ".nav-light" 是浅色系，稍后介绍如何设置成深色系。".bg-light" 是工具类，用于设计背景色。注意文字和背景色要有一定的对比，便于阅读。
- 导航栏内容使用流式容器 ".container-fliud"，也可以根据需要改用其他容器。
- ".nav-brand" 用于公司、产品、项目或网站名称。
- ".navbar-nav" 让列表以弹性盒子方式布局。
- ".navbar-toggler" 与折叠组件配合使用，根据响应式折叠类来显示或隐藏菜单。本案例中在 md 断点下显示 button，它是一个"汉堡"图标。

< 253 >

- ".collapse.navbar-collapse"类配合响应式折叠类及折叠插件来显示导航内容。

在 PC 端中的效果如图 16.13 所示。

图 16.13　PC 端基础的导航菜单

在手机端，导航菜单会折叠起来，单击☰图标后会展开显示，效果如图 16.14 所示。

图 16.14　手机端基础的导航菜单

（2）将"日志"菜单变为下拉菜单，改动如下。本步骤的代码请参考本书配套资源文件"第 16 章\navbar-2.html"。

```
1   <!--
2     <li class="nav-item">
3       <a class="nav-link" href="#">日志</a>
4     </li>
5     替换成如下结构
6   -->
7
8   <li class="nav-item dropdown">
9     <a class="nav-link dropdown-toggle" href="#" id="navbarDropdown" data-bs-toggle="dropdown" aria-expanded="false" role="button">
10      日志
11    </a>
12    <ul class="dropdown-menu" aria-labelledby="navbarDropdown">
13      <li><a class="dropdown-item" href="#">前端技术</a></li>
14      <li><a class="dropdown-item" href="#">工具箱</a></li>
15      <li><hr class="dropdown-divider"></li>
16      <li><a class="dropdown-item" href="#">生活点滴</a></li>
17    </ul>
18  </li>
```

".dropdown-*"都是与下拉菜单组件相关的类，此时在 PC 端和手机端中的效果如图 16.15 所示，单击"日志"显示下拉菜单。

下拉菜单用到以下几个关键的类。

- ".dropdown"类：当作下拉菜单的容器，设置元素为"position:relative"。
- ".dropdown-toggle"类：用于触发下拉菜单，还可以用 button 元素。关键是设置属性 data-bs-toggle="dropdown"，让 JavaScript 能够处理相应的事件。
- ".dropdown-menu"类：用绝对定位来显示下拉菜单。
- ".dropdown-divider"类：用于显示分割线。

< 254 >

图 16.15　下拉菜单

（3）加入 logo 和搜索表单，改动如下。本步骤的代码请参考本书配套资源文件"第 16 章\navbar-3.html"。

```
1    <div class="container-fluid">
2      <a class="navbar-brand" href="#">
3        <!-- 增加 Logo -->
4        <img src="logo.jpg" class="rounded-circle" style="height:3rem;">
5        Blog
6      </a>
7      ......
8      <div class="collapse navbar-collapse" id="navContent">
9        <ul class="navbar-nav me-auto">
10         ......
11       </ul>
12
13       <!-- 增加搜索 -->
14       <form class="d-flex">
15         <input class="form-control me-2" type="search" placeholder="" aria-label=
           "Search">
16         <button class="btn btn-outline-primary text-nowrap" type="submit">搜索
           </button>
17       </form>
18     </div>
19   </div>
```

从代码中可以看出，logo 是在"a.navbar-brand"元素内增加的一个 img 元素，并为其设置了相应的高度。搜索表单直接添加到"ul.navbar-nav"元素的后面。在 PC 端和手机端中的效果如图 16.16 所示。

图 16.16　加入 logo 和搜索菜单的顶部导航栏

< 255 >

（4）将主题改变成深色系。本步骤的代码请参考本书配套资源文件"第 16 章\navbar-dark.html"。

```
1    <nav class="navbar navbar-expand-md navbar-dark bg-dark">
2      ......
3      <button class="btn btn-outline-light text-nowrap" type="submit">搜索</button>
4      ......
5    </nav>
```

这里将".navbar-light.bg-light"改为了".navbar-dark.bg-dark"，并且将搜索按钮改为".btn-outline-light"。此时在 PC 端和手机端中的效果如图 16.17 所示。

图 16.17 深色系导航栏

16.4 卡片组件

案例讲解

卡片（card）包含一组相关的图片、标题和段落文字，在网页设计中，尤其在移动端非常常见，例如购物网站的商品卡片、微信公众号的消息卡片等。卡片组件有如下特点。

- 卡片能够吸引眼球。它的空间有限，需要聚焦于展示重要的信息。如果用户感兴趣，会进一步单击查看详细内容。
- 卡片是响应式的。卡片结构简单，便于进行响应式设计。
- 卡片方便共享。卡片使用户能够快速并轻松地通过社交、手机和邮件平台分享内容。

16.4.1 实例：卡片

Bootstrap 中卡片组件的基本用法如下，完整案例代码请参考本书配套资源文件"第 16 章\card.html"。

```
1    <div class="card" style="width: 20rem;">
2      <img src="images/card.jpg" class="card-img-top" alt="...">
3      <div class="card-body">
4        <h5 class="card-title">户外风景摄影课程</h5>
5        <p class="card-text">拍的不仅是风光，还是一点自由，一点无法对别人诉说的故事。</p>
6        <a href="#" class="btn btn-outline-primary btn-sm">参与学习</a>
7      </div>
```

< 256 >

```
8      </div>
```

上面的代码为制作一个课程卡片，它以".card"类作为容器，使用弹性盒子布局，默认宽度占比是 100%，本案例中将宽度限定为 20rem。其中课程封面使用类".card-img-top"，该类的作用是将图片顶部设置为圆角。另外，文字内容使用".card-body"类包裹，其中标题用".card-title"类实现，说明文字用".card-text"类实现。此外，还有一个按钮，用到了按钮组件。课程卡片在浏览器中的效果如图 16.18 所示。

图 16.18　课程卡片的效果

如果希望图片在下方，则可以在 card 容器中使用工具类".flex-column-reverse"，改变弹性盒子的布局方向，并且将图片的".card-img-top"类改为".card-img-bottom"类，即将下方设置为圆角。改动如下，效果如图 16.19 所示，完整案例代码请参考本书配套资源文件"第 16 章\card-bottom.html"。

```
1      <div class="card flex-column-reverse" style="width: 20rem;">
2        <img src="images/card.jpg" class="card-img-bottom" alt="...">
3        <div class="card-body">
4          ......
5        </div>
6      </div>
```

图 16.19　图像在下方的效果

卡片组件还可以使用页眉和页脚，示例如下，完整案例代码请参考本书配套资源文件"第 16 章\card-header.html"。

```
1      <div class="card" style="width: 20rem;">
2        <div class="card-header">
3          Featured
```

< 257 >

```
4      </div>
5      <div class="card-body">
6        <h5 class="card-title">Special title treatment</h5>
7        <p class="card-text">With supporting text below as a natural lead-in to
         additional content.</p>
8        <a href="#" class="btn btn-primary">Go somewhere</a>
9      </div>
10     <div class="card-footer text-muted">
11       2 days ago
12     </div>
13   </div>
```

页眉、正文和页脚的结构很清晰，在浏览器中的效果如图 16.20 所示。

图 16.20　使用页眉和页脚的卡片

16.4.2　实例：瀑布流布局的相册

瀑布流布局是一种流行的网页布局方式，页面分为多栏，每栏中的卡片宽度相同，高度不固定，每个卡片依次放入最矮的一栏中。本例将结合栅格系统、卡片组件和 JavaScript 的 Masonry 库来实现一个瀑布流布局的相册，效果如图 16.21 所示。

图 16.21　瀑布流布局的相册

（1）制作卡片，卡片中包含图片、说明文字和拍摄时间，代码如下。

```
1    <div class="card">
2      <img src="images/1.jpg" class="card-img-top" alt="...">
3      <div class="card-body d-flex align-items-baseline">
```

< 258 >

```
4        <div class="card-text">眺望</div>
5        <small class="text-muted ms-auto">1 天前</small>
6      </div>
7    </div>
```

上面的代码使用了卡片组件，并且结合 flexbox 工具类来排列文字信息，相册的基础卡片的效果如图 16.22 所示。

图 16.22　相册的基础卡片

（2）用响应式栅格系统来排列各种卡片，使得 PC 端分 4 栏，移动端分 2 栏，代码如下。

```
1    <body class="container pt-3">
2      <div class="row">
3        <div class="col-sm-6 col-lg-3 mb-3">
4          <div class="card">
5            <img src="images/1.jpg" class="card-img-top" alt="...">
6            <div class="card-body d-flex align-items-baseline">
7              <div class="card-text">眺望</div>
8              <small class="text-muted ms-auto">1 天前</small>
9            </div>
10          </div>
11        </div>
12        <div class="col-sm-6 col-lg-3 mb-3">
13          ......
14        </div>
15        <div class="col-sm-6 col-lg-3 mb-3">
16          ......
17        </div>
18        <div class="col-sm-6 col-lg-3 mb-3">
19          ......
20        </div>
21        <!--继续添加卡片-->
22      </div>
23    </body>
```

将 body 元素设置为容器，每列设置为 ".col-sm-6.col-lg-3"，即小屏幕（sm）下每行 2 张图，大屏幕（lg）下每行 4 张图，效果如图 16.23 所示。

< 259 >

图 16.23　设置栅格布局的效果

（3）改为瀑布流布局。相册中图片的宽高都不同，为了尽可能地利用屏幕空间，以及使排列美观，可以使用 JavaScript 的 Masonry 库将上述布局改为瀑布流布局。Masonry 库是专门用来制作瀑布流布局的，它的使用方法非常简单，只需要在 ".row" 类的元素上增加属性 data-masonry='{"percentPosition": true }'，代码如下。

```
1    <body class="container pt-3">
2      <div class="row" data-masonry='{"percentPosition": true }'>
3        <!--省略其他代码-->
4      </div>
5    <!--通过 CDN 引入 Masonry 库-->
6    <script src="https://unpkg.com/masonry-layout@4.2.2/dist/masonry.pkgd.min. js">
     </script>
7    </body>
```

可以通过 CDN 将 Masonry 库引入文件中，也可以下载后引入。此时相册就变成了瀑布流布局，效果如图 16.24 所示。

图 16.24　使用瀑布流布局的相册

本案例的完整源代码请参考本书配套资源文件"第 16 章\masonry.html"。

< 260 >

案例讲解

16.5 轮播图组件

　　轮播图（carousel）常用于网站首页的图片展示。当内容的显示空间不足时，可以用轮播图的形式进行轮播展现，它不限于图片，也可以展示平级的内容。使用 Bootstrap 的轮播图组件，需要考虑 3 个方面：图文内容、切换控制和指示器。例如制作一个网站首页轮播图，代码如下。完整案例代码请参考本书配套资源文件"第 16 章\carousel.html"。

```
1    <div class="container">
2      <div id="example" class="carousel slide" data-bs-ride="carousel">
3        <!--指示器-->
4        <div class="carousel-indicators">
5        <button type="button" data-bs-target="#example" data-bs-slide-to="0" class=
         "active" aria-current="true" aria-label="Slide 1"></button>
6        <button type="button" data-bs-target="#example" data-bs-slide-to="1" aria-
         label="Slide 2"></button>
7        <button type="button" data-bs-target="#example" data-bs-slide-to="2" aria-
         label="Slide 3"></button>
8        </div>
9        <!--图文内容-->
10       <div class="carousel-inner">
11         <div class="carousel-item active">
12           <img src="images/1.jpg" class="d-block w-100" alt="...">
13         </div>
14         <div class="carousel-item">
15           <img src="images/3.jpg" class="d-block w-100" alt="...">
16         </div>
17         <div class="carousel-item">
18           <img src="images/7.jpg" class="d-block w-100" alt="...">
19         </div>
20       </div>
21       <!--切换图标-->
22       <button class="carousel-control-prev" type="button"
         data-bs-target="#example" data-bs-slide="prev">
23         <span class="carousel-control-prev-icon" aria-hidden="true"></span>
24         <span class="visually-hidden">Previous</span>
25       </button>
26       <button class="carousel-control-next" type="button"
         data-bs-target="#example" data-bs-slide="next">
27         <span class="carousel-control-next-icon" aria-hidden="true"></span>
28         <span class="visually-hidden">Next</span>
29       </button>
30     </div>
31   </div>
```

　　本案例中需要注意以下几个设置。

- 用".carousel"类包裹轮播图内容，".slide"表示以滑动方式切换图片。data-bs-ride="carousel"表示自动播放。还可以设置"data-bs-interval"属性控制切换时间，单位是毫秒，默认是 5 000 毫秒。

< 261 >

- "`.carousel-indicators`"类是指示器，其中"`data-bs-target`"属性的值必须和轮播图的 id 属性的值一致。"`data-bs-slide-to`"属性对应图片的顺序，从 0 开始，用户单击指示器时会切换到对应的图片。
- "`.carousel-inner`"类是图片内容。各轮播内容使用"`.carousel-item`"类，此外"`.active`"类表示加载时页面显示当前图片。每张图片设置"`.d-block.w-100`"类，让图片占满容器。
- "`.carousel-control-prev`"类和"`.carousel-control-next`"类是两个切换按钮，单击后分别显示前一张图片和后一张图片。

此时网站首面轮播图的页面效果如图 16.25 所示。

图 16.25　网站首页轮播图

本章小结

本章重点介绍了 Bootstrap 常用组件的使用方法，以及组件适合的使用场景，包括按钮、警告框、加载中、轻量提示、模态框、导航栏、卡片和轮播图组件。限于篇幅，本章没有讲解所有的 Bootstrap 组件，读者可以在官网浏览其他组件，它们的使用方法大同小异。

习题 16

一、关键词解释

组件　按钮组件　警告框　轻量提示　模态框　响应式导航栏　卡片组件

二、描述题

1. 请简单描述一下设置按钮样式的类主要有哪些，它们的含义分别是什么。
2. 请简单描述一下 Bootstrap 中反馈和提示类的组件有哪些。
3. 请简单描述一下 Bootstrap 中响应式导航栏是如何使用的，相关的类有哪些，它们分别是什么含义。
4. 请简单描述一下 Bootstrap 中卡片组件的特点是什么，大致使用了哪些类。
5. 请简单描述一下 Bootstrap 中轮播图组件的设置需要注意什么。

三、实操题

根据本章所讲的内容，实现如下页面效果。

- 默认页面效果如题图 16.1 所示，一个表格中有 4 条学生信息，每条信息对应两个按钮，分别为"编辑"和"删除"。

< 262 >

- 单击"编辑"按钮，显示编辑模态框，模态框内可以修改当前信息；单击"提交"按钮（第 15 章的表单的实操题），显示效果如题图 16.2 所示。
- 单击"删除"按钮，显示删除模态框，提示是否确认删除，显示效果如题图 16.3 所示。

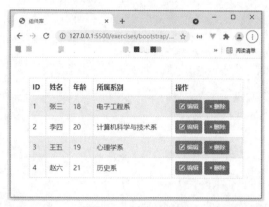

题图 16.1　默认页面效果

题图 16.2　编辑模态框并单击"提交"按钮

题图 16.3　删除模态框

< 263 >

第三篇

综合实战

第 17 章

综合案例：产品着陆页

前面几章中介绍了 Bootstrap 的基础知识，本章将综合运用这些知识来制作一个完整的产品着陆页（landing page）。本章的思维导图如下。

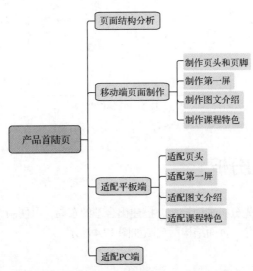

本章导读

着陆页也称落地页或引导页，在网络营销中，着陆页就是潜在用户单击广告或者利用搜索引擎搜索后显示给用户的网页，它重在吸引用户。本章的着陆页针对"云端编程课程"产品，第一屏展示产品最突出的特点，紧接着用图文方式呈现产品的各种特色，最后总结精炼，再次引导用户参与学习。此着陆页还需要针对手机、平板和 PC 这 3 种设备进行适配，效果分别如图 17.1、图 17.2 和图 17.3 所示。

图 17.1　手机端效果

图 17.2　平板端效果

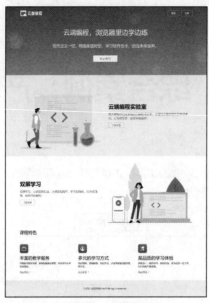

图 17.3　PC 端效果

17.1　页面结构分析

在动手开发之前，我们先分析页面结构，搭建出合理的布局，以便制作响应式页面。本案例中的产品着陆页可以分为 5 个部分，页面结构示意图如图 17.4 所示。

图 17.4　页面结构示意图

这 5 个部分的说明如下。

- 页头：包含 logo，以及"登录"和"注册"按钮。
- 第一屏：两行文字加按钮，并且和页头使用同一张背景图片。
- 图文介绍：图片和相应的文字组合。从上下布局过渡到左右布局，有两种形式，图片在左侧或右侧，且背景色不同。

< 266 >

- 课程特色：图标、标题、文字和超链接的组合。从一行一个过渡到一行三个，且每个课程特色从左右布局过渡到上下布局。
- 页脚：文字居中。

Bootstrap 的设计原则是移动优先，我们先制作好手机端页面，然后逐步适配平板端和 PC 端。

17.2　制作页头和页脚

页头和页脚一般是网站的共用部分，变化不大，我们先制作这两个部分。使用 Bootstrap 的页面模板作为基础，代码如下。本步骤的源代码请参考本书配套资源文件"第 17 章\page-1.html"。

```
1   <!doctype html>
2   <html lang="zh-CN">
3   <head>
4     <meta charset="utf-8">
5     <meta name="viewport" content="width=device-width, initial-scale=1, shrink-to-
      fit=no">
6     <link rel="stylesheet" href="../dist/css/bootstrap.min.css">
7     <title>云端编程</title>
8     <style>
9   body {
10    font-family: Microsoft Yahei,-apple-system,PingFang SC,Helvetica Neue, Helvetica,
      Arial,Hiragino Sans GB,WenQuanYi Micro Hei,sans-serif;
11  }
12  .banner {
13    width: 100%;
14    background: url(home-banner@2x.jpg) 0% 0% / cover no-repeat;
15  }
16  .logo {
17    width: 100px;
18  }
19    </style>
20  </head>
21  <body>
22
23    <div class="banner">
24      <header>
25        <img src="logo-white.svg" class="logo" alt="logo">
26        <div>登录</div>
27        <div>注册</div>
28      </header>
29    </div>
30
31    <!--图文介绍-->
32
33    <!--课程特色-->
34
35    <footer>
36      &copy;2021 前沿科技Artech All rights reserved
37    </footer>
38    <script src="../dist/js/bootstrap.bundle.min.js"></script>
```

< 267 >

```
39    </body>
40    </html>
```

此时只设置了字体、背景图片和 logo，没有设置其他任何样式，效果如图 17.5 所示。

图 17.5　页头和页脚未设置样式效果

页头的 3 个元素可以使用弹性盒子布局。接下来使用 Bootstrap 的工具类来设置样式，代码如下。本步骤的源代码请参考本书配套资源文件"第 17 章\page-2.html"。

```
1    <div class="banner">
2      <header class="container px-4 py-3 d-flex">
3        <img src="logo-white.svg" class="logo" alt="logo">
4        <div class="btn btn-outline-light ms-auto">登录</div>
5        <div class="btn btn-outline-light ms-3">注册</div>
6      </header>
7    </div>
8
9    <footer class="bg-gray py-5 text-center">
10     &copy;2021 前沿科技 Artech All rights reserved
11   </footer>
```

其中除了".bg-gray"是自定义的工具类，其他工具类都是 Bootstrap 内置的。Bootstrap 没有定义这种灰色背景，因此按照工具类的命名规则设置工具类".bg-gray {background-color: #f4f4f4 !important;}"，此时的页面效果如图 17.6 所示。

图 17.6　手机端的页头和页脚样式

17.3　制作第一屏

第一屏包含两行文字和一个按钮，并且和页头使用同一张背景图片。它没有特殊的布局，内容都居中显示，并设置一定的间距。用工具类就能够实现第一屏的制作，代码如下。本步骤的源代码请参

< 268 >

考本书配套资源文件"第 17 章\page-3.html"。

```
1   <div class="banner">
2     <header class="container px-4 py-3 d-flex">
3       <!--页头-->
4     </header>
5     <!--第一屏-->
6     <div class="container px-4 py-5 mt-4 text-center">
7       <h1 class="display-3 fw-normal text-white mb-3">云端编程，浏览器里边学边练</h1>
8       <p class="fs-5 mb-5 text-white">软件定义一切，网络连接时空，学习软件技术，创造未来世界。</p>
9       <a class="btn btn-outline-primary bg-body link-primary px-5 py-2 mb-2 fs-5">马上学习</a>
10    </div>
11  </div>
```

此时的页面效果如图 17.7 所示。

图 17.7　手机端第一屏的效果

17.4 制作图文介绍

考虑到手机端和 PC 端的布局会发生变化，应该使用栅格系统来布局图文介绍部分，手机端中的图片和文字都占一行，布局结构如下。

```
1   <!--图文介绍-->
2   <div class="container px-4 py-5">
3     <div class="row g-5">
4       <div class="col-12"> 图片 </div>
5       <div class="col-12"> 文字 </div>
6     </div>
7   </div>
```

其中".px-4"".py-5"".g-5"用于设置一定的间距。接下来将具体的内容填入栅格布局中，代码如下。

```
1   <div class="container px-4 py-5">
```

< 269 >

```
2      <div class="row g-5">
3        <div class="col-12">
4          <img src="img-lab@2x.png" class="img-fluid">
5        </div>
6        <div class="col-12">
7          <h1 class="display-6 fw-bold mb-3">云端编程实验室</h1>
8          <p class="lead">每人拥有自己完全独立的编程实验室，内置所有基础软件及学习素材。打开浏
              览器，即刻开始编程! </p>
9          <div class="d-grid">
10           <button type="button" class="btn btn-outline-secondary">了解详情11</button>
11         </div>
12       </div>
13     </div>
14   </div>
```

上面的代码使用了".img-fluid"类让图片支持响应式，文字部分使用了工具类和按钮组件。另一个图文介绍按照上述结构修改图片路径和文字内容即可。此外第一个图文介绍还需要加上灰色背景，代码如下。本步骤的源代码请参考本书配套资源文件"第17章\page-4.html"。

```
1    <div class="bg-gray">
2      <div class="container px-4 py-5">
3        <!--第一个图文介绍-->
4      </div>
5    </div>
6
7    <div class="container px-4 py-5">
8      <!--第二个图文介绍-->
9    </div>
```

这里又用到了自定义的工具类".bg-gray"，把它放在图文介绍外是因为".container"类有一定的外边距，会导致灰色背景不能占满屏幕。此时的页面效果如图17.8所示。

图17.8　手机端图文介绍的效果

< 270 >

17.5 制作课程特色

课程特色也需要使用栅格系统来布局，以更好地支持响应式，布局结构如下。

```
1   <!--课程特色-->
2   <div class="container px-4">
3     <h2 class="pb-2 border-bottom">课程特色</h2>
4     <div class="row g-5 py-5">
5       <div class="col-12"> 特色1 </div>
6       <div class="col-12"> 特色2 </div>
7       <div class="col-12"> 特色3 </div>
8     </div>
9   </div>
```

课程特色是图标加文字的结构，不同屏幕尺寸的布局会有变化，使用弹性盒子能够很好地支持这种布局变化。图标取自 Bootstrap 的图标库，代码如下。本步骤的源代码请参考本书配套资源文件"第17章\page-5.html"。

```
1    <!--课程特色1-->
2    <div class="col-12 d-flex">
3      <div class="feature-icon bg-primary bg-gradient flex-shrink-0 me-3">
4        <i class="bi bi-collection"></i>
5      </div>
6      <div>
7        <h2>丰富的教学服务</h2>
8        <p>特色教学服务功能，各种配套教学服务，在线学习从未如此轻松。</p>
9        <a href="#" class="icon-link">
10         马上学习
11         <i class="bi bi-chevron-right"></i>
12       </a>
13     </div>
14   </div>
```

其中图标不方便使用工具类来实现，因此定义类".feature-icon"，它的设置如下。

```
1    .feature-icon {
2      display: inline-flex;
3      align-items: center;
4      justify-content: center;
5      width: 4rem;
6      height: 4rem;
7      margin-bottom: 1rem;
8      font-size: 2rem;
9      color: #fff;
10     border-radius: .75rem;
11   }
```

可以看到，使用了 flexbox 功能让图标水平和垂直方向居中对齐。其他两个课程特色也按照相同的结构布局制作，并修改图标和文字，此时的页面效果如图 17.9 所示。注意要引入图标库的样式文件。

手机端页面的源代码请参考本书配套资源文件"第17章\page.html"。

< 271 >

图 17.9　手机端课程特色的效果

至此，我们完成了手机端产品着陆页的制作，接下来需要适配其他屏幕尺寸。

📝 说明

　　栅格系统加上工具类可以实现复杂的页面布局，通常页面的制作都需要将这两者结合使用。

17.6　适配平板端

　　适配的第一步是选择合适的断点，一般平板端使用 md 断点，PC 端使用 lg 断点。如果希望更精细地控制页面，可以设置更多的断点。未适配时手机端页面在平板中的效果如图 17.10 所示，我们针对每个部分逐一适配。

图 17.10　未适配平板端的页面效果

< 272 >

17.6.1 适配页头

本节适配页头，需要增大"登录""注册"按钮的内边距，可以使用响应式工具类".px-md-4"来实现，它只针对 md 断点及以上断点有效，代码如下。本步骤的源代码请参考本书配套资源文件"第17章\page-6.html"。

```
1  <div class="banner">
2    <header class="container px-4 py-3 d-flex">
3      <img src="logo-white.svg" class="logo" alt="logo">
4      <div class="btn btn-outline-light px-md-4 ms-auto">登录</div>
5      <div class="btn btn-outline-light px-md-4 ms-3">注册</div>
6    </header>
7  </div>
```

此外，还需要将 logo 放大，需要用到媒体查询功能，令其和 md 断点的尺寸一致，CSS 的具体设置如下。

```
1  @media (min-width: 768px) {
2    .logo {
3      width: 162px;
4    }
5  }
```

此时的页面效果如图 17.11 所示。

图 17.11 平板端页头的效果

17.6.2 适配第一屏

本节适配第一屏，主要是调整第一行文字的字体大小。Bootstrap 没有给".display"类提供响应式，可以自定义一个类，命名为".display-md-6"，具体设置如下。

```
1  @media (min-width: 768px) {
2    .display-md-6 {
3      font-size: 2.25rem !important;
4    }
5  }
```

> 📝 说明
>
> 可以约定"*-md-*"类用于适配平板端，只针对 md 断点及以上断点有效；"*-lg-*"类用于适配 PC 端，只针对 lg 断点及以上断点有效。

将自定义的".display-md-6"类加入对应的 h1 元素上，其他设置不变，修改如下。本步骤的源代码请参考本书配套资源文件"第 17 章\page-7.html"。

```
1  <!--增加 display-md-6-->
2  <h1 class="display-3 display-md-6 fw-normal text-white mb-3">云端编程，浏览器里边学边练</h1>
```

< 273 >

此时第一屏就适配好了，页面效果如图 17.12 所示。

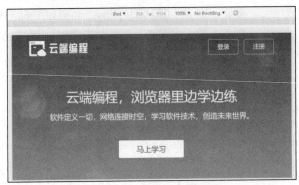

图 17.12　平板端第一屏的效果

17.6.3　适配图文介绍

图文介绍部分有两个改动，一个是将图片缩小，另一个是将"了解详情"按钮的宽度变窄。这些都可以使用响应式工具类来实现，代码如下。本步骤的源代码请参考本书配套资源文件"第 17 章\page-8.html"。

```
1    <div class="row g-5">
2      <div class="col-12">
3        <!--增加 w-md-50, d-md-block, mx-md-auto-->
4        <img src="img-screens@2x.png" class="img-fluid w-md-50 d-md-block mx-md- auto">
5      </div>
6      <div class="col-12">
7        <h1 class="display-6 fw-bold mb-3">双屏学习</h1>
8        <p class="lead">双屏学习，小屏视频互动，大屏实际操作，学习无障碍。打开浏览器，即刻开始
         编程! </p>
9        <!--增加 d-md-flex, justify-content-md-start-->
10       <div class="d-grid d-md-flex justify-content-md-start">
11         <button type="button" class="btn btn-outline-secondary px-4">了解详情</button>
12       </div>
13     </div>
14   </div>
```

在图片上增加了如下 3 个类，都是"*-md-*"类型，不会影响手机端，可以放心使用。

- "·.d-md-block"类：设置 display 为 block。
- "·.mx-md-auto"类：设置 margin-left 和 margin-right 为 auto，和"·.d-md-block"类配合，使图片居中显示。
- "·.w-md-50"类：图片宽度变为原来的 50%，它是自定义的，设置如下。

```
1    @media (min-width: 768px) {
2      .w-md-50 {
3        width: 50% !important;
4      }
5    }
```

此外，还增加了两个类"·.d-md-flex"和"·.justify-content-md-start"，使原来的栅格布局变为弹性盒子布局，这样"了解详情"按钮的宽度就改变了。在栅格布局中，元素默认会占满网格。

< 274 >

另一个图文介绍的修改方法与其一样，此时的页面效果如图 17.13 所示。

图 17.13　平板端图文介绍的效果

17.6.4　适配课程特色

课程特色的适配主要是改变栅格系统的布局，可使用响应式工具类 ".col-md-{number}" 来实现，改动如下。本步骤的源代码请参考本书配套资源文件 "第 17 章\page-9.html"。

```
1    <!--课程特色-->
2    <div class="container px-4">
3      <h2 class="pb-2 border-bottom">课程特色</h2>
4      <div class="row g-5 py-5">
5        <!--增加 col-md-4 -->
6        <div class="col-12 col-md-4 d-flex"> 特色1 </div>
7        <div class="col-12 col-md-4 d-flex"> 特色2 </div>
8        <div class="col-12 col-md-4 d-flex"> 特色3 </div>
9      </div>
10   </div>
```

因为要一行显示三个，所以增加了 ".col-md-4" 类。此时在平板端的页面效果如图 17.14 所示。

图 17.14　改变栅格布局的效果

< 275 >

此外，还需要将图标从左侧移动到上方，只需要将弹性盒子的布局方向改为 column 即可，改动如下。本步骤的源代码请参考本书配套资源文件"第 17 章\page-10.html"。

```
1   <!--课程特色-->
2   <div class="container px-4">
3     <h2 class="pb-2 border-bottom">课程特色</h2>
4     <div class="row g-5 py-5">
5       <!--增加 flex-md-column -->
6       <div class="col-12 col-md-4 d-flex flex-md-column"> 特色 1 </div>
7       <div class="col-12 col-md-4 d-flex flex-md-column"> 特色 2 </div>
8       <div class="col-12 col-md-4 d-flex flex-md-column"> 特色 3 </div>
9     </div>
10  </div>
```

上面的代码使用了响应式工具类 ".flex-md-column"，此时的页面效果如图 17.15 所示。

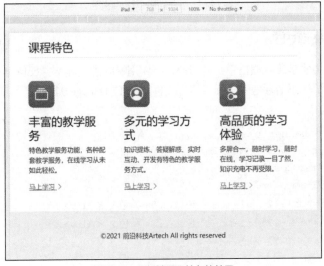

图 17.15　平板端课程特色的效果

平板端适配的源代码请参考本书配套资源文件"第 17 章\page-md.html"。

至此，我们完成了平板端的适配，主要使用了响应式工具类和响应式栅格布局，并且增加的类都是 ".*-md-*"，一目了然。

17.7　适配 PC 端

适配 PC 端的方法和适配平板端的方法一致，限于篇幅，不再详细展开，直接给出具体的改动，增加的类都是 ".*-lg-*"，代码如下。

```
1   <div class="banner">
2     <!--增加 py-lg-4-->
3     <header class="container px-4 py-3 py-lg-4 d-flex">
4       ......
5     </header>
```

< 276 >

```
6    <div class="container px-4 py-5 mt-3 text-center">
7      <!--增加 display-lg-5 和 mb-lg-5-->
8      <h1 class="display-3 display-md-6 display-lg-5 fw-normal text-white mb-3
       mb-lg-5">
9        云端编程，浏览器里边学边练
10     </h1>
11     <!--增加 fs-lg-3-->
12     <p class="fs-5 fs-lg-3 mb-5 text-white">
13       软件定义一切，网络连接时空，学习软件技术，创造未来世界。
14     </p>
15     <!--增加 mb-lg-5-->
16     <a class="btn btn-outline-primary bg-body link-primary px-5 py-2 mb-2 mb-lg-5
       fs-5">马上学习</a>
17   </div>
18 </div>
19
20 <!--第一个图文介绍-->
21 <div class="container px-4 py-5">
22   <!--增加 align-items-lg-center-->
23   <div class="row align-items-lg-center g-5">
24     <!--增加 col-lg-6-->
25     <div class="col-12 col-lg-6">
26       <!--增加 w-lg-100-->
27       <img src="img-lab@2x.png" class="img-fluid w-md-50 w-lg-100 d-md-block
         mx-md-auto">
28     </div>
29     <!--增加 col-lg-6-->
30     <div class="col-12 col-lg-6">
31       ……
32     </div>
33   </div>
34 </div>
35
36 <!--第二个图文介绍-->
37 <div class="container px-4 py-5">
38   <!--在第一个的基础上还增加了 flex-lg-row-reverse-->
39   <div class="row flex-lg-row-reverse align-items-lg-center g-5">
40     <div class="col-12 col-lg-6">
41       <img src="img-lab@2x.png" class="img-fluid w-md-50 w-lg-100 d-md-block
         mx-md-auto">
42     </div>
43     <div class="col-12 col-lg-6">
44       ……
45     </div>
46   </div>
47 </div>
48
49 <!--课程特色不用改动-->
50
51 <!--页脚不用改动-->
```

< 277 >

其中这几个新加的类是自定义的，媒体查询的尺寸和 lg 断点一致，代码如下。

```
1   @media (min-width: 992px) {
2     .display-lg-5 {
3       font-size: 3rem !important;
4     }
5     .fs-lg-3 {
6       font-size: 1.75rem !important;
7     }
8     .w-lg-100 {
9       width: 100% !important;
10    }
11  }
```

此时在 PC 端中的页面效果如图 17.16 所示。

图 17.16　适配 PC 端的页面效果

PC 端适配的源代码请参考本书配套资源文件"第 17 章\page-lg.html"。

< 278 >

本章小结

　　本章通过一步一步迭代，制作了一个响应式的产品着陆页。根据移动优先的原则，首先使用 Bootstrap 的工具类和栅格系统，快速地搭建了手机端页面；然后通过适配平板端，详细介绍了使用 Bootstrap 制作响应式页面的过程；最后简单演示了 PC 端的适配。希望读者可以多加练习，制作更多的响应式页面，熟练掌握 Bootstrap 的使用方法。

< 279 >

第18章 综合案例："豪华版"待办事项

在本书中已经在第6章制作过"简易版"的待办事项，本章来制作"豪华版"的效果。本章的思维导图如下所示。

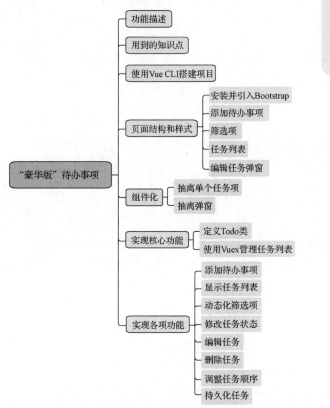

本章将会结合 Vue.js 和 Bootstrap，制作一个综合且完善的"豪华版"待办事项，效果如图 18.1 所示。

图 18.1 "豪华版"待办事项

18.1 功能描述

待办事项是一款任务管理工具，用户可以用它方便地组织和安排计划，把要做的事情一项项地列出来。该任务管理工具包含以下功能。

1．添加待办事项

在文本框中输入任务内容后，单击 Add 按钮，将任务添加到下方的列表中。在这个应用中，增加了任务的状态，一共分为 3 种状态，Todo（待办）、In Progress（进行中）和 Done（已完成）。

2．筛选待办事项

文本框下方有 3 种任务状态的筛选项，分别为 Todo、In Progress 和 Done，每个筛选项后面有一个数字，表示对应状态的任务有几个。选中相应的状态后，列表会跟着变化。

3．修改待办事项状态

任务列表中的圆圈颜色表示每个任务的状态，白色表示 Todo，黄色表示 In Progress，绿色表示 Done。单击圆圈或文字能够改变任务的状态，每单击一次可在 3 种状态中切换。

4．编辑待办事项

每个任务有状态、内容和备注信息，单击任务列表中的编辑图标，会弹窗显示编辑表单，如图 18.2 所示。修改完之后，单击 OK 按钮，保存任务信息，任务列表也会相应地更新。也可以单击 Cancel 按钮，隐藏弹窗。

图 18.2 编辑表单的弹窗

5．删除待办事项

单击任务列表中的删除图标，能够删除对应的任务。

6．调整待办事项的顺序

单击并拖动每个任务最前面的 3 个点图标，可以改变任务顺序，例如将优先级高的任务置顶。

18.2 用到的知识点

作为全书的综合案例，本案例将用到以下知识点。

< 281 >

- class 属性的绑定。
- 条件渲染。
- 列表渲染。
- 数据绑定。
- 事件处理。
- 计算属性和侦听器。
- 组件。
- 表单。
- 状态管理 Vuex。
- 拖曳插件 vuedraggable。
- 字体图标 Font Awesome。

18.3 使用 Vue CLI 搭建项目

案例讲解

下面先通过脚手架 Vue CLI 搭建项目，然后逐步实现功能。在命令行窗口中输入并执行如下命令。

```
vue create todolist
```

接下来开始选择 Vue.js 项目的各种配置。这里选择手动配置，如图 18.3 所示。选中 Manually select features 后，按 Enter 键进入下一步。

```
Vue CLI v4.5.12
? Please pick a preset:
  n ([Vue 2] dart-sass, babel)
  Default ([Vue 2] babel, eslint)
  Default (Vue 3 Preview) ([Vue 3] babel, eslint)
> Manually select features
```

图 18.3 手动选择配置

在图 18.4 中，选中的配置包括 Vue.js 版本、Babel、状态管理 Vuex 和 CSS 预处理器。按 Enter 键进入下一步。

```
? Check the features needed for your project:
 (*) Choose Vue version
 (*) Babel
 ( ) TypeScript
 ( ) Progressive Web App (PWA) Support
 ( ) Router
 (*) Vuex
>(*) CSS Pre-processors
 ( ) Linter / Formatter
 ( ) Unit Testing
 ( ) E2E Testing
```

图 18.4 选择配置

请选择 2.x 版本，如图 18.5 所示。按 Enter 键进入下一步，在这一步中选择 CSS 预处理器，使用最流行的 SCSS 工具实现 CSS 的预处理，如图 18.6 所示。不熟悉 CSS 不会影响学习本案例。按 Enter 键进入下一步。

```
? Check the features needed for your project: Choose Vue version, Babel, Vuex, CSS Pre-processors
? Choose a version of Vue.js that you want to start the project with (Use arrow keys)
> 2.x
  3.x (Preview)
```

图 18.5 选择 Vue.js 的版本

< 282 >

图 18.6　选择 CSS 预处理器

选中 In dedicated config files，如图 18.7 所示，表示将 Babel、ESLint 等配置文件独立存放。按 Enter 键进入下一步。

图 18.7　选择文件存放位置

预设的作用是将以上这些选项保存起来，下次用 Vue CLI 搭建项目的时候可以直接使用，不需要再配置一遍。这里输入 n，即不保存，如图 18.8 所示。按 Enter 键进入下一步。

图 18.8　选择是否保存预设

这时系统会开始根据前面的配置项搭建项目，如图 18.9 所示，请等一会儿，出现图 18.10 所示内容表示项目搭建完成。

图 18.9　开始搭建项目

图 18.10　搭建完成

接着执行命令 cd todolist，进入 todolist 文件夹，然后执行命令 npm run serve，运行项目。执行完成后，命令行窗口如图 18.11 所示。

图 18.11　运行项目

< 283 >

此时，在浏览器中输入 http://localhost:8080，按 Enter 键，页面效果如图 18.12 所示。

图 18.12　打开浏览器访问页面

18.4　页面结构和样式

本节将设计页面结构和样式，包含如下 4 个部分。
- 添加待办事项。
- 任务状态的筛选项，以及对应的任务个数。
- 任务列表。
- 编辑任务的弹窗样式。

下面逐一实现，都在 App.vue 中组织代码，然后拆分成组件。

本案例的完整代码请参考本书配套资源文件"第 18 章/todolist"。

18.4.1　安装并引入 Bootstrap

首先需要在项目中安装 Bootstrap v5，使用如下命令。

```
npm install bootstrap
```

Bootstrap 的 JS 文件依赖于@popperjs/core，因此需要安装，命令如下。

```
npm install --save @popperjs/core
```

安装完之后，在 main.js 中引入 CSS 和 JS 文件，命令如下。

```
1  import 'bootstrap/dist/css/bootstrap.min.css'
2  import 'bootstrap/dist/js/bootstrap.js'
```

接下来就可以正常地使用 Bootstrap 的 CSS 样式和 JS 的相关功能了。

18.4.2　添加待办事项

在 App.vue 中，先添加待办事项的结构和样式，编写如下代码。

```
1  <template>
2    <div id="app">
```

< 284 >

```
3          <!-- 固定在顶部 -->
4          <div class="container fixed-top pt-4">
5            <!-- 添加待办事项 -->
6            <form class="input-group mb-3">
7              <span class="input-group-text">Todo</span>
8              <input type="text" class="form-control">
9              <button class="btn btn-primary" type="submit">Add</button>
10           </form>
11
12           <!-- 筛选项 -->
13         </div>
14         <!-- 任务列表 -->
15         <!-- 模态框 -->
16       </div>
17     </template>
```

本案例中编写的 CSS 样式的代码不多，主要对 Bootstrap 中的样式做补充和部分覆盖。这里不赘述，读者可以在本书配套的资源文件中获取。此时的效果如图 18.13 所示。

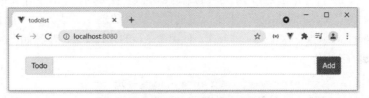

图 18.13　添加待办事项的页面结构和样式

18.4.3　筛选项

在 App.vue 中，管理任务的页面结构的实现代码如下。

```
1   <div class="container fixed-top pt-4">
2     <!-- 添加待办事项 -->
3     ......
4     <!-- 筛选项 -->
5     <div class="d-flex justify-content-between">
6       <div class="form-check">
7         <input class="form-check-input" type="checkbox" id="flexCheck1">
8         <label class="form-check-label" for="flexCheck1">
9           Todo <span class="py-sm-1 px-sm-1 mx-1 border badge rounded bg-light
           text-dark border-dark">0</span>
10        </label>
11      </div>
12      <div class="form-check">
13        <input class="form-check-input" type="checkbox" id="flexCheck2">
14        <label class="form-check-label" for="flexCheck2">
15          In Progress <span class="py-sm-1 px-sm-1 mx-1 border badge rounded
          bg-warning border-warning">0</span>
16        </label>
17      </div>
18      <div class="form-check">
19        <input class="form-check-input" type="checkbox" id="flexCheck3">
20        <label class="form-check-label" for="flexCheck3">
```

< 285 >

```
21        Done <span class="py-sm-1 px-sm-1 mx-1 border badge rounded bg-success
          border-success">0</span>
22      </label>
23    </div>
24  </div>
25 </div>
```

此时，管理任务部分的页面结构和样式已完成，运行效果如图 18.14 所示。

图 18.14　管理任务的页面结构和样式

18.4.4　任务列表

在 App.vue 中，接下来编写任务列表的页面结构和样式。任务列表中有 3 个图标，左侧是移动任务顺序的图标，右侧是编辑和删除任务的图标。之前都是使用 CDN 方式引入，为了让读者更了解如何使用字体图标 Font Awesome，这里换一种方式，使用命令行的方式安装，步骤如下。

（1）安装基础依赖库。

```
1  npm install --save @fortawesome/fontawesome-svg-core
2  npm install --save @fortawesome/vue-fontawesome
```

（2）安装样式依赖库。

```
   npm install --save @fortawesome/free-solid-svg-icons
```

（3）将安装的依赖库引入 main.js 文件中。

```
1  import { library } from '@fortawesome/fontawesome-svg-core'
2  import { faEllipsisV, faEdit, faTimes } from '@fortawesome/free-solid-svg-icons'
3  import { FontAwesomeIcon } from '@fortawesome/vue-fontawesome'
4
5  library.add(faEllipsisV, faEdit, faTimes)
6
7  Vue.component('font-awesome-icon', FontAwesomeIcon)
```

📝 说明

代码中的"faEllipsisV, faEdit, faTimes"对应 3 个图标，如果需要其他图标，应该在此处引入。

安装并注册完成之后就可以使用 font-awesome-icon 组件了，待办事项的列表结构的实现代码如下所示。

```
1  <div class="container pt-5">
2    <!-- 任务列表 -->
3    <ul class="list-group">
4      <li class="list-group-item d-flex align-items-center">
5        <font-awesome-icon class="todo-move pointer" icon="ellipsis-v" size="xs"/>
6        <div class="pointer mx-2 badge rounded-circle border bg-light border-dark">
7          <span class="invisible">*</span>
8        </div>
```

< 286 >

```
9        <div class="d-inline-block text-truncate flex-sm-grow-1 pointer mx-1">测试</div>
10       <font-awesome-icon icon="edit" size="xs" class="mx-2 pointer"/>
11       <font-awesome-icon icon="times" size="xs" class="pointer"/>
12     </li>
13     ……
14   </ul>
15 </div>
```

上述代码中省略了两个列表项的页面结构，只需要复制出两个列表项，并将第二个列表项中的类名 bg-light 和 border-dark 改为 bg-warning 和 border-warning，将第三个列表项中的类名改为 bg-success 和 border-success。编写完样式之后，页面效果如图 18.15 所示。

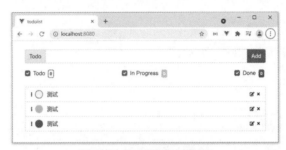

图 18.15　管理任务的页面效果

> ✏️ 说明
>
> 　　上述代码中，第二个和第三个列表项分别修改类名为 border-warning 和 border-success，这是为了和第一个列表项的宽高保持一致，不会相差 1 像素。

18.4.5　编辑任务弹窗

单击任务列表中的编辑图标显示弹窗，页面结构的实现代码如下。

```
1  <div class="container">
2    <div class="modal fade" data-bs-backdrop="static" data-bs-keyboard="false"
     tabindex="-1" aria-labelledby="staticBackdropLabel" aria-hidden="true" id="myModal">
3      <div class="modal-dialog">
4        <div class="modal-content">
5          <div class="modal-body">
6            <div class="d-flex mb-3 justify-content-between">
7              <div class="form-check">
8                <input
9                  class="form-check-input "
10                 type="radio"
11                 name="flexRadio"
12                 id="flexRadio1"
13               >
14               <label class="form-check-label" for="flexRadio1">Todo</label>
15             </div>
16             ……
17           </div>
18           <div class="mb-3">
19             <input type="text" class="form-control">
20           </div>
```

< 287 >

```
21              <div class="mb-3">
22                <textarea class="form-control" rows="3" maxlength="1000"></textarea>
23              </div>
24            </div>
25
26            <div class="modal-footer">
27              <button type="button" class="btn btn-secondary" data-bs-dismiss="modal">
                 Cancel</button>
28              <button type="button" class="btn btn-primary">OK</button>
29            </div>
30          </div>
31        </div>
32      </div>
33  </div>
34  <script>
35  import { Modal } from "bootstrap"
36
37  export default {
38    name: 'App',
39    data() {
40      return { myModal: null }
41    },
42    mounted() {
43      this.myModal = new Modal(document.getElementById('myModal'));
44      this.myModal.show()
45    }
46  }
47  </script>
```

上述代码中省略了两个状态结构，在其中分别将 Todo 替换为 In Progress 和 Done；将 id 和 for 的值 flexRadio1 分别改为 flexRadio2 和 flexRadio3。创建一个模态框的实例，将实例赋值给定义的变量 myModal。使用 Bootstrap 中的方法来控制显示模态框。此时，保存并运行项目，弹窗的页面效果如图 18.16 所示。

图 18.16　弹窗的页面效果

本步骤的源代码请参考本书配套资源文件"第 18 章/01todolist"。

18.5 组件化

目前所有的页面结构都在 App.vue 文件中，从中可以抽离出两个组件：单个任务组件和弹窗组件，

< 288 >

以便于复用。

> ✏️ 说明
>
> 　　熟悉组件的功能之后，在实际开发中，动手编程之前就可以大致分析组件如何划分，然后直接单独编写组件即可。

18.5.1　抽离单个任务项

　　首先，在 components 文件夹中创建 TodoItem.vue 文件。在 App.vue 文件中，任务列表中有 3 个任务，将第一个任务抽离到 TodoItem.vue 文件中，将另外两个任务直接删除即可。然后，将 App.vue 文件中的样式代码也抽离到 TodoItem.vue 文件中。最后，在 App.vue 文件中引入注册组件并使用，此时，App.vue 文件中任务列表部分的实现代码如下。

```
1   <div class="container pt-5">
2     <!-- 任务列表 -->
3     <ul class="list-group">
4       <todo-item></todo-item>
5     </ul>
6   </div>
7   <script>
8   import { Modal } from "bootstrap"
9   import TodoItem from './components/TodoItem'
10  export default {
11    name: 'App',
12    components: {
13      TodoItem
14    },
15    ……
16  }
17  </script>
```

　　此时，保存并运行代码，得到的页面中只有一个任务，后期循环<todo-item></todo-item>组件即可。单个任务项的效果如图 18.17 所示。

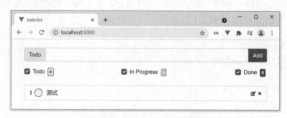

图 18.17　单个任务项的效果

18.5.2　抽离弹窗

　　首先，在 components 文件夹中创建 ModalDialog.vue 文件，将 App.vue 文件中弹窗部分的页面结构代码和样式代码抽离到 ModalDialog.vue 文件中。然后，在 App.vue 文件中引入注册组件并使用，此时，App.vue 文件中弹窗部分的实现代码如下。

```
1   <!-- 模态框 -->
2   <div class="container">
```

< 289 >

```
3     <modal-dialog data-bs-backdrop="static" data-bs-keyboard="false" tabindex="-1"
      aria-labelledby="staticBackdropLabel" aria-hidden="true" id="myModal" />
4     </div>
5     ......
6     import ModalDialog from './components/ModalDialog'
7     export default {
8       name: 'App',
9       components: {
10        TodoItem,
11        ModalDialog
12      },
13      ......
14    }
```

到这里，组件化的工作就已经完成了。

本步骤的源代码请参考本书配套资源文件“第 18 章/02todolist”。

18.6 实现核心功能

本节将实现核心功能。

18.6.1 定义 Todo 类

容易想到，状态在筛选项、任务列表和弹窗中都需要用到。首先定义一个状态数组，总共有 3 种状态，每种状态的颜色不同。在 assets 文件夹中创建 Todo.js 文件，编写如下代码。

```
1     export const TaskState = [
2       { name: 'Todo', value: 0, color: 'light' },
3       { name: 'In Progress', value: 1, color: 'warning' },
4       { name: 'Done', value: 2, color: 'success' }
5     ]
```

每种状态有 3 个属性：名称、值和颜色。接下来们定义 Todo 类，它有 4 个属性：id、内容、状态和备注，以及一个改变状态的方法，代码如下。

```
1     export class Todo {
2       constructor (id, content, state=0, note="") {
3         this.id = id
4         this.content = content
5         this.state = state
6         this.note = note
7       }
8       changeState() {
9         switch (this.state) {
10          case 0:
11            this.state = 1
12            break
13          case 1:
14            this.state = 2
15            break
16          case 2:
```

< 290 >

```
17          this.state = 0
18          break
19      }
20    }
21    get color() {
22      return TaskState.find(item => item.value == this.state).color
23    }
24  }
```

创建任务时，默认状态是 0，即未开始。此外，Todo 类中还定义了一个存取器 "color"，用于获取当前状态对应的颜色。

本步骤的源代码请参考本书配套资源文件 "第 18 章/02todolist/src/assets/Todo.js"。

18.6.2　使用 Vuex 管理任务列表

任务数据会在多个组件中使用，因此我们用 Vuex 来管理任务数据。需要保存两个状态：任务数组和最大的任务 Id。在 store 文件的 index.js 中编写如下代码。

```
1   ......
2   import { Todo } from '../assets/Todo'
3
4   Vue.use(Vuex)
5
6   export default new Vuex.Store({
7     state: {
8       todos: [],
9       lastId: 0
10    },
11  })
```

获取任务相关的数据有 3 个：根据状态过滤列表、根据 ID 获取任务和获取状态对应的任务数量。在 getters 中定义相应的读取器，代码如下。

```
1   getters: {
2    // 根据状态过滤列表
3    getFilteredTodos: (state) => (stateArray) => {
4      if(stateArray.length > 0)
5        return state.todos.filter(ele => stateArray.includes(ele.state))
6      else
7        return state.todos
8    },
9    //根据 ID 获取任务
10   getTodoById: (state) => (id) => {
11     return state.todos.find(v => v.id === id)
12   },
13   // 获取状态对应的任务数量
14   getTaskCount: (state) => (taskState) => {
15     return state.todos.filter(el => el.state === taskState).length
16   },
17  },
```

注意过滤列表时，选中的状态参数类型是一个数组。如果没有选择任何状态，则返回全部的任务列表，相当于所有状态都选中。

< 291 >

对任务列表的操作有 5 个：删除任务、修改任务、修改任务状态、添加任务及修改任务顺序。在 mutations 中定义相应的 5 个方法，代码如下。

```
1   mutations: {
2     // 删除任务
3     removeTask(state, value) {
4       let index = state.todos.findIndex(v => v.id === value)
5       state.todos.splice(index, 1)
6     },
7     // 修改任务
8     updateTask(state, value) {
9       let item = state.todos.find(v => v.id === value.id)
10      Object.assign(item, value)
11    },
12    // 修改任务状态
13    changeState(state, value) {
14      let item = state.todos.find(v => v.id === value)
15      item.changeState()
16    },
17    // 添加任务
18    addTask(state, value) {
19      state.lastId++;
20      let todo = new Todo(state.lastId, value)
21      state.todos.push(todo)
22    },
23    // 修改任务顺序
24    changeOrder(state, value) {
25      let filered = this.getters.getFilteredTodos(value.option)
26      let oldItem = filered[value.oldIndex]
27      let newItem = filered[value.newIndex]
28      let realOldIndex = state.todos.findIndex(v => v.id === oldItem.id)
29      let realNewIndex = state.todos.findIndex(v => v.id === newItem.id)
30      // 先删除
31      state.todos.splice(realOldIndex, 1)
32      // 然后在移动后的位置插入刚删除的那条数据
33      state.todos.splice(realNewIndex, 0, oldItem)
34    }
35  },
```

本步骤的源代码请参考本书配套资源文件"第 18 章/02todolist/src/store/index.js"。

18.7 实现各项功能

本节要实现对待办事项的增删改查，以及移动顺序的交互界面，下面分步骤实现。一开始没有任何数据，先开发添加待办事项的功能，便于后续将其显示出来并进行处理。

18.7.1 添加待办事项

在文本框中输入内容之后，单击 Add 按钮，将新增一条待办事项。需要给添加表单绑定提交事件，获取文本框中的内容，将其添加到任务列表中。修改 App.vue 中的代码，如下所示。

< 292 >

```
1   <form class="input-group mb-3" @submit.prevent="addTask">
2     <span class="input-group-text">Todo</span>
3     <input type="text" class="form-control" ref="content">
4     <button class="btn btn-primary" type="submit">Add</button>
5   </form>
6   methods: {
7     // 添加待办事项数据
8     addTask() {
9       let content = this.$refs.content;
10      // 值为空字符串
11      if (!content.value.trim().length) return;
12      // 提交 mutation
13      this.$store.commit('addTask', content.value);
14      // 添加完之后，清空文本框中的内容
15      content.value = ''
16    },
17  }
```

上述代码中，给表单添加提交事件，事件名称为 addTask，通过 ref 获取文本框中的内容。如果为空字符串，直接 return，不添加任务。反之，提交到状态管理文件中，添加任务，并清空文本框中的内容。

这时，保存并运行项目，在文本框中输入 test，单击 Add 按钮，控制台将输出一个数组对象，代码如下。

```
1   [{
2     content: "test",
3     id: 1,
4     note: "",
5     state: 0,
6     color: "light"
7   }]
```

每添加一项，任务列表中就会多一个对象，并且任务 id 会在最大的 id 值上加 1。

本步骤的源代码请参考本书配套资源文件“第 18 章/03todolist”。

18.7.2　显示任务列表

添加完任务之后需要将其显示到页面中，使用 v-for 指令渲染出 Vuex 中的任务列表 todos，代码如下。

```
1   <div class="container pt-5">
2     <!-- 任务列表 -->
3     <ul class="list-group">
4       <todo-item v-for="item in filteredTodos"
5         :key="item.id" :todo="item"></todo-item>
6     </ul>
7   </div>
8   data() {
9     return {
10      myModal: null,
11      filterOption: [],
12    }
```

< 293 >

```
13    },
14    ……
15    computed: {
16      filteredTodos() {
17        return this.$store.getters.getFilteredTodos(this.filterOption)
18      }
19    },
```

上面的代码使用了组件"todo-item"，将单个任务数据传递给子组件。然后在子组件 TodoItem.vue 中，使用 props 接收变量并将其绑定到视图中，代码如下。

```
1    <script>
2    export default {
3      name: 'TodoItem',
4      props: { todo: Object },
5    }
6    </script>
7    <div class="d-inline-block text-truncate flex-sm-grow-1 pointer mx-1" :title=
     "todo.content">{{todo.content}}</div>
```

此时，保存并运行项目，添加两个任务，页面效果如图 18.18 所示。

图 18.18　添加的任务显示在页面中

本步骤的源代码请参考本书配套资源文件"第 18 章/04todolist"。

18.7.3　动态化筛选项

前面定义了状态数组 TaskState，在 App.vue 文件中引入它，代码如下。

```
import { TaskState } from './assets/Todo.js'
```

上一步中所有的任务都显示出来了，此时需要根据选中的状态来过滤任务列表，并且默认选中 Todo 和 In Progress 两个状态。此外，还需要一个方法来获取状态对应的任务数量，代码如下。

```
1    data() {
2      return {
3        myModal: null,
4        //任务状态数据
5        options: TaskState,
6        // 默认选中 Todo 和 InProgress
7        filterOption: [TaskState[0].value, TaskState[1].value],
8      }
9    },
10   ……
11   methods: {
12     ……
```

< 294 >

```
13      // 获取各状态的任务数量
14      todoCounts(state) {
15        return this.$store.getters.getTaskCount(state)
16      }
17    }
```

然后在视图中使用 v-for 指令，渲染出各状态的样式和任务数量，代码如下。

```
1    <!-- 筛选项 -->
2    <div class="d-flex justify-content-between">
3      <div class="form-check" v-for="(item, index) in options" :key="item.value">
4        <input class="form-check-input" type="checkbox" :id="'flexCheck'+index" :
         value="item.value" v-model="filterOption">
5        <label class="form-check-label" :for="'flexCheck'+index">
6          {{item.name}} <span :class="['py-sm-1 px-sm-1 mx-1 border badge rounded
           bg-'+item.color, item.color == 'light' ? 'text-dark border-dark' : 'border-
           '+item.color]">{{todoCounts(item.value)}}</span>
7        </label>
8      </div>
9    </div>
```

添加两个任务，显示的动态化筛选项及个数如图 18.19 所示。此时，页面默认选中 Todo 和 In Progress 状态，并且 Todo 状态下有两个任务，其他状态的任务个数为 0，下一步实现编辑任务的功能。

图 18.19　显示的动态化筛选项及个数

本步骤的源代码请参考本书配套资源文件"第 18 章/05todolist"。

18.7.4　修改任务状态

单击任务列表中的圆圈和文字，都可以修改当前任务的状态，需要给元素添加相应的事件。此外，还需要根据状态正确显示任务的颜色，与筛选项类似，通过绑定 class 属性的方式来实现。修改 TodoItem.vue 文件中的代码，如下所示。

```
1    <div
2      @click="changeEventHandler"
3      :class="['pointer mx-2 badge rounded-circle border bg-'+todo.color, todo.
       color=='light' ? 'border-dark' : 'border-'+todo.color]">
4      <span class="invisible">*</span>
5    </div>
6    <div class="d-inline-block text-truncate flex-sm-grow-1 pointer mx-1" :title=
     "todo.content"
7      @click="changeEventHandler">{{todo.content}}</div>
8    methods: {
9      changeEventHandler() {
10       this.$store.commit('changeState', this.todo.id)
```

< 295 >

```
11    },
12    }
```

运行项目，添加任务，初始状态是待办中，单击圆圈或文字，状态变成进行中，颜色显示为黄色，如图 18.20 所示。再次单击圆圈或文字，状态变成已完成，颜色显示为绿色。不仅列改变了表中的任务状态，而且对应的筛选项中的任务个数也跟着改变了。

图 18.20　任务状态修改为进行中

本步骤的源代码请参考本书配套资源文件"第 18 章/06todolist"。

18.7.5　编辑任务

单击任务列表中某个任务右侧的编辑图标，弹窗将显示出编辑表单，在其中可以修改该任务的状态、内容和备注信息，也可以取消编辑。

1. 显示弹窗

单击编辑图标，可以显示弹窗。需要在父子组件 App.vue 和 TodoItem.vue 之间传递数据，在 TodoItem.vue 文件中使用 this.$emit()向外暴露一个事件，并在 App.vue 文件中处理该事件。

在 TodoItem.vue 文件中处理单击事件，代码如下。

```
1    <font-awesome-icon @click="editEventHandler" icon="edit" size="xs" class="mx-2
     pointer"/>
2    methods: {
3      editEventHandler() {
4        this.$emit('edit');
5      },
6      ......
7    }
```

在 App.vue 文件中处理 TodoItem.vue 暴露的 edit 事件，使控制模态框实例 myModal 调用 show()方法，代码如下。

```
1    <todo-item v-for="item in filteredTodos"
2      :key="item.id" :todo="item"
3      @edit="editTask"></todo-item>
4    methods: {
5      // 单击编辑图标，让其弹窗弹出
6      editTask() {
7        this.myModal.show()
8      },
9      ......
10    }
```

此时，添加一个任务，单击编辑图标，已实现弹窗功能，效果如图 18.21 所示。

本步骤的源代码请参考本书配套资源文件"第 18 章/07todolist/01/"。

< 296 >

图 18.21 单击编辑图标显示弹窗

目前弹窗的编辑表单中内容是空的，需要将当前任务的数据正确显示出来。

2. 显示当前任务数据

单击编辑图标时，需要根据任务 id 获取当前任务数据，并且将数据传递给子组件 ModalDialog。在 App.vue 文件的 data 中定义一个属性 editingItem 作为传递的中间变量，修改代码，如下所示。

```
1    data() {
2      return {
3        ......
4        editingItem: null,
5      },
6    methods: {
7      editTask(id) {
8        // 根据id获取其任务项
9        this.editingItem = this.$store.getters.getTodoById(id)
10       this.myModal.show()
11     },
12     ......
13   }
14 }
15 <todo-item v-for="item in filteredTodos"
16   :key="item.id" :todo="item"
17   @edit="editTask(item.id)"></todo-item>
```

将 editingItem 属性传递给子组件 ModalDialog，代码如下。

```
1    <!-- 模态框 -->
2    <modal-dialog
3      ......
4      id="myModal"
5      :todo="editingItem" />
```

子组件 ModalDialog 通过 props 接收要修改的任务项 todo，将其显示到视图中。在 ModalDialog.vue 文件中修改代码，如下所示。

```
1    import { TaskState } from '../assets/Todo.js'
2    export default {
3      name: 'ModalDialog',
4      props: {
5        todo: Object
6      },
7      data() {
8        return {
9          options: TaskState,
```

< 297 >

```
10        todoItem: {},
11      }
12    },
13    watch: {
14      todo(newVal) {
15        this.todoItem = Object.assign({}, newVal)
16      }
17    }
18  }
```

注意，不能直接将 todo 绑定到表单中，否则在 input 元素中输入内容时就会直接修改对象，正确的操作是在单击 OK 按钮时才真正修改对象。这时使用 watch 侦听传递过来的 todo 的变化，变化后，就会将新值复制一份赋值给新定义的变量 todoItem，然后使用 v-model 绑定，代码如下。

```
1  <div class="modal-body">
2    <div class="d-flex mb-3 justify-content-between">
3      <div class="form-check" v-for="(item, index) in options" :key="item.value">
4        <input
5          class="form-check-input "
6          type="radio"
7          name="flexRadio"
8          :id="'flexRadio'+index"
9          v-model="todoItem.state"
10         :value="item.value"
11       >
12       <label class="form-check-label" :for="'flexRadio'+index">{{item.name}}</label>
13     </div>
14   </div>
15   <div class="mb-3">
16     <input type="text" class="form-control" v-model="todoItem.content">
17   </div>
18   <div class="mb-3">
19     <textarea class="form-control" rows="3" maxlength="1000" v-model="todoItem.
       note"></textarea>
20   </div>
21  </div>
```

在视图中绑定完变量之后，运行项目，添加一个任务，单击编辑图标，显示任务数据，效果如图 18.22 所示。

图 18.22 单击编辑图标显示任务数据

本步骤的源代码请参考本书配套资源文件"第 18 章/07todolist/02/"。

3. 保存和取消

在弹窗中，单击 OK 按钮，保存编辑后的内容并关闭弹窗。单击 Cancel 按钮，不保存编辑后的内容并关闭弹窗。在 ModalDialog.vue 文件中，给两个按钮绑定事件，代码如下。

< 298 >

```
1    <button class="btn-regular btn-modal" @click.stop="okHandler">OK</button>
2    <button class="btn-gray btn-modal" @click.stop="cancelHandler">Cancel</button>
```

这里使用了".stop"修饰符阻止默认事件。接下来在 methods 中处理这两个事件，代码如下。

```
1    computed: {
2      todoCopy() {
3        return Object.assign({}, this.todo)
4      }
5    },
6    methods: {
7      okHandler() {
8        this.$store.commit('updateTask', this.todoItem)
9        this.$emit('close');
10     },
11     cancelHandler() {
12       // 取消之后，将内容重新恢复为修改之前的内容
13       this.todoItem = this.todoCopy
14     }
15   }
```

如果修改了弹窗中的内容，但单击了 Cancel 按钮，应该恢复为修改之前的内容。因此，定义了一个计算属性，复制了一份父组件传递过来的 todo 对象。单击 Cancel 按钮，将这个计算属性的内容赋值给 todoItem，从而实现恢复初始内容的功能。

单击 OK 按钮时提交 updateTask，将复制的对象保存到 Vuex 中。关闭弹窗的处理方式类似显示弹窗，仍然通过 this.$emit('close')向外暴露一个事件，在 App.vue 文件中处理 close 事件，代码如下。

```
1    <!-- 模态框 -->
2    <modal-dialog
3      ......
4      id="myModal"
5      :todo="editingItem"
6      @close="closeModal" />
7    methods: {
8      // 关闭编辑弹窗
9      closeModal() {
10       this.myModal.hide()
11     },
12     ......
13   }
```

运行代码，创建一个任务，并显示弹窗进行编辑，效果如图 18.23 所示。

图 18.23　编辑任务

单击 OK 按钮，任务保存成功，效果如图 18.24 所示。

< 299 >

图 18.24 任务保存成功

本步骤的源代码请参考本书配套资源文件"第 18 章/07todolist/03/"。

18.7.6 删除任务

既然有添加任务和编辑任务，就应该有删除任务。在 TodoItem.vue 文件中，给删除图标加上处理事件，代码如下。

```
1    <font-awesome-icon @click="removeEventHandler" icon="times" size="xs" class=
     "pointer"/>
2    methods: {
3      removeEventHandler() {
4        this.$store.commit('removeTask', this.todo.id)
5      },
6      ……
7    }
```

运行代码，添加两个任务，单击第二个任务的删除图标，即可删除当前任务，如图 18.25 所示。

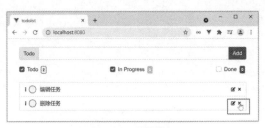

图 18.25 删除任务

本步骤的源代码请参考本书配套资源文件"第 18 章/08todolist"。

18.7.7 调整任务顺序

添加的任务默认都放在最后，这里可以增加一个调整任务顺序的功能，例如把重要的、紧急的任务移动到最前面。

首先，需要安装拖曳插件 vuedraggable，在项目的根目录下，使用如下命令安装。

```
npm install vuedraggable --save
```

然后，在 App.vue 文件中引入 vuedraggable 并注册组件，代码如下。

```
1    ……
2    import draggable from 'vuedraggable'
3    ……
4    components: {
5      ……
```

< 300 >

```
6      draggable
7    }
```

在 App.vue 文件中，在<todo-item></todo-item>外层使用 draggable，代码如下。

```
1    <div class="container pt-5">
2      <!-- 任务列表 -->
3      <ul class="list-group">
4        <!—handles 用于指定拖曳时的作用对象，end 用于指定拖曳后触发的函数 -->
5        <draggable handle=".todo-move" @end="onDragEnd">
6          <todo-item
7            v-for="item in filteredTodos"
8            :key="item.id"
9            :todo="item"
10           @edit="editTask(item.id)"></todo-item>
11       </draggable>
12     </ul>
13   </div>
```

draggable 的 handle 属性用于指定拖曳的作用对象，这里设为 ".todo-move"，表示只能拖曳任务项最左侧的 3 个点图标。拖曳结束后，处理 end 事件，在 App.vue 文件中定义 onDragEnd()函数，将顺序保存到 Vuex 中，代码如下。

```
1    methods: {
2      onDragEnd(e) {
3        // 拖曳之前和拖曳之后的 index 没变，直接返回
4        if (e.newIndex == e.oldIndex) {
5          return
6        }
7        let params = {
8          oldIndex: e.oldIndex,
9          newIndex: e.newIndex,
10         option: this.filterOption
11       }
12       //提交到 store 中
13       this.$store.commit('changeOrder', params)
14     },
15     ......
16   }
```

保存并运行代码，接着依次添加 3 个任务。为了方便查看修改顺序的效果，先修改任务的状态，然后将最后一个任务移动到最前面，效果如图 18.26 所示。

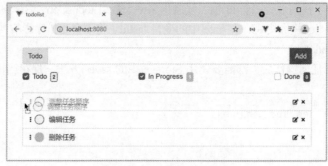

图 18.26　拖曳以修改任务顺序

< 301 >

本步骤的源代码请参考本书配套资源文件"第 18 章/09todolist"。

18.7.8 持久化任务

上面所有的功能，即任务的添加、删除、编辑、状态修改及顺序调整，刷新页面后任务都会被清除。我们希望刷新页面后，依旧保持之前的状态。这里使用 localStorage 实现数据持久化，定义两个函数，一个用于获取任务列表，另一个保存当前的任务列表。在 assets 文件夹中创建 localStorage.js 文件，编写如下代码。

```
1   import { Todo } from '../assets/Todo'
2   const STORAGE_KEY = 'vue-todolist'
3   export class Storage {
4     static fetch () {
5       let todos = JSON.parse(localStorage.getItem(STORAGE_KEY) || '[]')
6       todos.forEach(item => item.__proto__ = Todo.prototype)
7       return todos
8     }
9     static save (todos) {
10      localStorage.setItem(STORAGE_KEY, JSON.stringify(todos))
11    }
12  }
```

在获取任务列表时，注意将 JSON 对象的原型指向 Todo 类的原型，这样才能正确调用 Todo 类中定义的方法。

在 store/index.js 文件中，引入 localStorage.js 文件，代码如下。

```
import { Storage } from '../assets/localStorage.js'
```

将 Vuex 中的 todos 属性，从默认值为空数组改为使用 Storage.fetch()方法获取，代码如下。

```
1   const todos = Storage.fetch();
2   const todosCopy = Object.assign([], todos)
3   const lastId = todosCopy.length === 0 ? 0
4     : todosCopy.sort((a, b) => b.id-a.id)[0].id;
5
6   const store = new Vuex.Store({
7     state: {
8       todos: todos,
9       lastId: lastId
10    },
11    ……
12  })
```

上述代码中，为了找到最后一个 id 值，复制出来一个数组 todosCopy（不影响数组 todos），然后进行排序查找 lastId 值，并将其赋值给 state 中的变量 lastId。将不会受排序影响的数组 todos，直接赋值给 state 中的变量 todos。

对任务列表进行任何操作后，都需要调用 Storage 中的 save()方法，保存当前的列表数据，代码如下。

```
1   const store = new Vuex.Store({
2     ……
3   })
4   store.watch(
5     state => state.todos,
```

< 302 >

```
6       value => Storage.save(value),
7       { deep: true }
8     )
9   export default store
```

使用 Vuex.Store 的 watch()方法，侦听 todos 的变化，保存到 localStorage，这样就不用在每个针对 todos 的操作函数中都单独进行处理。此时，每次操作完之后都会更新 localStorage 中的数据，每次刷新页面都会从 localStorage 中获取数据，以达到刷新页面仍然保存原状的效果，即实现数据持久化功能。打开开发者工具，可以查看 localStorage 中的数据，如图 18.27 所示。

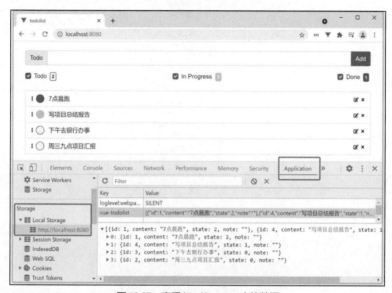

图 18.27　查看 localStorage 中的数据

本步骤的源代码请参考本书配套资源文件"第 18 章/10todolist"。

本章小结

本章分步骤实现了一个完整的待办事项管理工具。首先使用 Vue CLI 脚手架工具手动配置了项目，然后搭建了页面结构和样式，并将其组件化。接着使用状态管理工具 Vuex 管理任务列表，并使用前面所学的 class 属性绑定、条件渲染、事件处理、父子组件传递数据等基础知识逐步实现各项功能。最后利用 localStorage 实现了数据持久化的功能。完成本案例后，读者对 Vue.js 的掌握又能更进一步。

< 303 >